U0247040

Word/Excel/PPT 办公应用从入门到精通

杨 阳◎编著

天津出版传媒集团
天津科学技术出版社

图书在版编目（CIP）数据

Word/Excel/PPT办公应用从入门到精通 / 杨阳编著
. -- 天津 : 天津科学技术出版社, 2017.8（2020.3重印）

ISBN 978-7-5576-3060-7

Ⅰ. ①W… Ⅱ. ①杨… Ⅲ. ①办公自动化-应用软件
Ⅳ. ①TP317.1

中国版本图书馆CIP数据核字(2017)第121381号

Word/Excel/PPT办公应用从入门到精通

Word/Excel/PPT BANGONG YINGYONG CONG RUMEN DAO JINGTONG

责任编辑：方　艳

出　　版：天津出版传媒集团
　　　　　天津科学技术出版社

地　　址：天津市西康路35号

邮　　编：300051

电　　话：（022）23332695

网　　址：www.tjkjcbs.com.cn

发　　行：新华书店经销

印　　刷：唐山富达印务有限公司

开本710×1000　　1/16　　印张21　　字数191 000

2020年3月第1版第5次印刷

定价：55.00元

前言

努力加班工作到深夜，策划案改了一遍又一遍，可是领导翻了几页就皱起了眉头；

办事效率极高，工作能力超强，却被鄙视了一把，只因搞不定一个小小的办公软件；

年复一年，埋头工作，却眼睁睁看着新人高升，“后浪把前浪拍在了沙滩上”；

常被复杂的图表搞得晕头转向，怎么也搞不懂那些数据，简直是“表盲”；

从来不会偷懒，可是领导看了工作汇报，却批了一句“懒人一个”；

……

这一切究竟是为什么？又该怎么办才好？

其实，如果能搞定常用的Office办公软件，一切都会变得很简单。提升工作效率，得到领导赏识，使同事佩服，升职加薪，

等等，统统不在话下。

在Office办公软件中，使用频率最高的莫过于Word、Excel和PPT这三大组件。本书就是以这三大组件为基础，为Office初学者由浅入深、由易到难、详细且系统地讲解三大组件的操作技巧，使初学者能够快速掌握Word、Excel、PPT的使用方法、操作技巧、分析处理问题等技能，以最短的时间由入门级菜鸟晋升为商务办公高手。

本书分为3篇，共12章，其大致内容概括如下。

第1～4章：

介绍了Word文档的编辑方法、表格的应用、图文混排的编辑功能以及Word文档的排版功能。

第5～8章：

介绍了Excel工作表的基本操作流程，数据的排序、筛选与汇总，公式与函数的应用以及数据分析透视图表的运用。

第9～11章：

介绍了PPT演示文稿的创建、编辑与设计，动画多媒体的应

用，幻灯片的放映等。

第12章：

介绍了三大办公组件彼此之间的交互应用关系。

由于本书是针对初学者或入门者编写的，因此，本书在编写的过程中，具有如下几点特色。

由易到难，循序渐进：

无论读者的起点如何，都能从本书中循序渐进地学到关于Word、Excel、PPT的全方位操作技能，从而大大提升办公效率。

案例为主，注重实用：

本书内容均以办公软件的实际操作为案例，且注重实用性，使读者在对实际案例进行操作的过程中能够学以致用，熟练掌握三大组件的操作与应用，轻轻松松从办公新手晋级为办公高手。

图文并茂，可读性强：

本书的每个操作步骤都配有具体的操作插图。一方面，使读者在学习的过程中，能够更直观、更清晰、更精准地掌握具体的操作步骤和方法；另一方面，这种一步一图的讲解方式，信息量

也相当大，使得枯燥的知识更加有趣，增强了可读性。

注重细节，扩展学习：

本书在编写的过程中，特别注重教给读者一些细节和技巧类的知识点。这在我们的“小提示”板块中可体现出来。这个小板块为知识点的拓展、应用提供了思路，能让读者更加全面地掌握三大组件的应用技巧。

总之，在本书的编写过程中，编者竭尽所能地为读者提供更丰富、更全面、更易学的办公软件知识点和应用技能。希望本书能够帮助读者从Office办公新手晋升为办公达人。

目录

Part1 Word办公应用篇

Part1
Word办公应用篇

Chapter 01 文档的编辑

1.1 入职通知的制作方法

公司人力资源和主管层已经面试过一些应聘者，接下来会电话通知所有通过面试的人，并且以书面形式通知对方关于正式入职的事宜。

1.1.1 新建文档

制作入职通知的第一步是用Word 2016创建新文档。用户可以创建新的空白文档，也可以创建模板文档，下面就介绍具体的操作方法。

新建空白文档

（1）如果是初次启动Word 2016文档，可以单击Windows操作系统左下角的“开始”按钮，从弹出的列表中选择“所有程序”选项，单击“Microsoft Office 2016工具”，打开Word 2016文档。在弹出的页面中单击“空白文档”选项，就可以创建一个新文档。

（2）如果Word 2016已经启动，则可以在Word 2016文档中选择“文件”选项卡，在弹出的列表中选择“新建”选项，在“新建”区域单击“空白文档”选项即可。

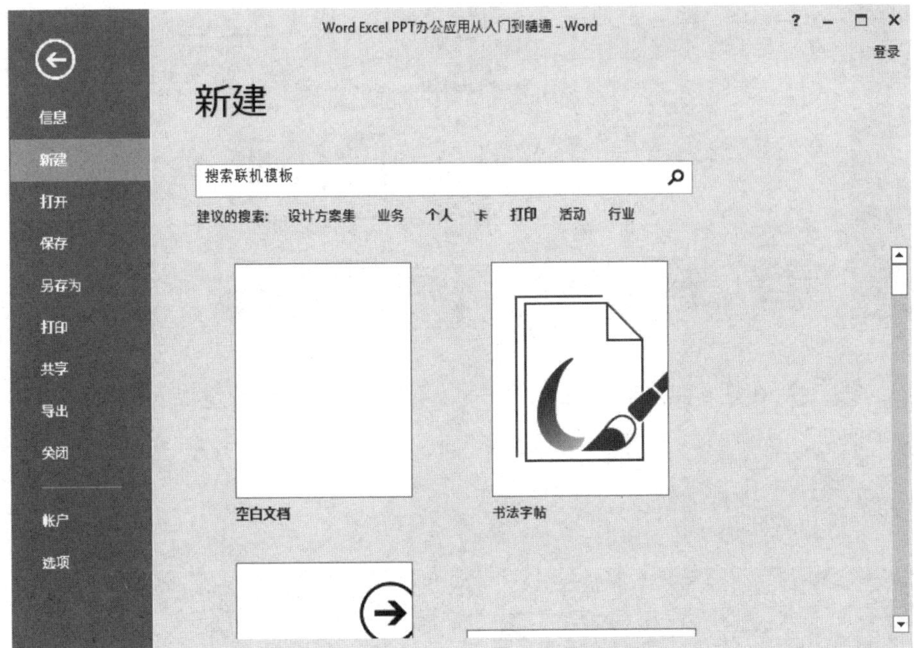

（3）使用组合键Ctrl+N也可以创建一个新的空白文档。

新建联机模板文档

Word 2016除了自带的模板外，还有一些专业联机模板。用户可根据自己的需要创建联机模板文档。具体操作步骤如下。

步骤01 在Word 2016文档中选择“文件”选项卡，在弹出的列表中选择“新建”选项，在打开的“新建”区域中，可根据需要选择模板，也可通过搜索选择合适的模板。比如，在搜索栏中输入“通知”，会出现下图所示的界面。

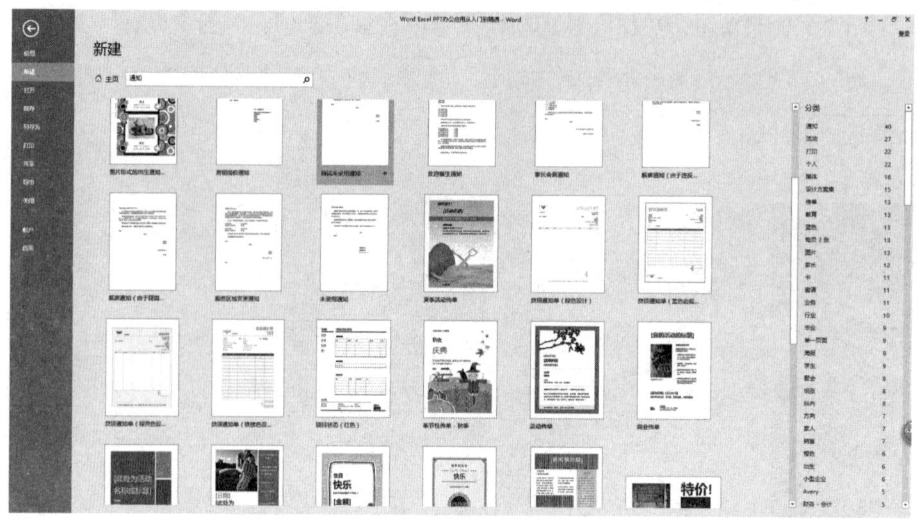

步骤02 在搜索结果中单击选择一种满意的模板，在预览界面中单击“创建”按钮（如下图所示），进入下载界面，下载完毕后，用户只需要修改模板中的内容，就能直接使用。

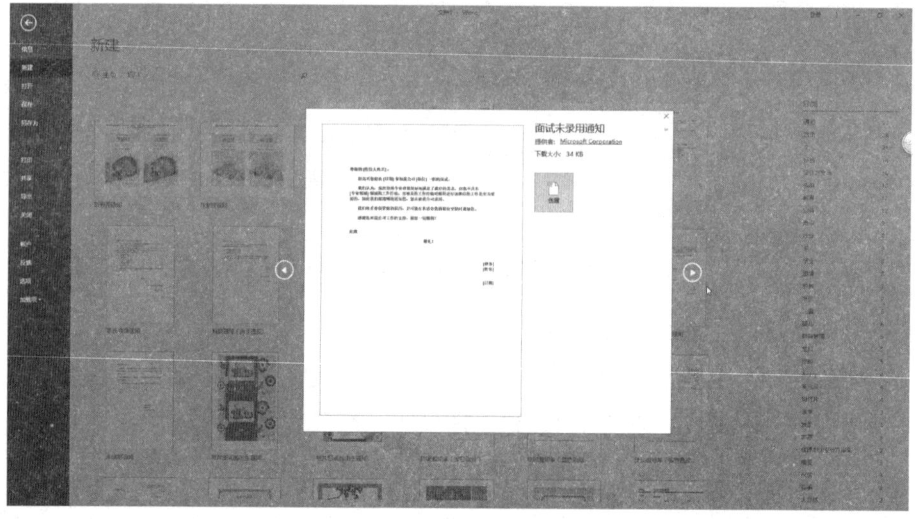

1.1.2 保存文档

一些意外情况，诸如停电、电脑故障等，都可能使正在编辑或已编辑好的文档遭受损失。为了以防万一，应及时对文档进行保存。更为重要的是，保存文档也便于后期访问。

保存新建文档

保存新建文档的操作步骤如下。

步骤01 单击文档上的“文件”选项卡，会弹出以下界面。

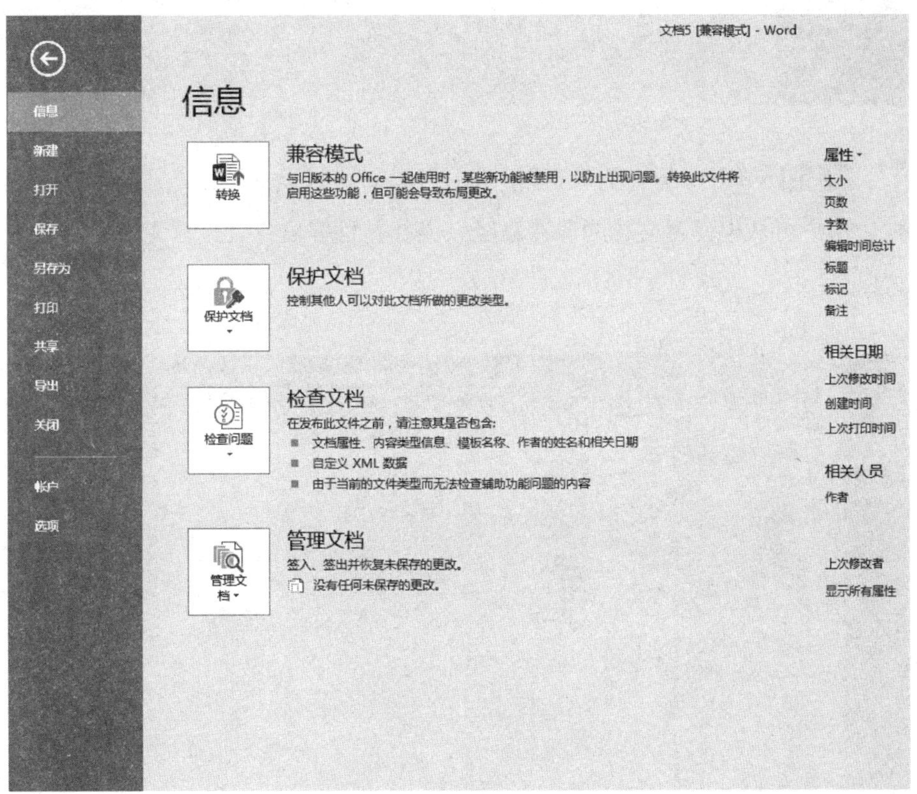

步骤02 单击左侧列表中的“保存”选项。因为是首次保存文档，系统会自动打开“另存为”界面。

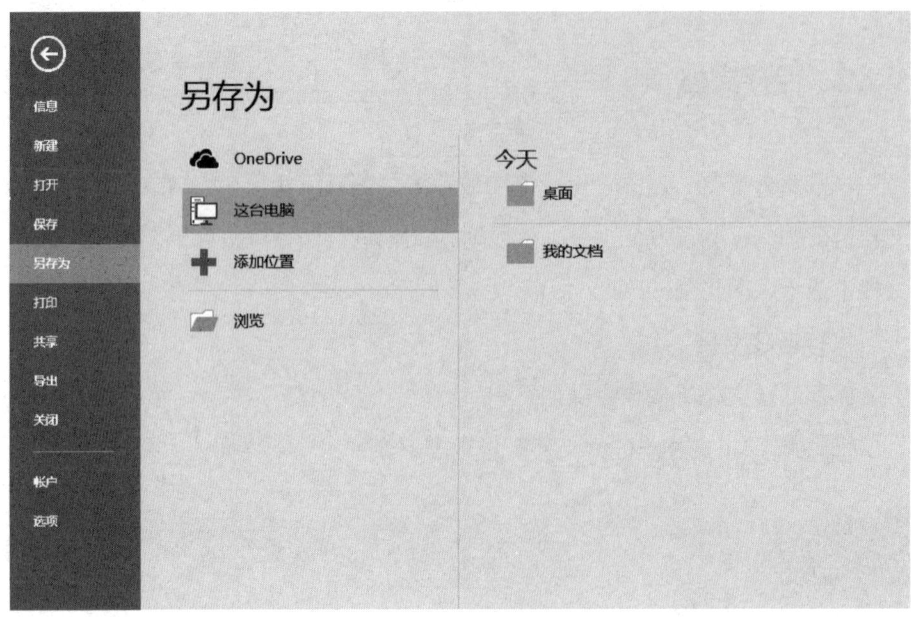

步骤03 单击“另存为”区域中的“浏览”选项，弹出“另存为”对话框，用户可从中设置文档的保存路径、文档名称等信息。设置完成后，点击“保存”按钮即可。

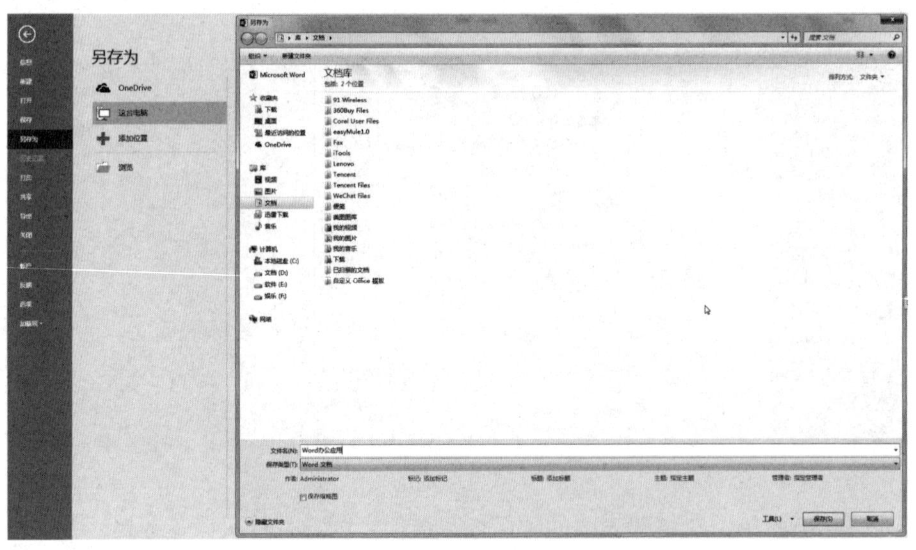

小提示：按组合键Ctrl+S可快速进入“另存为”界面。

保存已保存过的文档

对于已保存过的文档，再次对其进行编辑后，可点击“快速访问工具栏”中的“保存”按钮，或者使用Ctrl+S组合键来进行保存，且文件名、文件格式和保存路径均不变。

另存为文档

对于已保存过的文档，再次编辑之后，如果想更改其文件名称、文件格式或保存路径等，则可以使用“另存为”命令来进行保存。具体操作方法如下。

步骤01 单击“文件”选项卡，在弹出的列表中单击“另存为”选项。然后单击“另存为”界面中的“这台电脑”选项。

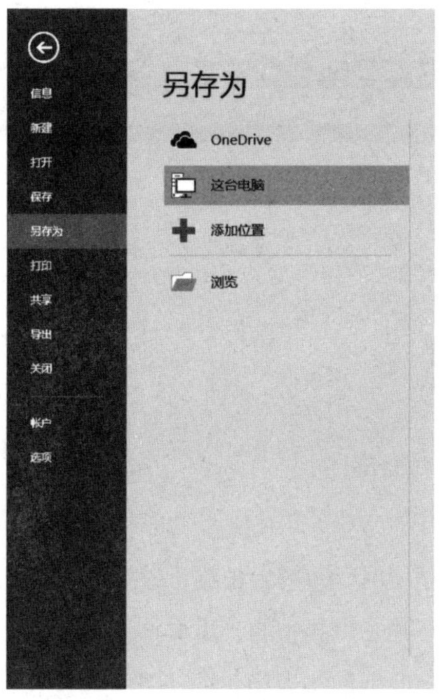

步骤02 弹出“另存为”对话框，在“文件名”文本框中，输入要保存的文件名，在“保存类型”下拉列表中，可选择文档格式。比如要保存为Office 2003兼容的格式，则可在“保存类型”的下拉列表中选择“Word 97-2003文档”选项，最后单击“保存”按钮即可。

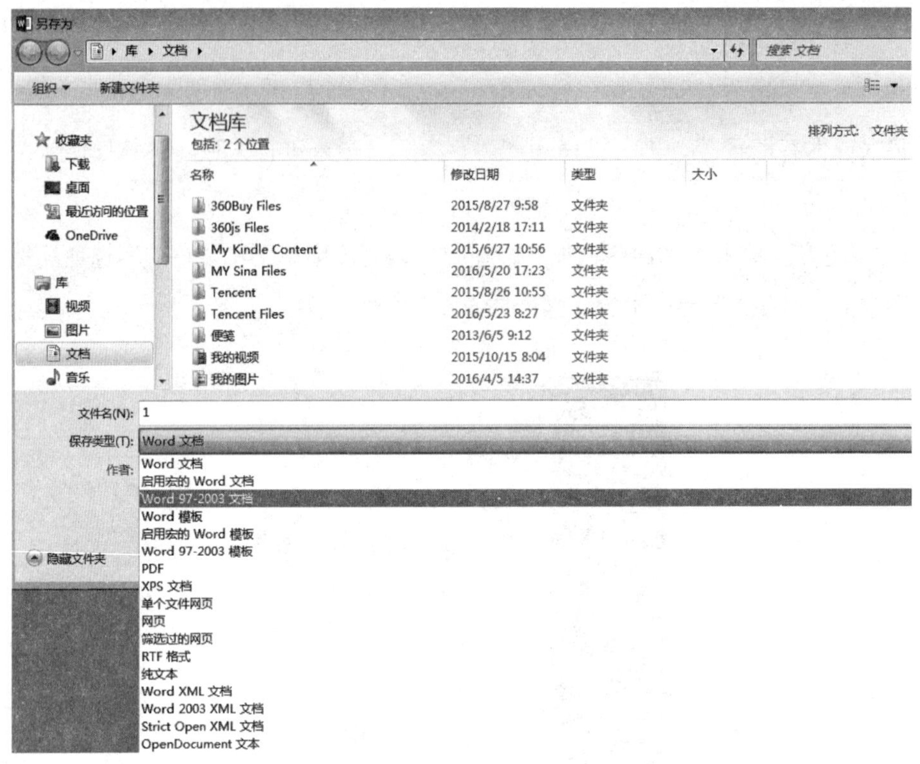

设置文档自动保存时间

在文档编辑过程中，Word 2016会自动保存文档。当用户的计算机断电、死机或出现其他特殊情况时，系统会根据设置好的时间间隔，在指定时间对文档进行自动保存。这样用户电脑重启，再次打开文档后，可恢复至最近保存的状态。系统默认的保存时间间隔为10分钟，用户可根据个人的实际需要，设置自动保存时间。具体操作步骤如下。

步骤01 单击“文件”选项卡，在弹出的列表中单击“选项”选项。

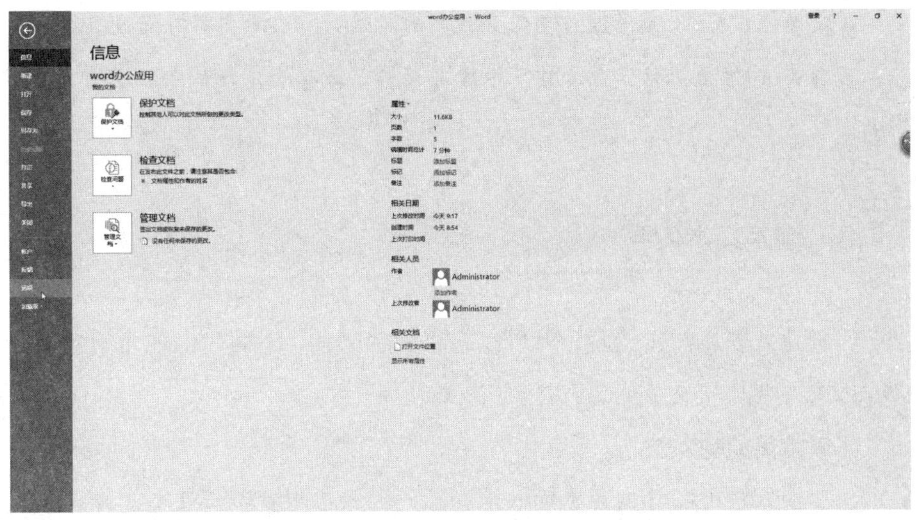

步骤02 弹出“Word选项”对话框，在左侧列表中选择“保存”选项，在右侧面板“保存文档”栏下，“保存自动恢复信息时间间隔”的微调框中设置时间间隔，比如设置为“10分钟”。设置完成后，单击“确定”按钮即可。

小提示：设置Word文档自动保存时间的时候，建议不要将时间设置得太短，否则Word频繁执行保存工作，很容易死机，进而给工作带来一定的负面影响。

1.1.3 输入文本内容

在创建入职通知文档后，就可以起草文字部分。下面我们来介绍如何在Word文档中编辑中文、英文、数字以及日期等。

了解常见的输入法

汉字输入法可以分为音码输入法和形码输入法两大类。其中，音码输入法有搜狗输入法、谷歌输入法、智能ABC等，形码输入法也就是被广泛使用的五笔输入法。目前，随着科技的发展，还出现了语音输入法、手写输入法等。

一台电脑上往往会安装多种输入法，因此，在输入汉字或英文、日期等信息时，需要切换输入法。

单击Windows操作系统下的任务栏上的键盘图标，即可实现中英文切换。

小提示：按Shift键可切换中英文输入，按组合键Ctrl+Shift可快速切换输入法。

输入文字内容

打开原始文件“入职通知”，然后切换到合适的汉字输入法状态，敲击键盘，即可实现文字录入。比如输入“入职通知”标题，然后按下Enter键，光标会移至下一行的行首。接着再输入入职通知的主要内容。

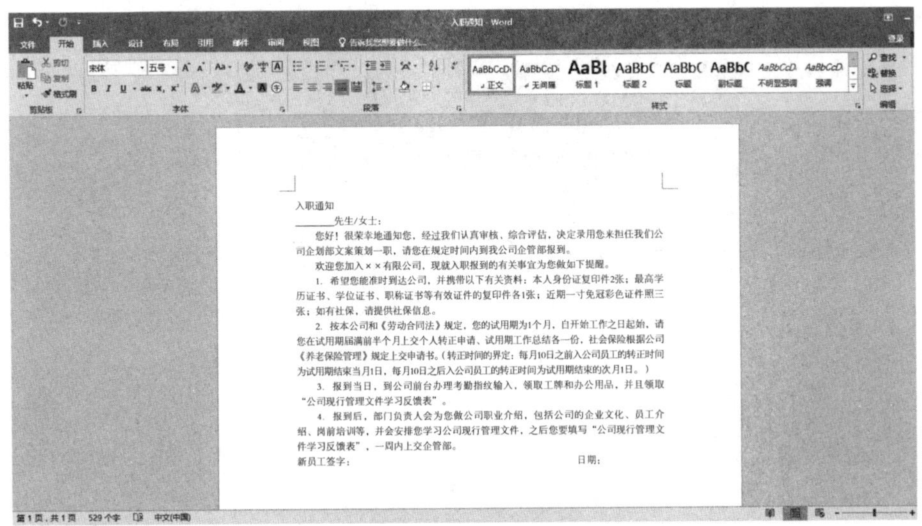

输入数字、日期和时间

在编辑文档的过程中，如果需要输入数字，可以直接按键盘上的数字键来输入。

如果需要在文档中输入当前的日期和时间，可以使用Word自带的插入日期和时间的功能，具体操作步骤如下。

步骤01 将光标定位于文档中涉及“日期”处，切换到“插入”选项卡，单击“文本”选项组中的“日期与时间”按钮。

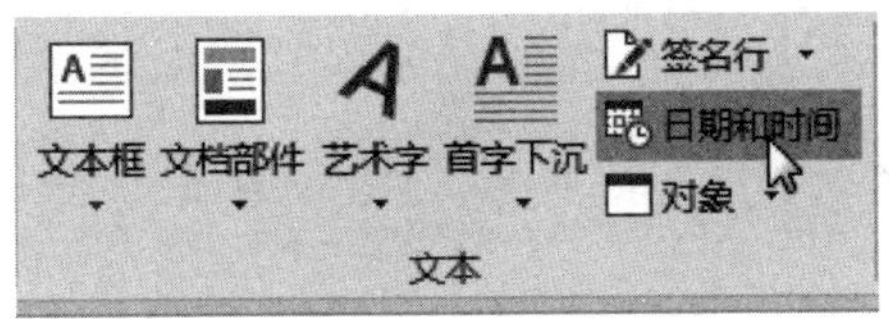

步骤02 在弹出的“日期和时间”对话框里选择一种日期或时间格式。单击“确定”按钮，当前日期就插入了Word文档里。

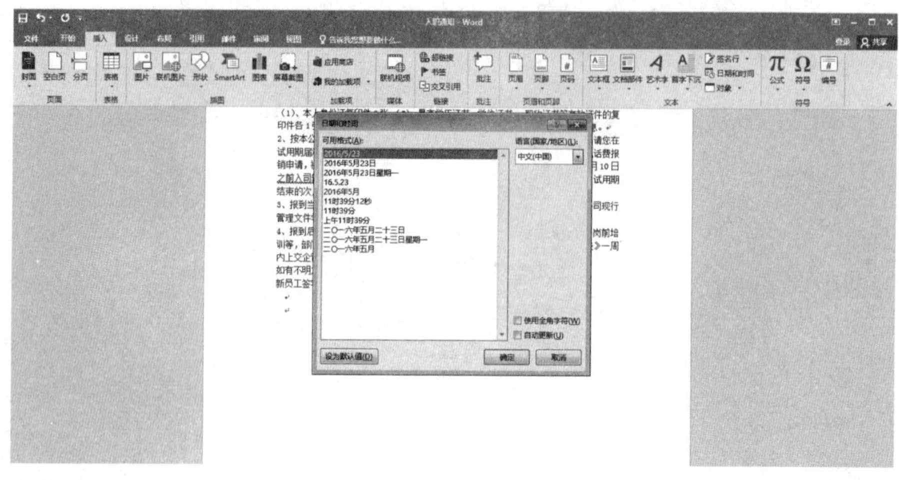

小提示：在插入日期后，如果不希望其中的日期和时间随着系统的变化而变化，就按下Ctrl+Shift+F9组合键来解除域的链接。

编辑符号和特殊符号

编辑文档文字时，当需要键入一些常见的符号时，直接通过键盘输入就可以。如果某符号是键盘上没有的特殊符号，可以单击“插入”选项卡下“符号”选项组中的“符号”按钮，在弹出的下拉列表中用鼠标点击需要的符号即可快速插入。

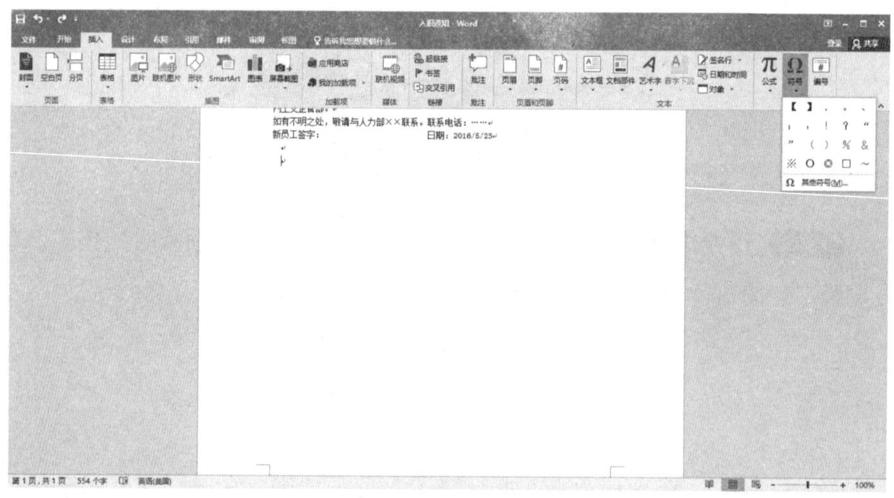

1.1.4 编辑文本内容

在录入完入职通知的内容之后，需要对它进一步进行编辑整理。一般来说，编辑文本包括这些方面：选择文本、删除文本、复制文本、查找和替换文本等。

选择文本

对文档进行编辑前，首先要选择需要编辑的文本。这里介绍三种选择文本的方法。

（1）使用鼠标选择文本。选择连续文本时，用户需要将光标放在被选择编辑文档的起始位置，按住鼠标左键，持续拖动，直至移动到被选择文档的结尾位置，释放鼠标即可。

如果需要选中个别词语，则可以将鼠标光标放于词语的任意位置，双击就能选中这个词。比如我们选择“入职通知”这几个字，效果见下图。

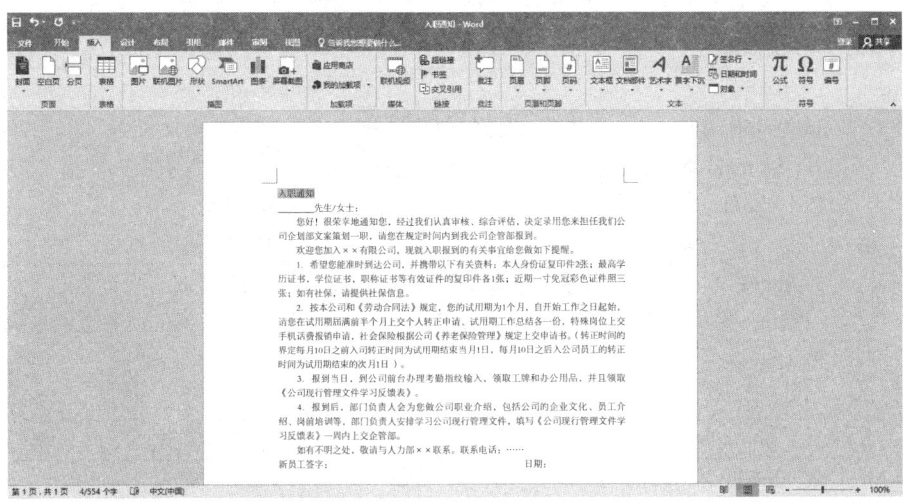

入职通知

________先生/女士：

您好！很荣幸地通知您，经过我们认真审核、综合评估，决定录用您来担任我们公司企划部文案策划一职，请您在规定时间内到我公司企管部报到。

欢迎您加入××有限公司，现就入职报到的有关事宜给您做如下提醒。

1. 希望您能准时到达公司，并携带以下有关资料：本人身份证复印件2张；最高学历证书、学位证书、职称证书等有效证件的复印件各1张；近期一寸免冠彩色证件照三张；如有社保，请提供社保信息。

2. 按本公司和《劳动合同法》规定，您的试用期为1个月，自开始工作之日起始，请您在试用期届满前半个月上交个人转正申请、试用期工作总结各一份，特殊岗位上交手机话费报销申请，社会保险根据公司《养老保险管理》规定上交申请书。（转正时间的界定每月10日之前入司转正时间为试用期结束当月1日，每月10日之后入公司员工的转正时间为试用期结束的次月1日）。

3. 报到当日，到公司前台办理考勤指纹输入，领取工牌和办公用品，并且领取《公司现行管理文件学习反馈表》。

4. 报到后，部门负责人会为您做公司职业介绍，包括公司的企业文化、员工介绍、岗前培训等，部门负责人安排学习公司现行管理文件，填写《公司现行管理文件学习反馈表》一周内上交企管部。

如有不明之处，敬请与人力部××联系。联系电话：……

新员工签字：　　　　　　日期：

选择段落文本时，在要选择的段落位置中，三次点击鼠标左键，就能选中整个段落。

选择矩形文本时，按住Alt键，同时拖动鼠标，就能选中相应的矩形文本。

选择分散的字词或段落时，可以先用鼠标选中一个文本，然后按Ctrl键，依次选择其他文本，这样就可以选择任意分散的文本了。

（2）功能区选择法。切换至“开始”选项卡，单击“编辑”选项组中的“选择”按钮，出现一个下拉列表。如果想选中整篇文档，点击“全选”选项；如果想选择在文本中插入的多个形状图形，点击“选择对象”选项；如果要选择文档中格式相似的文本，则点击“选定所有格式类似的文本（无数据）”选项。

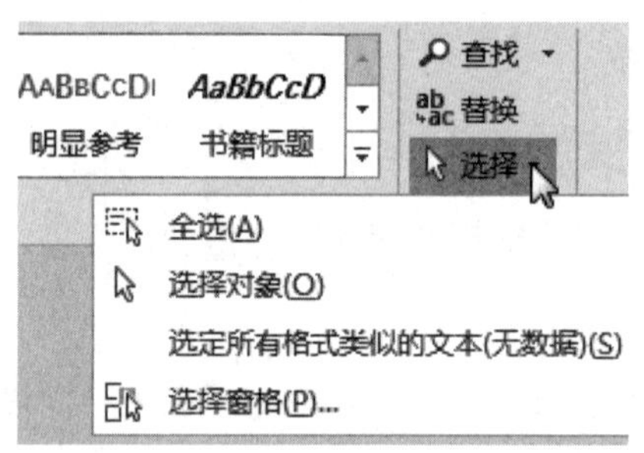

（3）使用快捷键来选择文本也是一种非常有效的方法。

快捷键	功能
Ctrl+A	选择全部文档
Ctrl+ Shift+End	选择自光标所在处至文档结束处文本
Ctrl+ Shift+Home	选择自光标所在处至文档开始处文本
Ctrl+ Shift+→	选择光标右侧的词语
Ctrl+ Shift+←	选择光标左侧的词语
Shift+ ↑	选择自光标处至上一行同一位置之间的所有字符
Shift+ ↓	选择自光标处至下一行同一位置之间的所有字符
Shift+←	自光标向左选中一个字符
Shift+→	自光标向右选中一个字符
Alt+Ctrl+Shift+Page Up	选择光标所在处至本页开始处文本
Alt+Ctrl+Shift+Page Down	选择光标所在处至本页结束处文本

删除文本

删除文本时，如果要删的内容不多，可以直接按Delete键和Backspace键来删除；如果删除的内容较多，则要先选中需要删除的部分，再进行删除。

小提示：用户在删除文本的时候，还可以先选择文本，然后按下Ctrl+X组合键，文本就会立即被删除。

移动和复制文本

在编辑文档的过程中，如果发现有些内容在文档中所处的位置不合适或者需要多次重复出现，这时可以使用文档的移动和复制功能。下面就来介绍这两方面内容。

1. 移动文本

如何移动文档的内容，以此来调整文档结构呢？这里给大家介绍两种方法。

（1）拖动鼠标来移动文本。先用鼠标选中要移动的文本，然后按住鼠标左键不放，拖动选中的文本至恰当位置时再松开鼠标，此时选中的文本已经移至新的位置。

（2）使用“剪切”命令来移动文本。选中要移动的文本，点击鼠标右键，在弹出的菜单中单击“剪切”命令。找到目标位置，单击鼠标右键，在弹出的菜单里单击“粘贴”命令即可。

2. 复制文本

复制文本，指将文档中的部分或全部内容拷贝一份，放到其他位置，而被拷贝的内容仍然保留在原来的位置。复制文本是最为常见的操作，复制文本的方法大致有以下几种。

（1）使用功能键来复制文本。打开文档，选中要复制的文本，单击鼠标右键，在弹出的快捷菜单中单击“复制”命令，在目标位置点击鼠标右键，在弹出的快捷菜单中单击“粘贴”命令来完成文本复制。

（2）使用“复制”按钮来复制文本。选中要复制的文档，切换到“开始”选项卡，点击“剪贴板”选项组中的“复制”按钮，然后在目标位置单击“粘贴”按钮即可。

（3）使用组合键来复制文本。选中要复制的文本，按Ctrl+C组合键来复制文本，然后在目标位置按Ctrl+V组合键来粘贴文本。

查找和替换文本

在编辑文档时，用户经常需要查找或替换一些内容。这种情况下，使用查找和替换功能能节约不少时间。下面就来介绍下这方面的内容。

1. 查找文本

打开“入职通知”原始文件，单击“开始”选项卡下“编辑”选项组中的“查找”按钮，或者直接使用快捷键Ctrl+F来调出“导航”对话框。在“搜索”文本框中，输入要查找的内容，就能显示查询结果。比如，我们查找“公司职业介绍”，结果如下图所示。

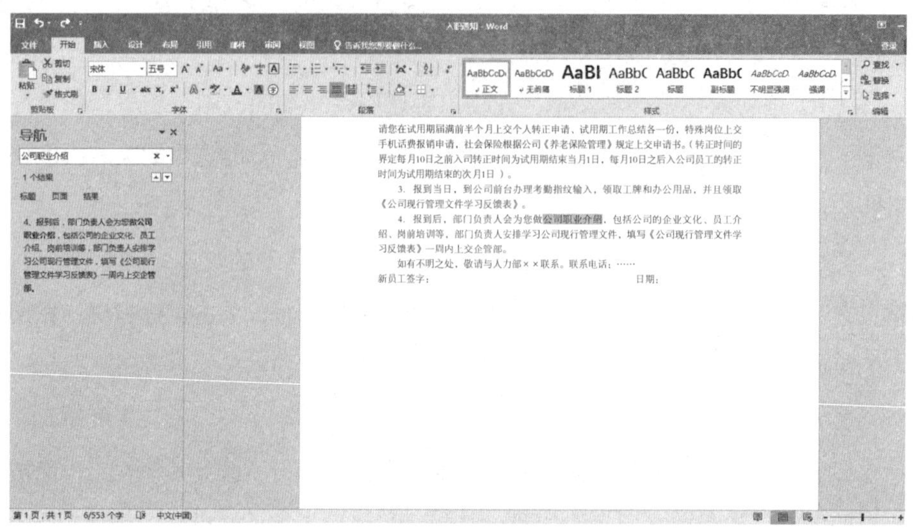

2. 替换文本

如果用户想要替换相关文本，可以单击“开始”选项卡“编辑”选项组中的“替换”按钮，或者按Ctrl+H快捷键来打开“查找与替换”对话框。在“查找内容”文本框中输入需要被替换掉的内容（如“你好”），在“替换为”文本框中输入替换后的内容（如“您好”），单击“替换”按钮即可。如果需要将全部相同的内容都替换掉，则点击“全部替换”按钮。

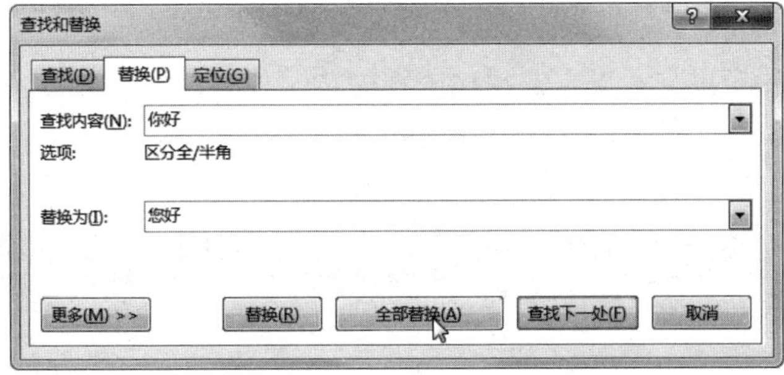

改写文本

改写文档内容时，首先用鼠标选中要改写的文本内容，然后输入需要的文本。这时候，新输入的内容就会自动替换被选中的文本。

1.1.5 文档视图

Word 2016为用户提供了五种视图模式以满足用户的不同需求。这五种视图模式分别为：阅读视图、页面视图、大纲视图、Web版式视图、草稿。

阅读视图

阅读视图是专为方便阅读所设计的视图方式。在这种视图模式下，不能编辑文档。下图为阅读视图模式。

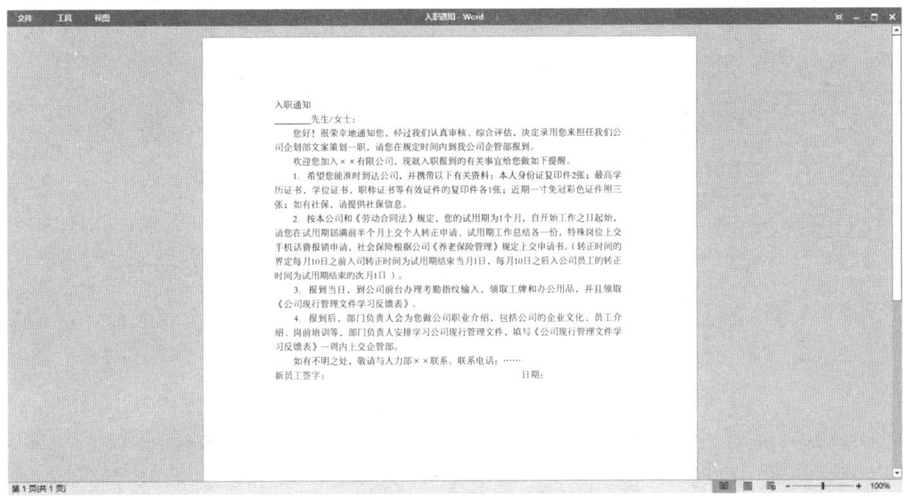

入职通知

________先生/女士：

您好！很荣幸地通知您，经过我们认真审核、综合评估，决定录用您来担任我们公司企划部文案策划一职，请您在规定时间内到我公司企管部报到。

欢迎您加入××有限公司，现就入职报到的有关事宜给您做如下提醒。

1. 希望您能准时到达公司，并携带以下有关资料：本人身份证复印件2张；最高学历证书、学位证书、职称证书等有效证件的复印件各1张；近期一寸免冠彩色证件照三张；如有社保，请提供社保信息。

2. 按本公司和《劳动合同法》规定，您的试用期为1个月，自开始工作之日起始，请您在试用期届满前半个月上交个人转正申请、试用期工作总结各一份，特殊岗位上交手机话费报销申请，社会保险根据公司《养老保险管理》规定上交申请书。（转正时间的界定每月10日之前入司转正时间为试用期结束当月1日，每月10日之后入公司员工的转正时间为试用期结束的次月1日）。

3. 报到当日，到公司前台办理考勤指纹输入，领取工牌和办公用品，并且领取《公司现行管理文件学习反馈表》。

4. 报到后，部门负责人会为您做公司职业介绍，包括公司的企业文化、员工介绍、岗前培训等，部门负责人安排学习公司现行管理文件，填写《公司现行管理文件学习反馈表》一周内上交企管部。

如有不明之处，敬请与人力部××联系。联系电话：……

新员工签字：　　　　　　　　日期：

页面视图

页面视图可以显示Word 2016文档的打印外观，包括页眉、页脚、页边距、分栏设置、图形对象等元素。下图为页面视图模式。

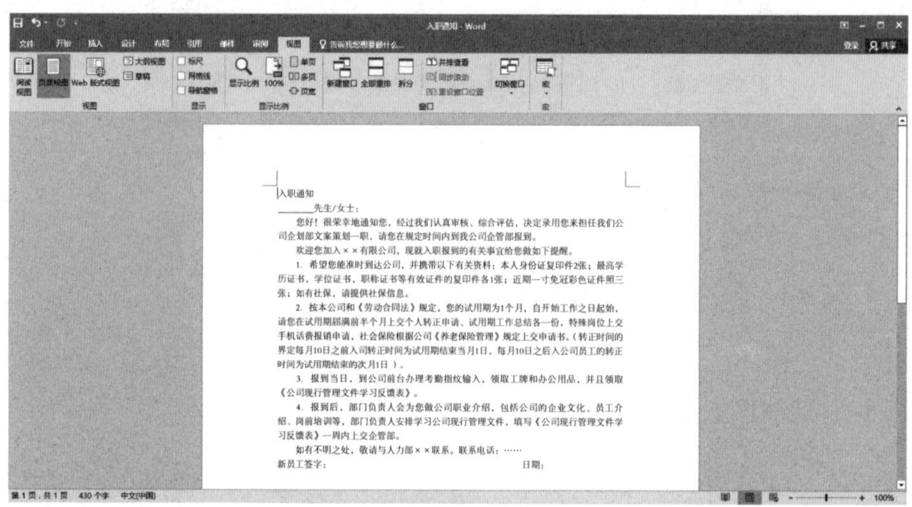

大纲视图

以大纲的形式来显示整篇文档，可迅速了解文档的结构和内容梗概。在这种视图模式下，可以在文档中创建标题和移动整个段落。下图为大纲视图模式。

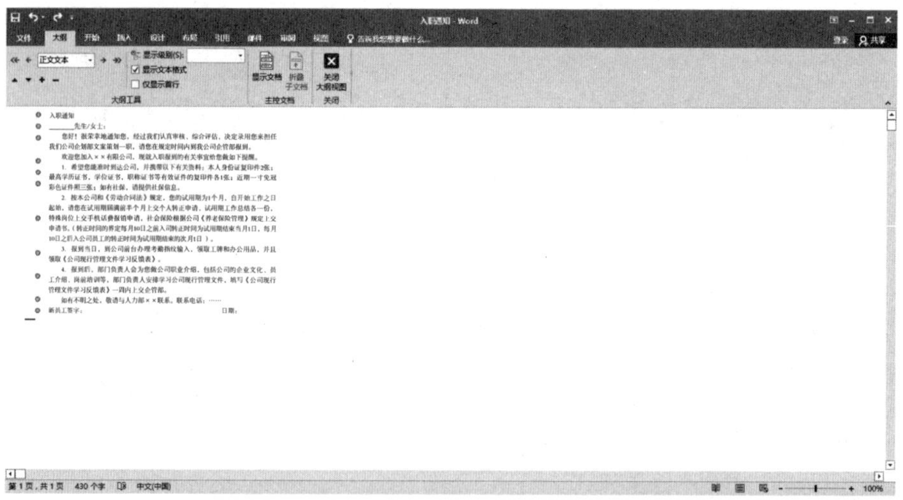

Web版式视图

Web版式视图是以网页的形式显示文档，这种文档方式适合发送电子邮件和创建网页。下图为Web版式视图模式。

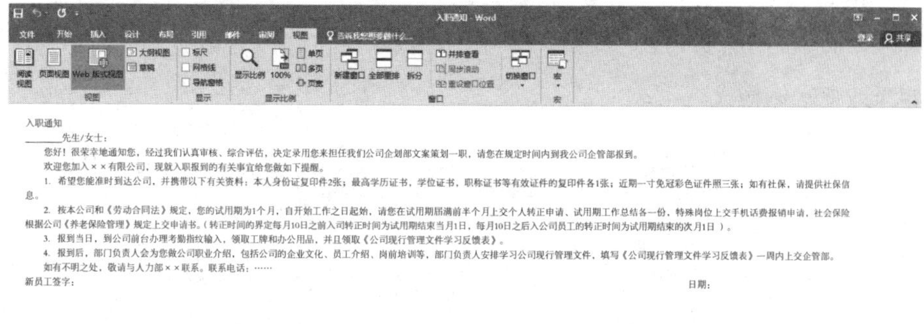
入职通知

______先生/女士：

您好！很荣幸地通知您，经过我们认真审核、综合评估，决定录用您来担任我们公司企划部文案策划一职，请您在规定时间内到我公司企管部报到。

欢迎您加入××有限公司，现就入职报到的有关事宜给您做如下提醒。

1. 希望您能准时到达公司，并携带以下有关资料：本人身份证复印件2张；最高学历证书，学位证书，职称证书等有效证件的复印件各1张；近期一寸免冠彩色证件照三张；如有社保，请提供社保信息。

2. 按本公司和《劳动合同法》规定，您的试用期为1个月，自开始工作之日起始，请您在试用期届满前半个月上交个人转正申请、试用期工作总结各一份，特殊岗位上交手机话费报销申请，社会保险根据公司《养老保险管理》规定上交申请书。（转正时间的界定每月10日之前入司转正时间为试用期结束当月1日，每月10日之后入公司员工的转正时间为试用期结束的次月1日）。

3. 报到当日，到公司前台办理考勤指纹输入，领取工牌和办公用品，并且领取《公司现行管理文件学习反馈表》。

4. 报到后，部门负责人会为您做公司职业介绍，包括公司的企业文化、员工介绍、岗前培训等，部门负责人安排学习公司现行管理文件，填写《公司现行管理文件学习反馈表》一周内上交企管部。

如有不明之处，敬请与人力部××联系。联系电话：……

新员工签字：　　　　日期：

草稿

在草稿模式下，页边距、分栏、页眉、页脚等都被取消，仅仅显示标题和正文，使得文本内容更加突出，便于用户进行快捷编辑。

1.2 公司日常考勤制度的制作方法

公司日常考勤制度是为了维护公司的正常工作秩序，提高员工的办事效率而制定的，也是考核员工和支付员工工资的依据。接下来，我们介绍日常考勤制度的详细制作方法。

1.2.1 设置字体

用户将公司日常考勤制度的具体内容输入文档中后，接下来，可以根据需要规范文档内容，对文档中的字体进行设置。在Word 2016中，字体默认为宋体、五号、黑色，用户可以根据自己的需要对其进行修改。

设置字体格式

设置字体格式的方法主要有以下三种。

（1）根据需要，单击文档“开始”选项卡下“字体”选项组中的相应按钮来改变字体格式。

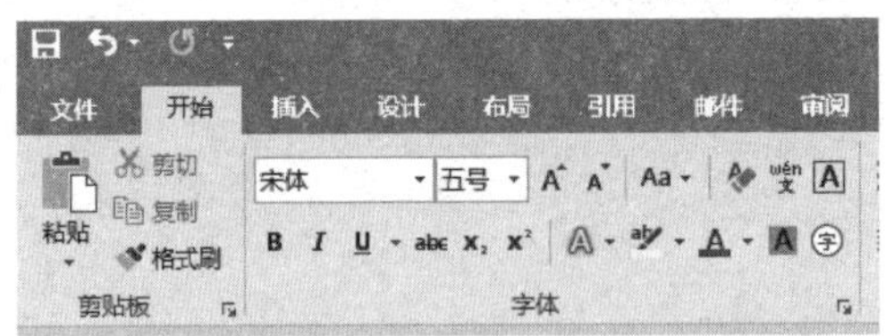

（2）单击“开始”选项卡下“字体”选项组右下角的“对话框启动器”按钮，在弹出的“字体”对话框中对字体格式进行编辑，最后点击“确定”按钮即可。

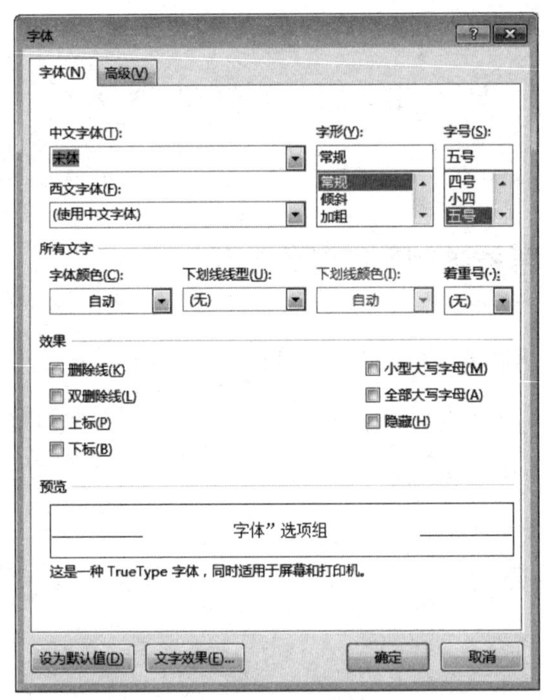

（3）用浮动工具栏设置字体格式。当用户选中要设置的文本时，所选文本的右上角会弹出一个浮动工具栏。用户可根据需要，单击对应的按钮来设置字体格式。

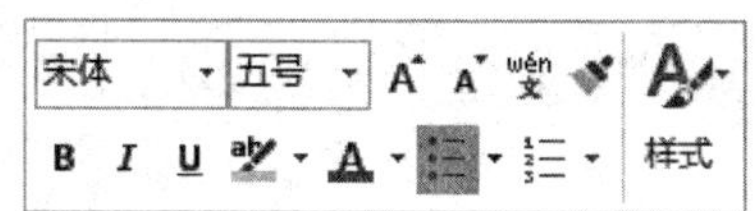

设置字符间距

字符间距主要是指文档中字与字之间的距离。通过设置文档中的字符间距，可以使文档的页面布局更符合实际要求。其具体操作步骤是：选中需要编辑的文字部分，打开“字体”对话框，切换到“高级”选项卡，在“字符间距”一栏下，可以根据需要设置字体的“缩放”“间距”和“位置”等。

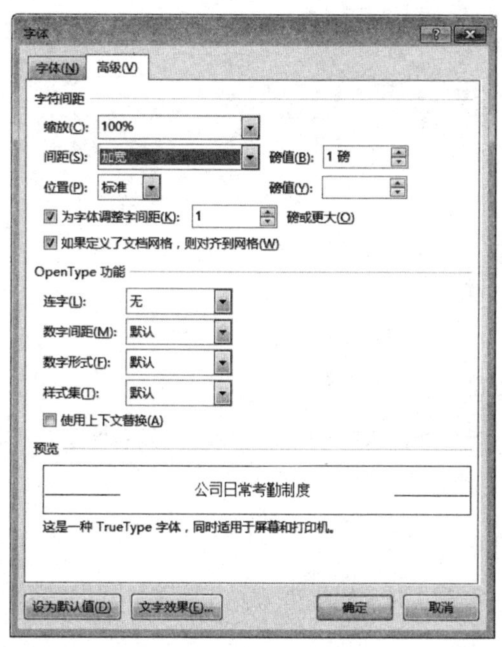

小提示：用户也可以通过快捷键Ctrl+D来打开“字体”对话框，对文档进行编辑。另外，用户可以通过在“磅值”微调框中选择合适的数值来改变字符间距。

设置文字效果

选中要设置的文本，单击“开始”选项卡下“字体”选项组中的“文本效果和版式”按钮，在弹出的列表中，选择合适的文本效果。

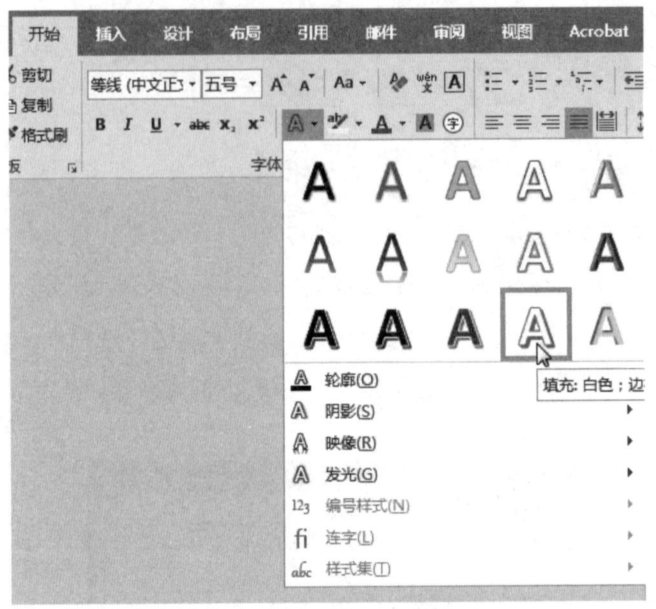

1.2.2　设置段落格式

用户为文档文本设置了字体格式后，还可以为文本设置段落格式。设置文档段落格式主要包括：设置段落的对齐方式、设置段落的缩进、设置行间距和段落间距等。

设置段落的对齐方式

对齐方式就是段落中文本的排列方式。Word中的对齐方式有5种，分别是左对齐、右对齐、居中对齐、两端对齐和分散对齐。设置对齐方式的方法有以下几种。

（1）用户可以通过工具栏中“段落”选项组中的各种对齐方式按钮来设置对齐方式。

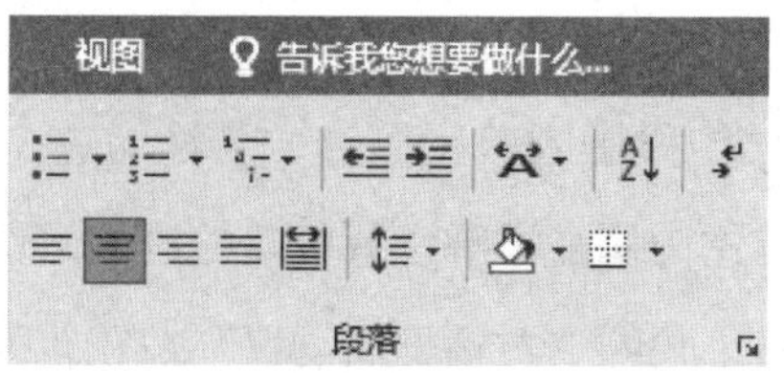

（2）选中文档中需要编辑的文字，单击“开始”选项卡下“段落”选项组右下角的“对话框启动器”按钮，打开“段落”对话框，选择“缩进和间距”选项卡，在“常规”一栏中点击“对齐方式”右侧的下拉按钮，在弹出的列表中选择需要的对齐方式。

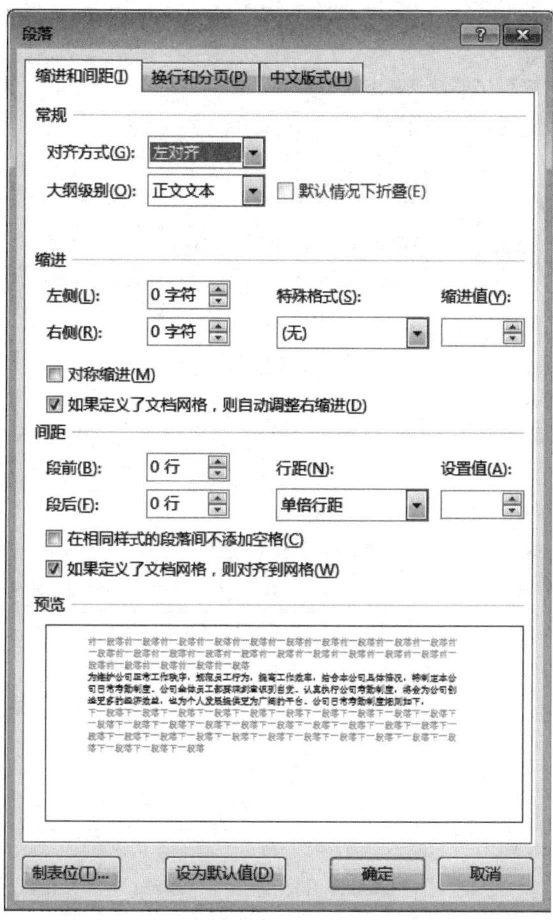

设置段落的缩进

段落缩进是指文档中段落的首行缩进、悬挂缩进、段落的左右边界缩进等。我们以设置首行缩进为例来讲解设置段落缩进的方法。单击“开始”选项卡下“段落”选项组右下角的“对话框启动器”按钮，弹出“段落”对话框，切换到“缩进和间距”选项卡，单击“缩进”栏下“特殊格式”文本框的下拉按钮，在弹出的列表中选择“首行缩进”选项，在“缩进值”文本框中输入“2字符”，最后单击“确定”按钮即可。

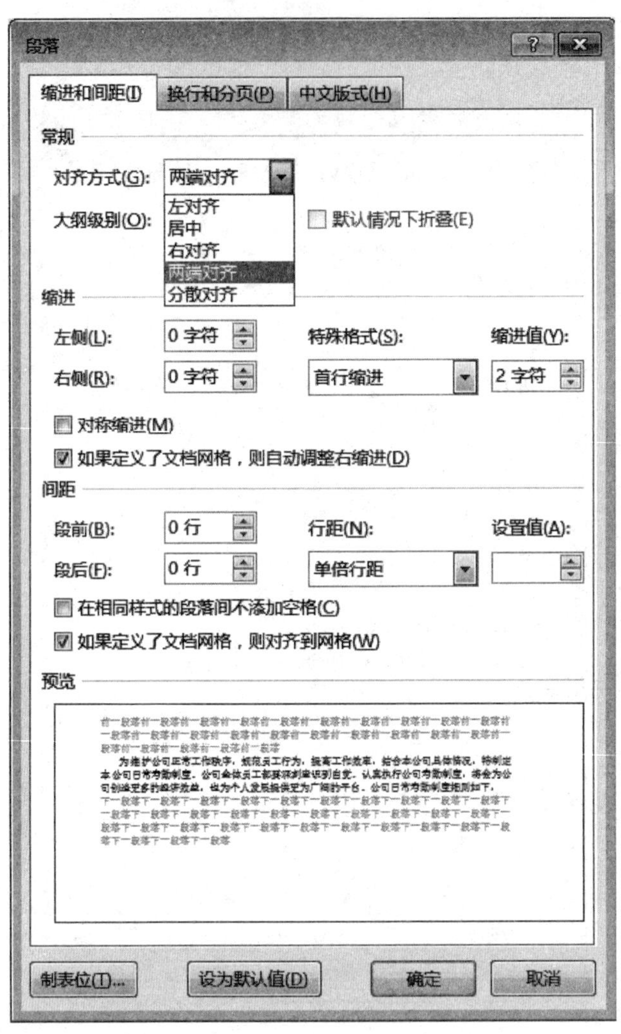

设置段落的行间距

段落的行间距包括段落与段落之间的距离、段落中行与行之间的距离。用户可以用以下方法来设置文档的段落行间距。

（1）选中需要编辑的文本，单击“段落”选项组右下角的“对话框启动器”按钮，弹出“段落”对话框，切换到“缩进和间距”选项卡，在“间距”一栏的“段前”和“段后”微调框中分别设置合适的值，比如可设置“段前”“段后”为“0.5行”，在“行距”的下拉列表中选择“1.5倍行距”选项。最后单击“确定”按钮即可。

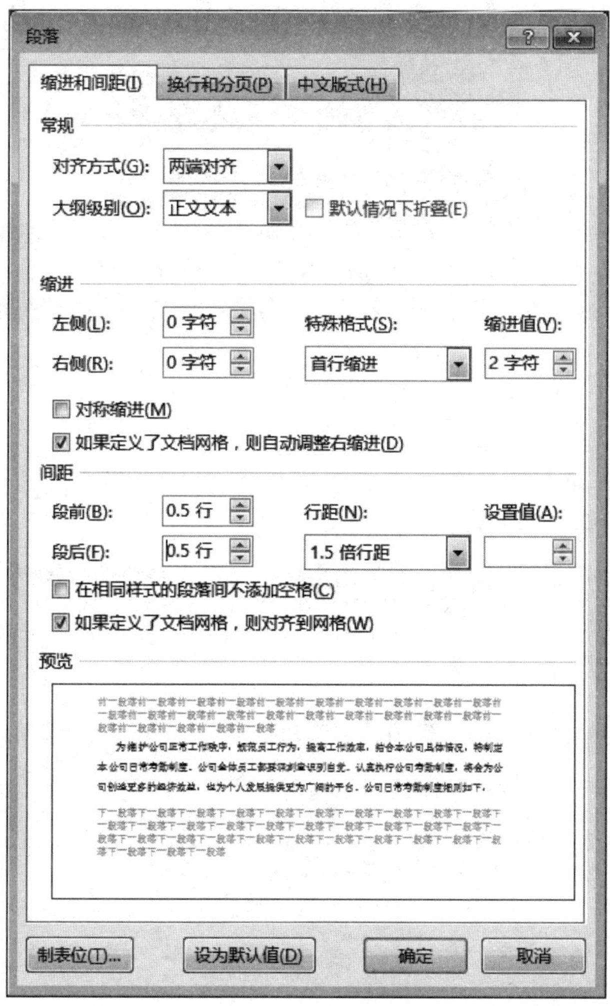

（2）选中要编辑的文本，在工具栏“段落”选项组中单击“行和段落间距”按钮，弹出一个下拉列表，从中选择合适的数值，比如选择1.5，随后文本行距就变成了1.5倍行距。

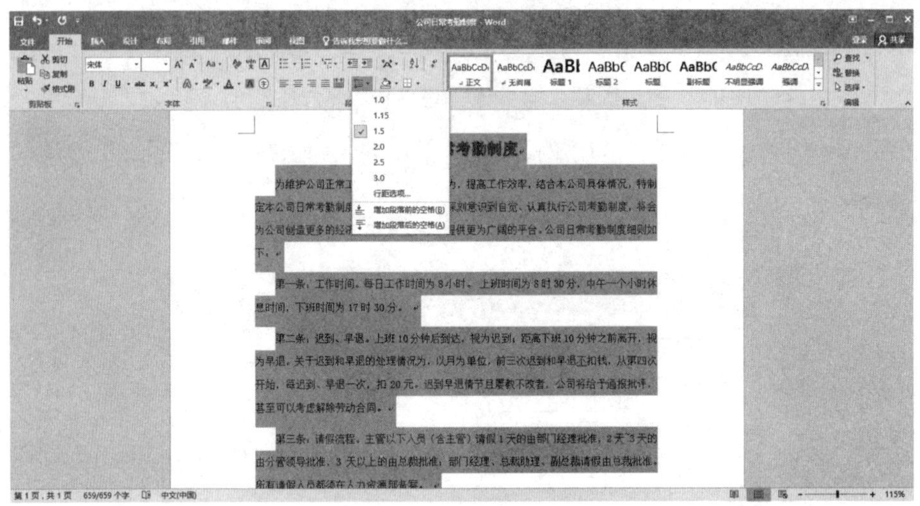

小提示：用户还可以使用“布局”选项卡来设置段落的行间距。先切换到“布局”选项卡，在“段落”选项组的“段前”和“段后”文本框中设置间距调整值即可。

添加项目符号和编号

合理添加项目符号和编号能美化文档，使文档的结构层级更有条理，更方便阅读。

1. 添加项目符号

打开需要编辑的文档“公司日常考勤制度”，选中需要编辑的文本，切换到“开始”选项卡，单击“段落”选项组中“项目符号”右侧的下拉按钮，从弹出的下拉列表中选择可添加的项目符号（比如选择“圆形”），文本中就插入了这种项目符号。

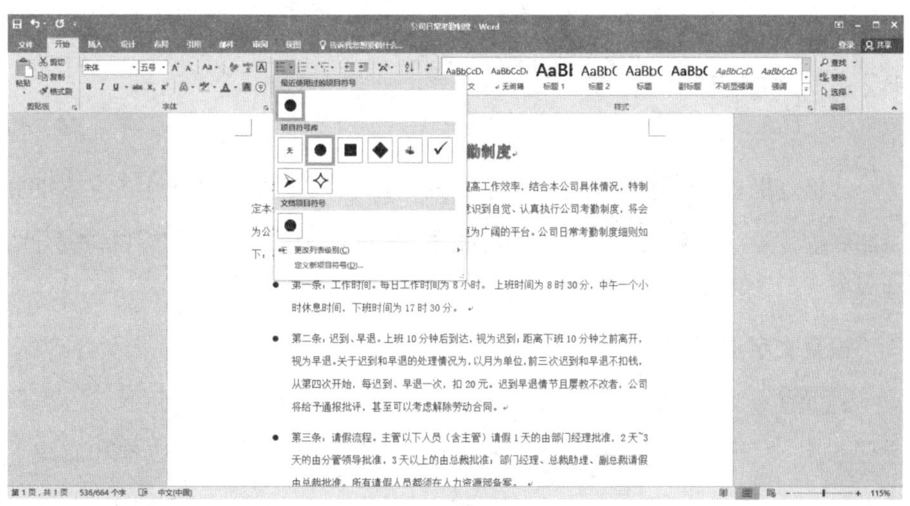

2. 添加项目编号

用户如果需要为文档添加项目编号，则需单击“段落”选项组中“添加项目编号”右侧的下拉按钮，从下拉列表中选择合适的项目编号即可。

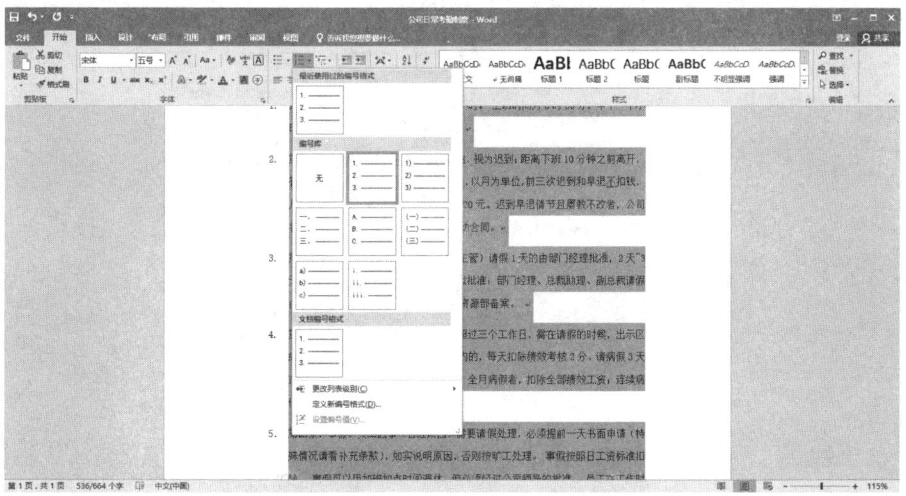

小提示：用户还可以通过选中需要编辑的文本内容，单击鼠标右键，在弹出的快捷菜单中选择“添加项目符号和编号”命令来设置。

1.2.3 添加边框与底纹

边框是指在一组字符或句子周围添加应用框，底纹是指为选中的文本部分添加底纹背景。在文档中设置边框和底纹，可以使相关内容更加醒目，提升阅读效果。

设置文字边框

步骤01 选中需要添加边框的文字，单击“开始”选项卡下“段落”选项组中“下边框”右侧按钮，在弹出的下拉列表中选择“边框和底纹”选项。

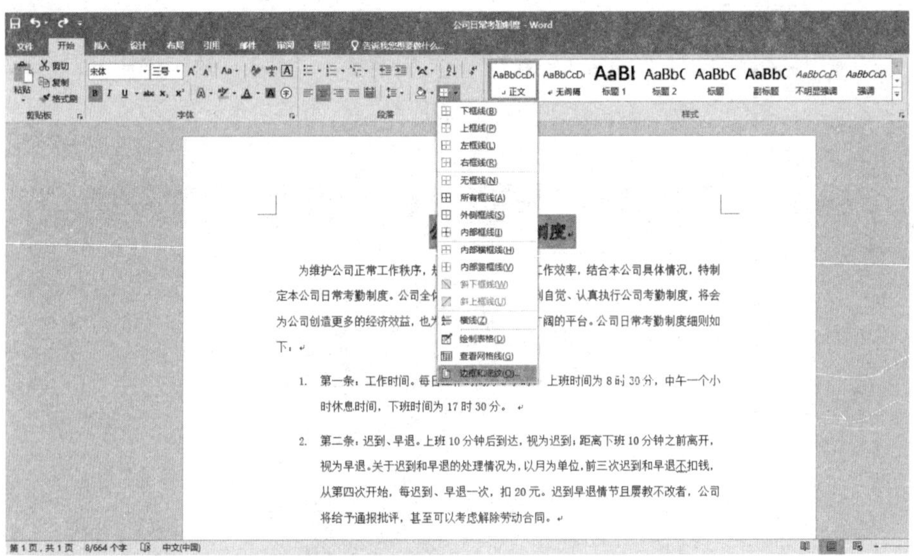

步骤02 弹出“边框和底纹”对话框，切换到“边框”选项卡，在“设置”列表中选择“方框”选项，在“样式”列表框中选择合适的样式。另外，还可以在“颜色”“宽度”文本框中设置合适的颜色和宽度，最后单击“确定”按钮即可。

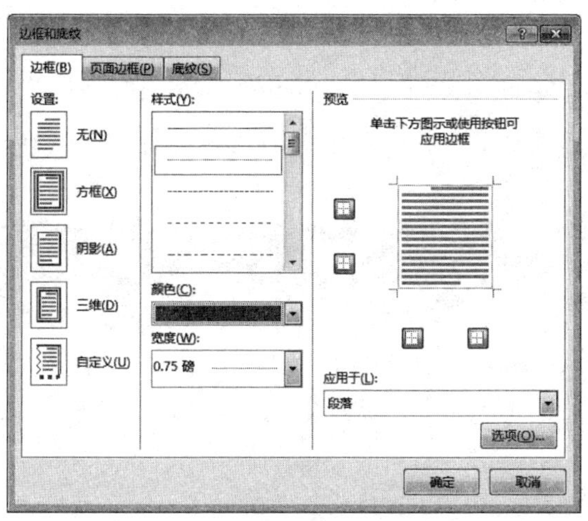

小提示：用户也可以根据实际需要，在“下边框”的下拉列表中，选择“下框线”“上框线”“左框线”等选项来进行设置。

设置底纹

添加底纹与添加边框不同，底纹只适合对文字、段落的添加，而不能对页面进行添加。设置底纹的方法有以下两种。

（1）使用“底纹”按钮添加底纹。选中要添加底纹的文本，单击“开始”选项卡下“段落”选项组中“底纹”的右侧按钮，在弹出的“主题颜色”列表中选择需要的颜色，就能为文字添加底纹。

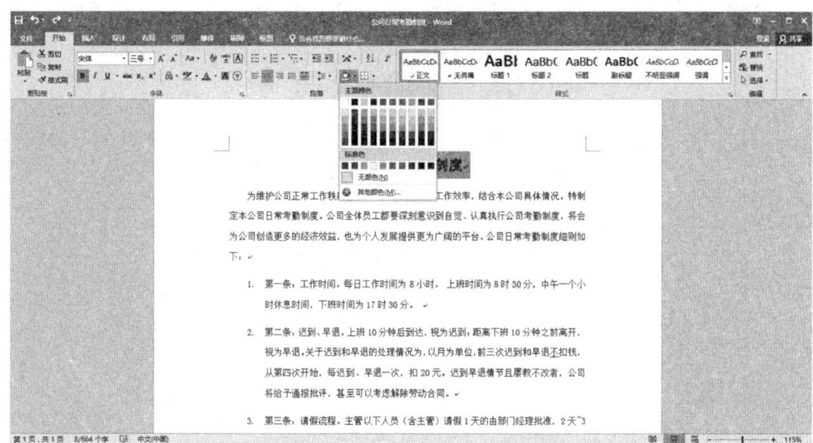

（2）使用“字符底纹”按钮来添加底纹。单击“开始”选项卡下“字体”选项组中的“字符底纹”按钮，可迅速为文字添加底纹。但这个按钮有一定的局限性，它能为文字添加的底纹只有灰色一种，且灰度为15%。

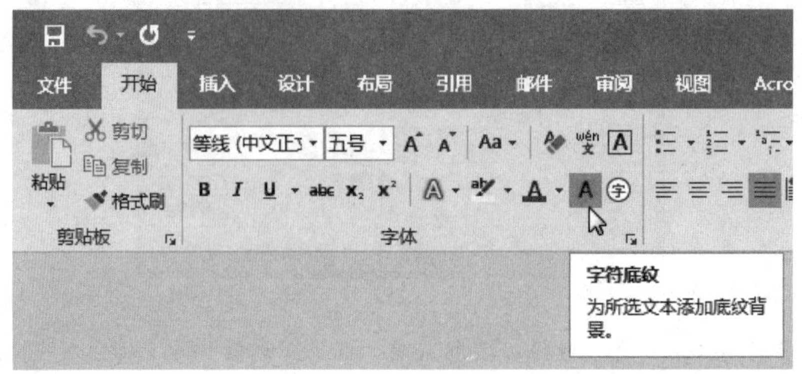

1.2.4 设置页面背景

打开Word文档，面对黑白单一的文档样式，不免觉得枯燥乏味。用户如果能添加各种丰富多样的页面背景，比如设置页面颜色、设置填充效果、插入图片或添加水印等，就能使文档变得更加美观，更有吸引力。

设置页面颜色

Word 2016文档的页面颜色，除了默认的白色，还可以根据需要设置为其他颜色。操作步骤如下。

步骤01 打开文档“公司日常考勤制度”，切换到“设计”选项卡，单击“页面背景”选项组中的“页面颜色”下拉按钮，在弹出的颜色列表中选择需要的颜色。

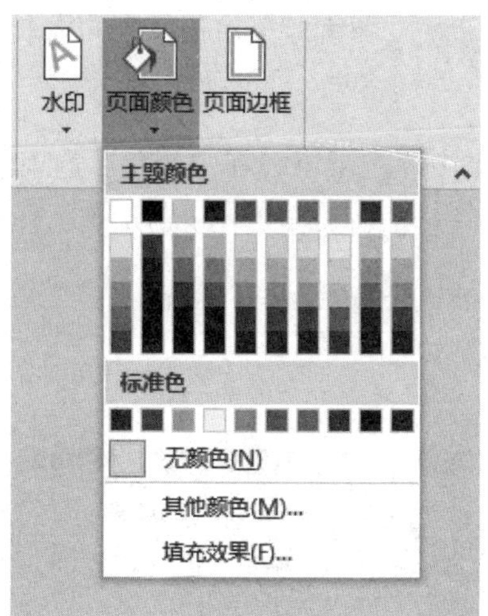

步骤02 用户还可以在弹出的列表中选择“其他颜色”选项，可获得更多的填充颜色。在弹出的“颜色”对话框中，切换到“自定义”选项卡，在颜色面板上选择合适的颜色，再单击“确定”按钮即可。

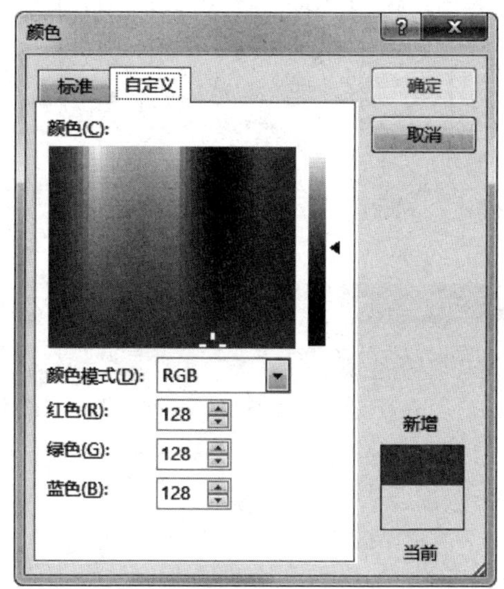

设置填充效果

用户可以通过单击“设计”选项卡下“页面背景”选项组中的“页面颜色”下拉按钮，在展开的下拉列表中选择“填充效果”选项，在弹出的“填充效果”对话框中来进行设置。下面就以对话框中的“渐变”选项为例，对其操作方法做下介绍。

步骤01 切换到“渐变”选项卡，在“颜色”选项区域中勾选“单色”单选框，单击“颜色”文本框右侧按钮，在下拉列表中选择需要的颜色。选好颜色后，滑动控制颜色深浅的滑块至最浅的位置。在“底纹样式”选项区域选择“中心辐射”单选框。

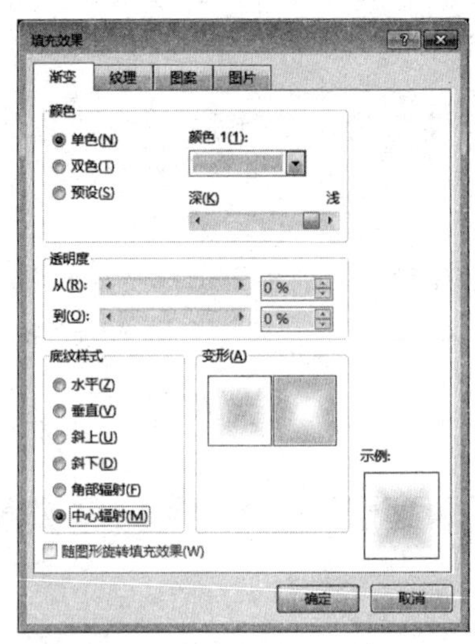

步骤02 单击“确定”按钮，最后的填充效果图如下。

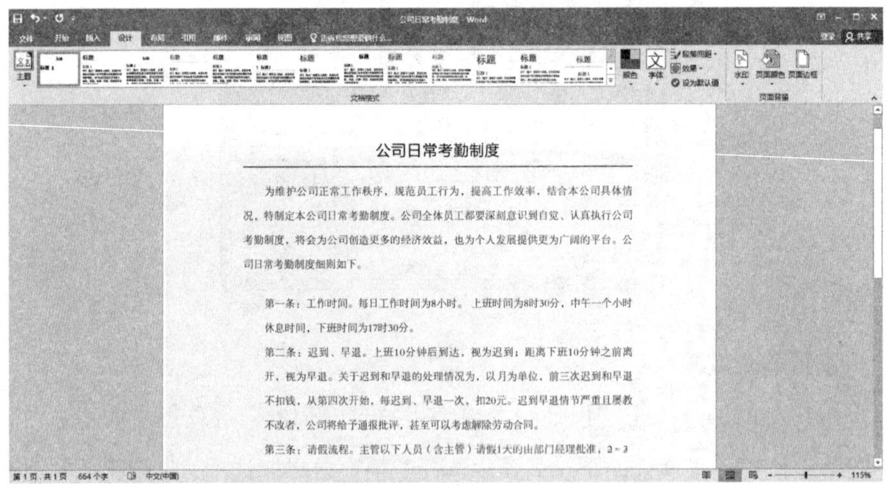

插入图片

在Word文档中插入图片，可以使文档看上去更生动形象。在Word文档中插入的图片主要包括本地图片和联机图片。那么，用户应该如何来操作呢？

1. 插入本地图片

步骤01 打开Word文档“公司日常考核制度”，将光标放在需要插入图片的位置，单击“插入”选项卡下“插图”选项组里的“图片”按钮。

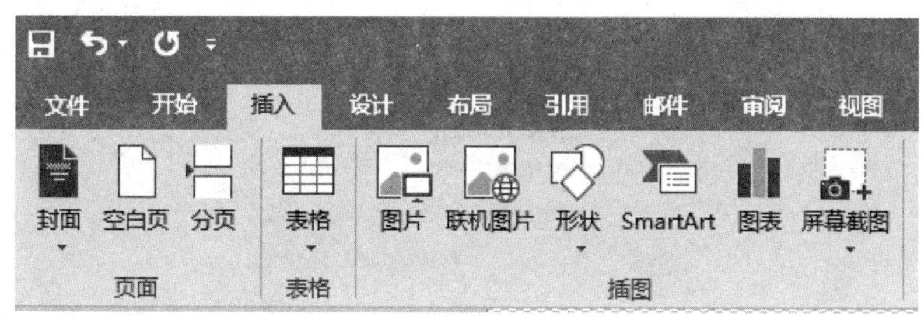

步骤02 在弹出的“插入图片”对话框中选择需要插入的图片，单击“插入”按钮，或者直接双击需要插入的图片，图片就会被插入到文档中光标所在处。

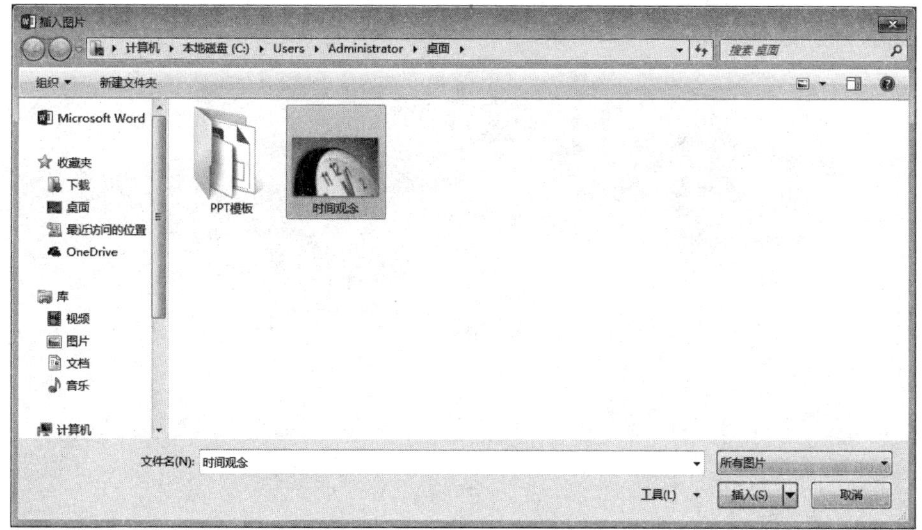

步骤03 如果客户想更改图片样式，可选中插入的图片，单击“图片工具—格式”选项卡，从“图片样式”列表中选择满意的选项，即可改变图片样式。

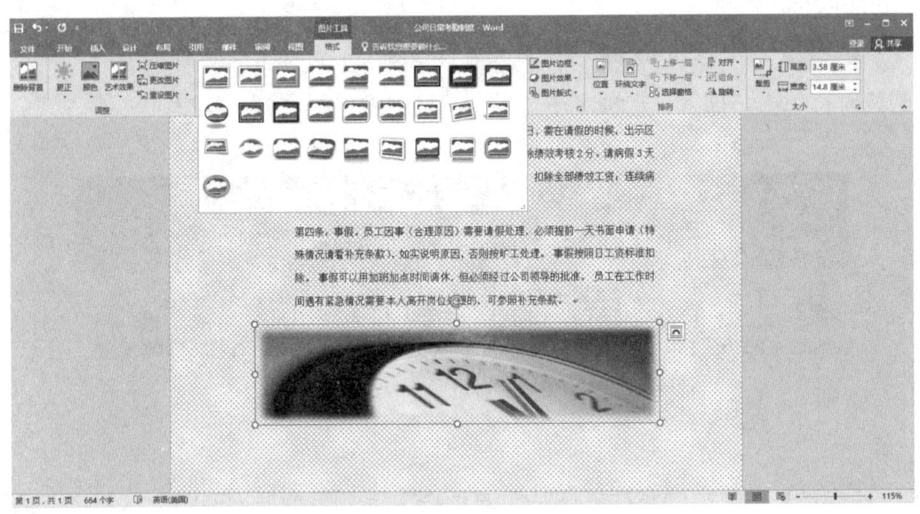

2. 插入联机图片

步骤01 将光标放于需要插入联机图片的位置，切换到“插入”选项卡，单击“插图”选项组中的“联机图片”按钮。

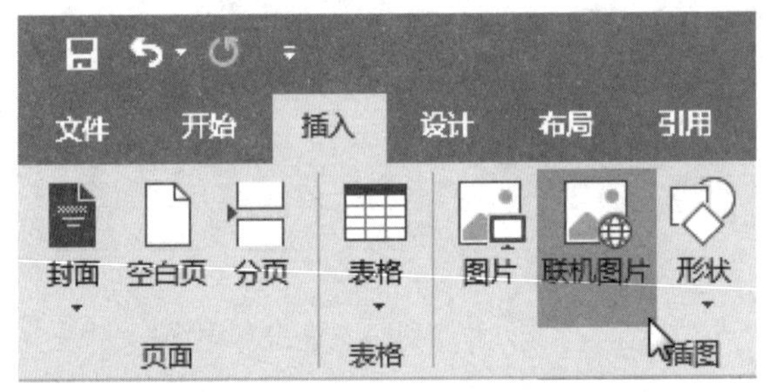

步骤02 弹出“插入图片”对话框，在“必应图像搜索”文本框中输入要搜索图片的内容，比如输入“向日葵”，单击“搜索”按钮。

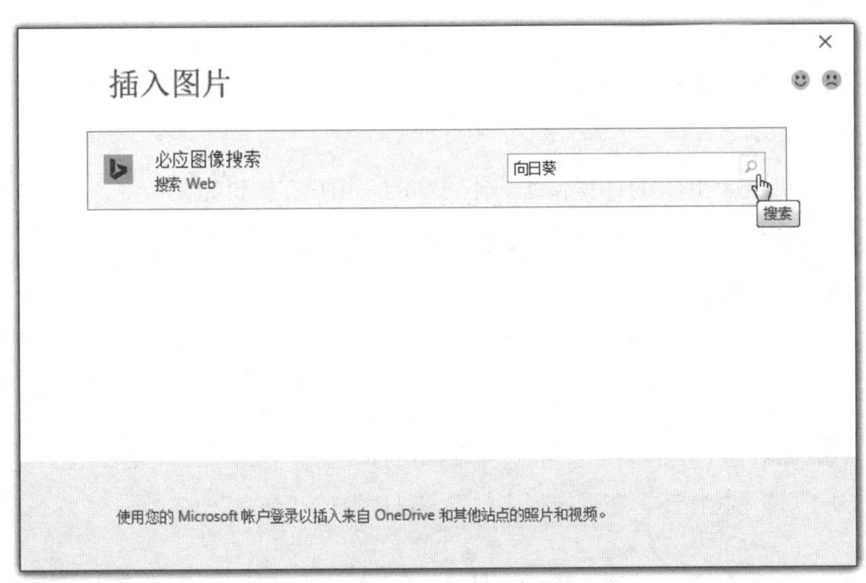

步骤03 待结果显示后，选择合适的图片，双击图片或单击图片，再点击“插入”按钮即可。

1.2.5 打印文档

在办公过程中，打印操作是必不可少的。用户在编辑完文档后，可以进行简单的页面设置，从而使打印的文档页面更加美观。

设置页面大小

设置页面大小的方法有以下两种。

（1）用“页面设置”选项组进行设置。

步骤01 将文档切换到“布局”选项卡，单击“页面设置”选项组中“纸张方向”的下拉按钮，在下拉列表中选“纵向”或“横向”。

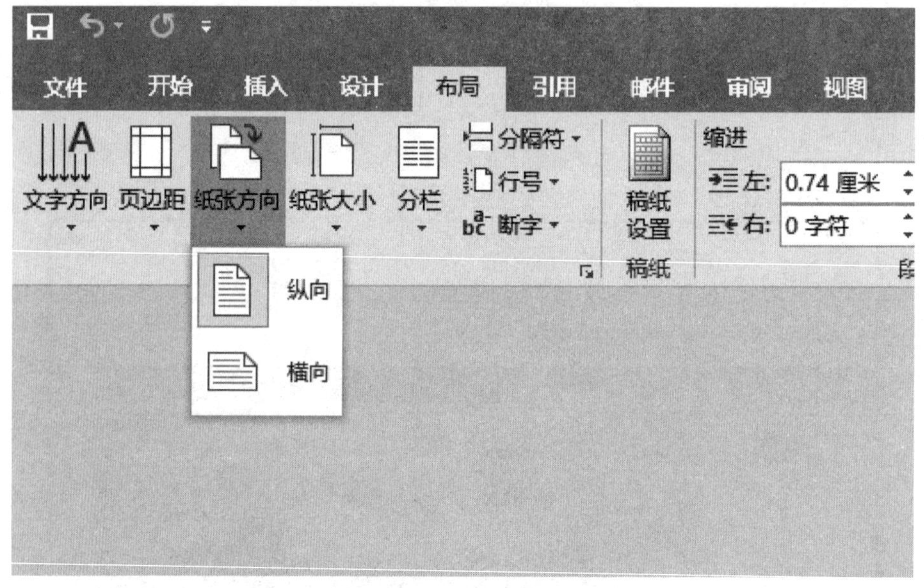

步骤02 单击“页面设置”选项组中“纸张大小”的下拉按钮，在下拉列表中选择合适的纸张尺寸。

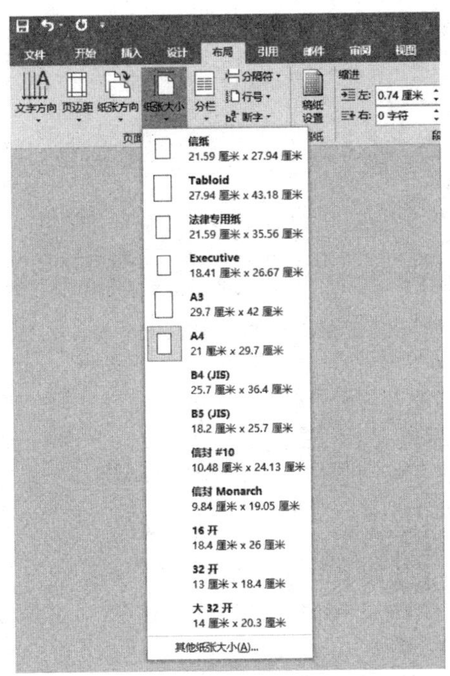

步骤03 单击“页面设置”选项组中“页边距”的下拉按钮，在下拉列表中选择合适的页边距方案，单击即可快速设置页边距。

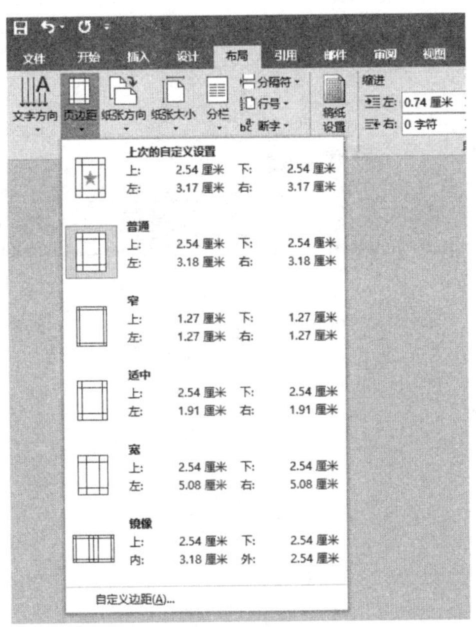

（2）用“页面设置”对话框进行设置。

步骤01 单击“页面设置”选项组右下角的“对话框启动器”按钮，弹出“页面设置”对话框，默认打开的是“页边距”选项卡，用户可根据文档的实际情况，设置页边距。

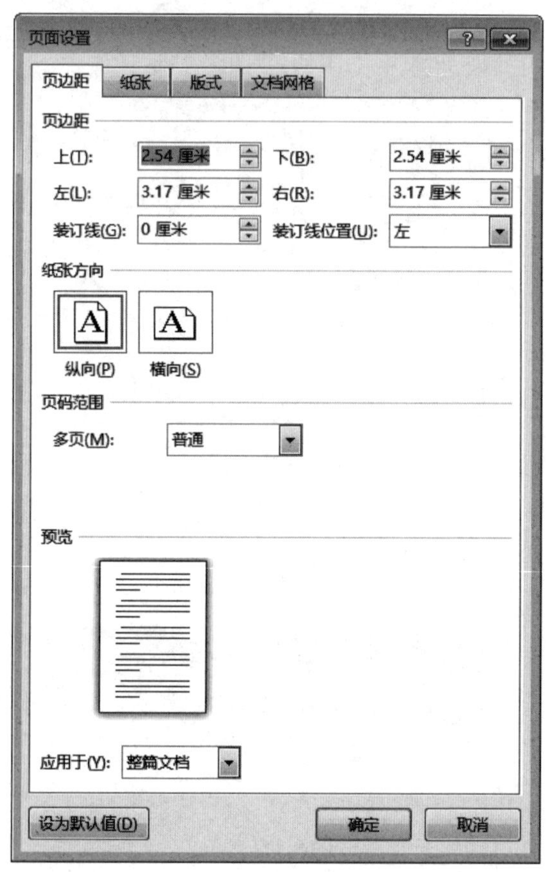

步骤02 切换到“纸张”选项卡，在“纸张大小”下拉列表中选择合适的纸张大小。

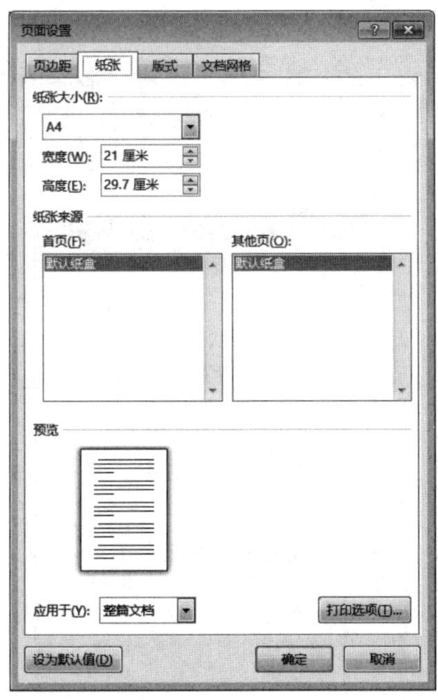

步骤03 切换到“版式”选项卡，可设置页眉、页脚的边距大小以及显示方式等。

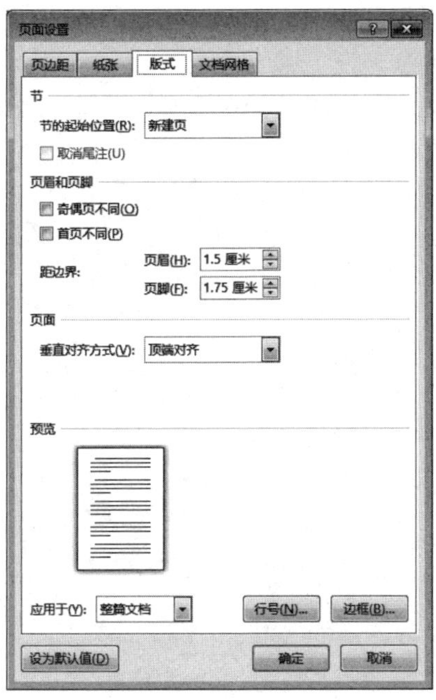

步骤04 切换到“文档网格”选项卡，可对文字的排列方向、网格的显示形式、每行的字符数、每页的行数等进行设置。最后单击“确定”按钮关闭对话框。

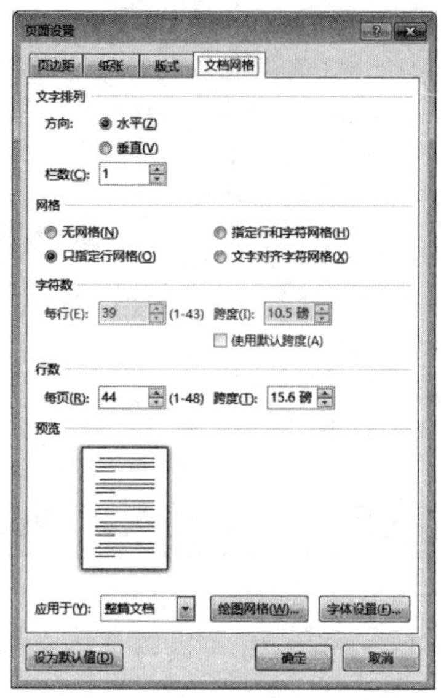

打印预览与打印

1. 打印预览

将文档切换至“文件”选项卡，在弹出的下拉列表中选择“打印”选项，在面板右侧的预览区域，可以查看打印效果。

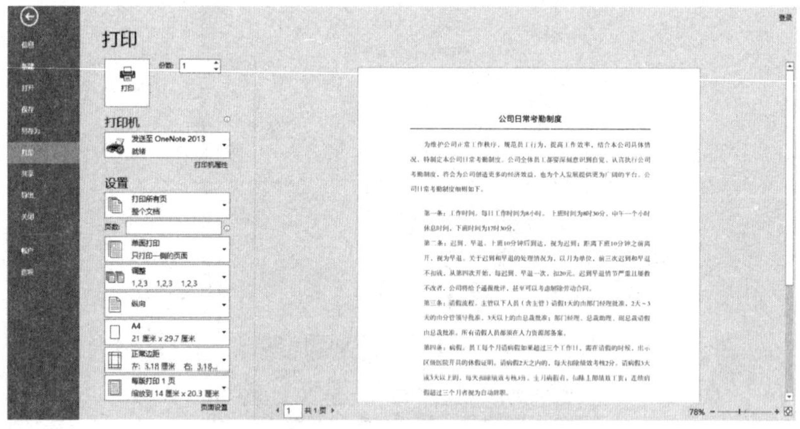

2. 打印

打印预览页面效果正常的话，就可以进行打印设置。首先，在“份数”微调框中输入要打印的份数，在“打印机”下拉列表中选择自己所使用的打印机。然后，在“设置”下拉列表中选择打印范围，用户也可以自定义打印范围。最后，点击“打印”按钮即可进行打印输出。

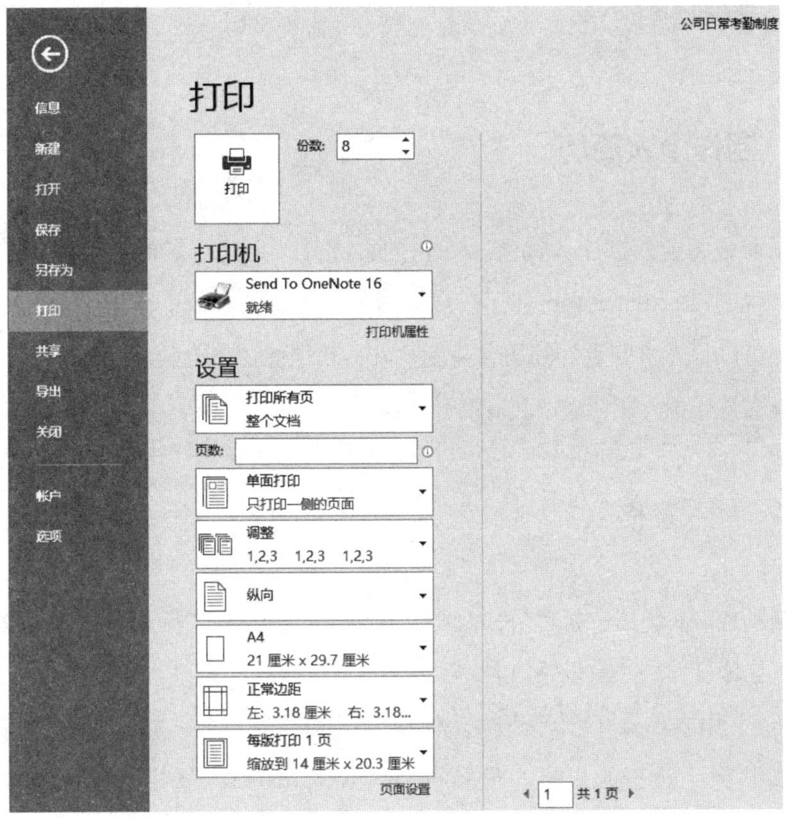

Chapter 02 表格的应用

2.1 制作个人简历

求职就需要用到个人简历。一份内容完整、形式新颖的个人简历，能使应聘单位的HR和面试官迅速了解求职者的情况，并给他们留下深刻、良好的印象。可以说，求职者的简历若是做得好，获得面试机会的成功率就会大大提升。下面将详细介绍用Word制作简历的流程。

2.1.1 插入表格

启动Word 2016，新建空白文档，在合适位置使用“插入表格”功能插入表格。具体操作方法有以下三种。

（1）用表格菜单创建表格。使用表格菜单适合插入格式比较规整的、行数和列数比较少的表格。最多可以创建8行10列的表格。具体操作方法如下。

将光标放于文档中需要插入表格的地方，单击“插入”选项卡下“表格”选项组中的“表格”按钮，在弹出菜单的上半部分的示例表格中拖动鼠标，示例表格的顶部就会显示相应的行列数，到所需的行列数时释放鼠标键即可。

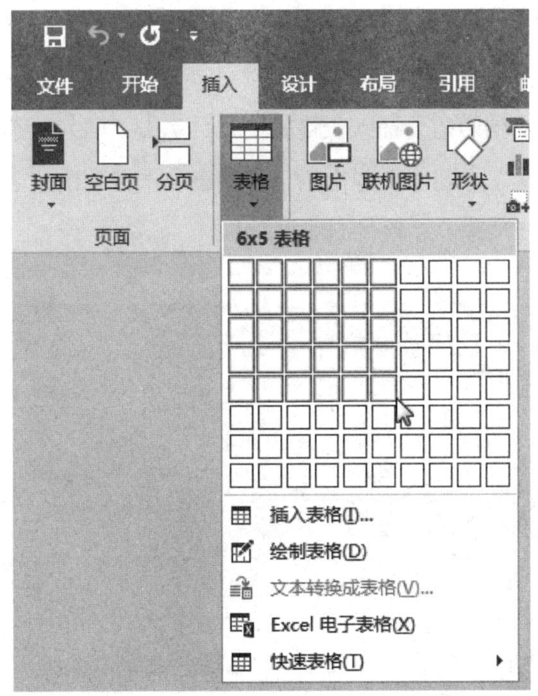

（2）使用“插入表格”对话框创建表格。将文档切换到“插入”选项卡，单击“表格”选项组中的“表格”按钮，弹出“插入表格”对话框，在“列数”“行数”微调框中输入要插入表格的“列数”和“行数”，点击“确定”按钮即可。

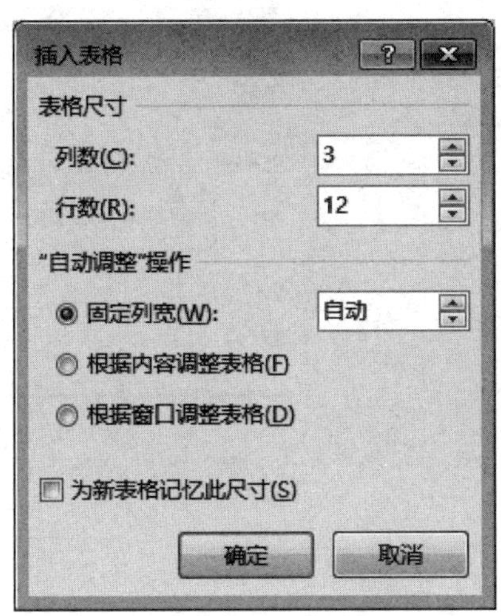

（3）用户可以利用Word 2016提供的内置表格模型来快速创建表格，操作方法如下。

将光标放于文档中需要插入表格的地方，单击“插入”选项卡下“表格”选项组中的“表格”按钮，在弹出的下拉列表中选择“快速表格”选项，在弹出的子菜单中选择需要的表格模型即可。

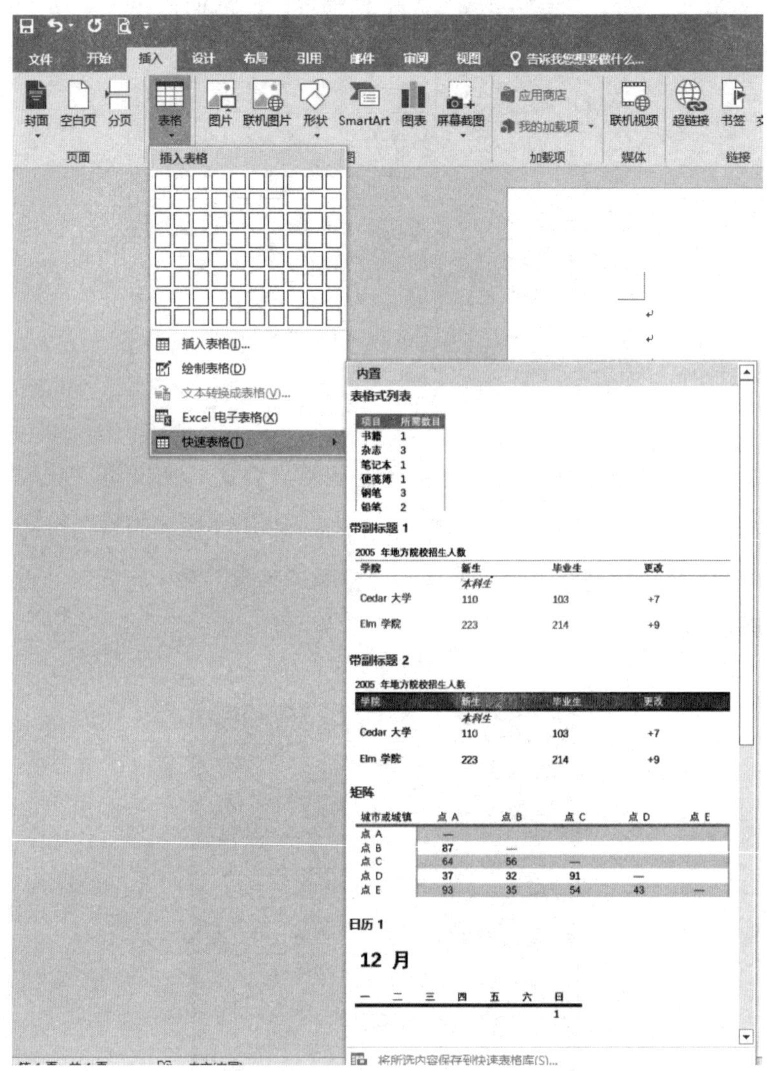

小提示：Word 2016中所提供的表格模型有限，有一定的局限性，只适用于创建特定格式的表格。

2.1.2 表格的基本操作

在Word 2016中，用户对表格的基本操作包括插入、删除行与列，合并、拆分单元格，调整行高和列宽等。下面就来详细讲述这些内容。

行与列的插入与删除

1. 插入行与列

插入行与列有以下两种方法。

（1）将光标移至表格边框最左侧，待两行之间出现⊕，单击鼠标左键，即可插入一个新的行。

将光标移至表格边框最上面，待两列之间出现⊕，单击鼠标左键，即可插入一个新的列。

个人简历

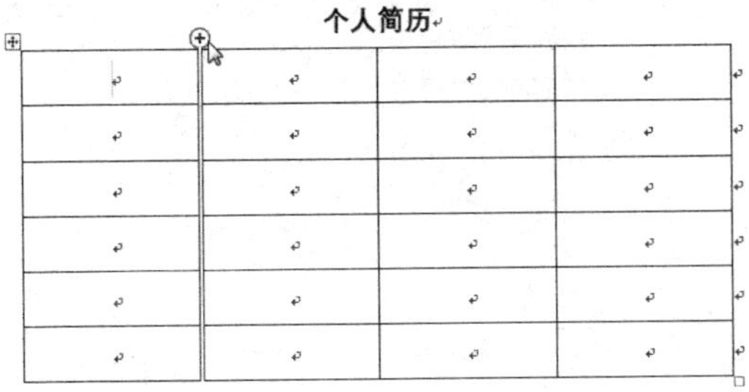

个人简历

（2）将光标移至任意单元格内，单击鼠标右键，在弹出的菜单中选择“插入”选项，在子菜单中根据需要选择合适的选项。

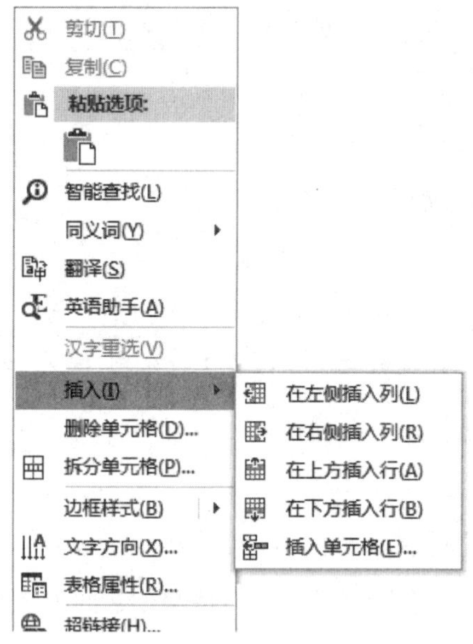

2. 删除行与列

删除行与列的方法也有两种。

（1）将光标放于需要删除的行与列的单元格内，单击鼠标右键，在弹出的菜单中选择“删除单元格”选项，在弹出的“删除单元格”对话框中选择“删除整行”或“删除整列”单选框，点击“确定”按钮即可。

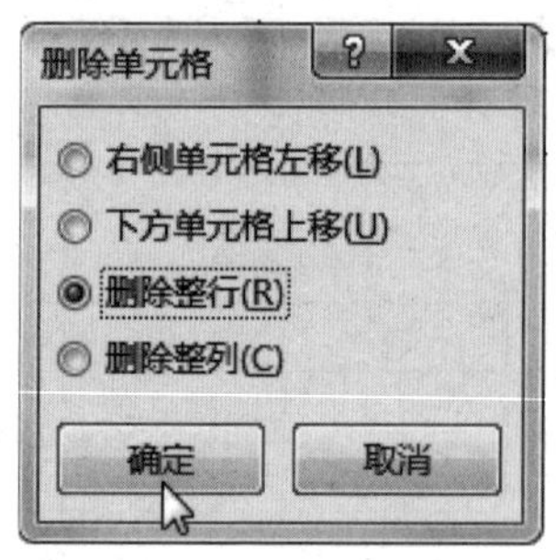

（2）用鼠标选中需要删除的行或列，直接单击键盘上的Delete键，即可删除整行或整列。

单元格的合并与拆分

在文档中插入的表格，每行或每列的单元格数量相同，如果想将多个单元格合并成一个单元格或者将一个单元格拆分为多个单元格，就要涉及单元格的合并和拆分问题了。下面就来讲解有关内容。

1. 合并单元格

步骤01 选中“个人简历”表格中需要合并的单元格区域，单击鼠标右键，在弹出的菜单中执行“合并单元格”命令即可 。

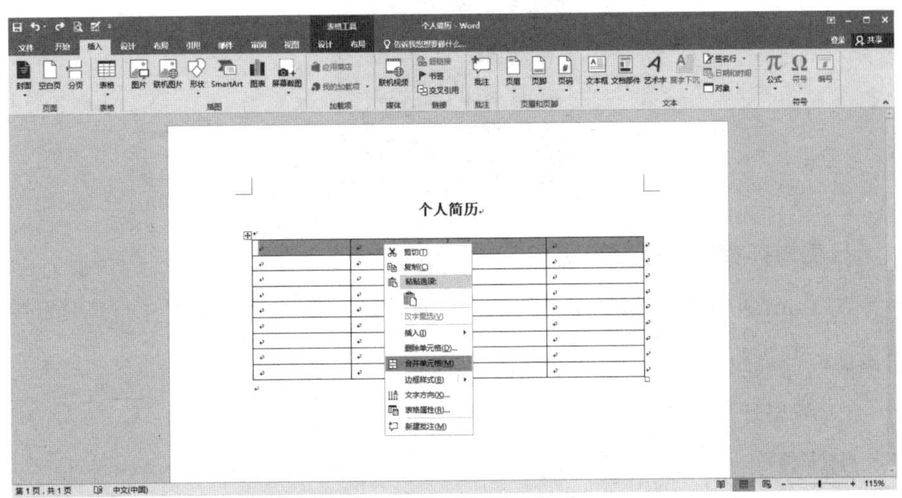

步骤02 用同样的方法再对“个人简历”文档中的其他单元格进行合并，效果如下图所示。

2. 拆分单元格

将光标置于要拆分的单元格内，点击鼠标右键，在弹出的菜单中单击“拆分单元格”选项，弹出“拆分单元格”对话框。用户只需要在“列数”和“行数”这两个微调框中输入合适的数字，然后点击“确定”按钮即可。

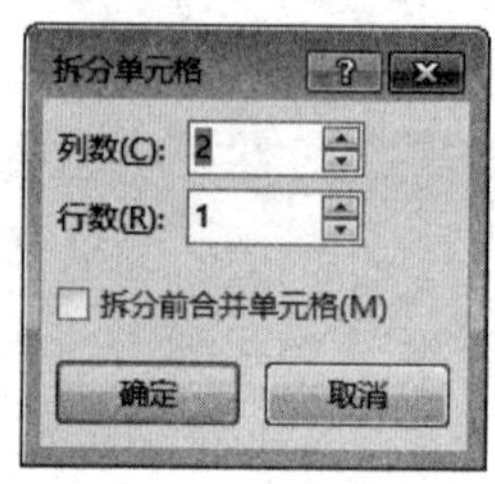

行高与列宽的调整

在Word 2016中，为了使插入的表格适应不同的内容，需要在行高和列宽上做出一些调整。

1. 调整行高

步骤01 用户可选中整个表格，单击鼠标右键，从弹出的菜单中单击“表格属性”选项。

步骤02 弹出“表格属性”对话框，切换到“行”选项卡，在“尺寸”组合框中根据需要进行设置，比如，这里将“个人简历”表格中的行高设置为0.8厘米。最后，单击“确定”按钮即可完成设置。

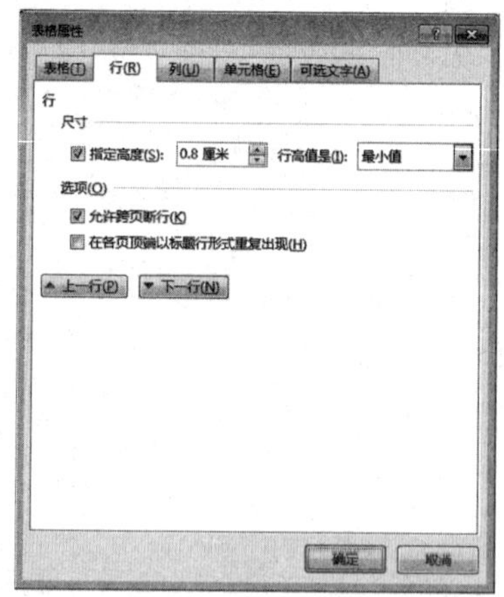

小提示：用户还可以使用Enter键来调整个别单元格的行高。比如，在“个人简历”文档中，“工作经历”和“教育培训”下的单元格涉及内容较多，就可以点击Enter键来使其行高翻倍。

2. 调整列宽

将光标移至两列之间的分隔线上，待光标形状改变后，按住鼠标左键拖动分隔线到合适的位置后，释放鼠标左键即可。

2.1.3 表格的美化

要想让我们自己的简历更能吸引企业HR或者面试官的眼球，那就要把我们的简历设计得更加美观，更加与众不同才行。因此，我们就需要对自己的简历表格进行美化。

下面就来讲解美化表格的几种方法：设置表格字体、套用表格样式、绘制表格的边框和底纹等。

设置表格字体

表格中输入的字体是默认字体。如果用户对默认的字体不满意，可以自行设计。

具体操作步骤如下。

步骤01 选中需要编辑的文字，比如，我们这里选择“个人信息：”文本。切换到“开始”选项卡，单击“字体”选项组右下角的“对话框启动器”按钮，在弹出的“字体”对话框中，设置所选中文本的“字体”“字形”和“字号”。比如，我们将字体设置为“宋体”，字形设置为“加粗”，字号设置为“小四”号。

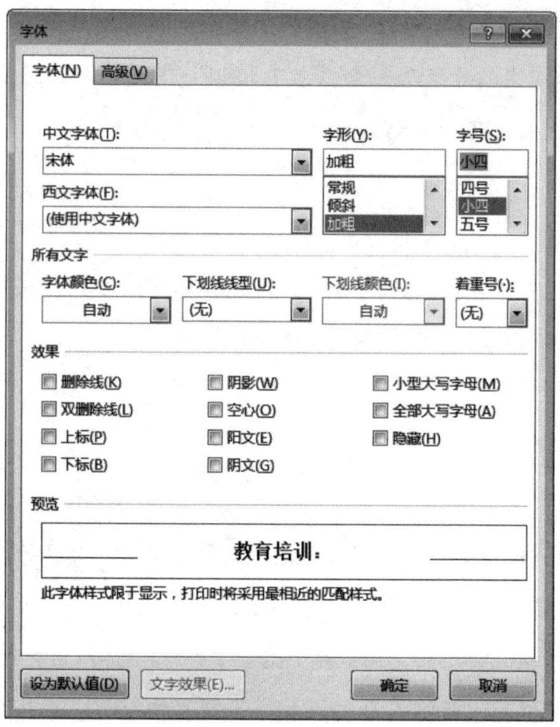

步骤02 单击“确定”按钮。然后返回文档后，可参照上面的方法来设置文档中的其他字体。最后，效果图如下。

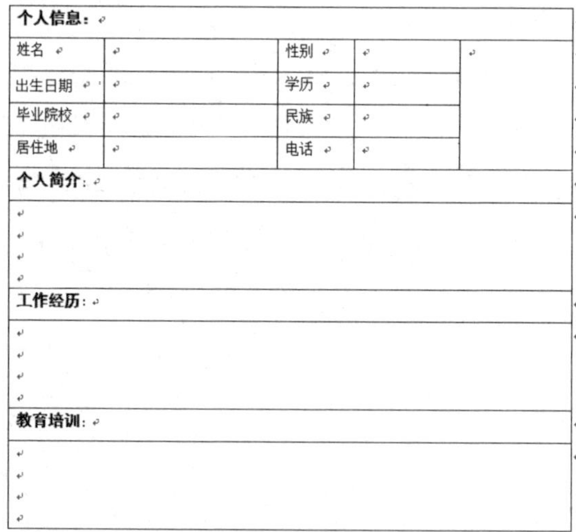

个人简历

个人信息：				
姓名		性别		
出生日期		学历		
毕业院校		民族		
居住地		电话		
个人简介：				
工作经历：				
教育培训：				

小提示：用户如果想要选中表中不连续文字的时候，可以左手按Ctrl键，右手用鼠标分别选中不同的文字板块。

设计表格文字的对齐方式

表格中文字的对齐方式的设计方法如下。

选中需要编辑的表格板块，切换到“表格工具—布局”选项卡，单击“对齐方式”选项组中的“水平居中”按钮，所选中的表中文字的对齐方式就会变为居中。

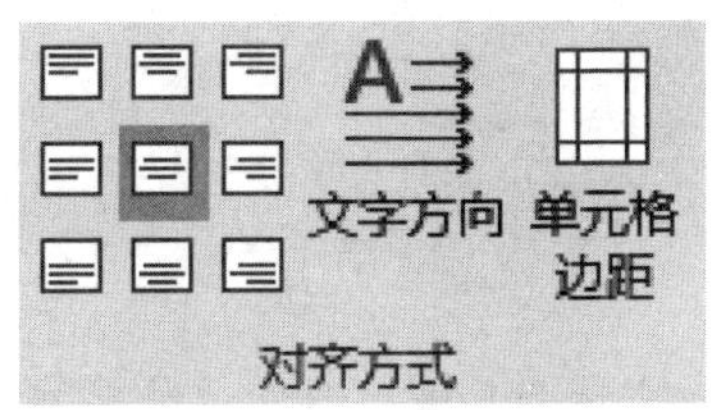

套用表格样式

当用户把简历内容补充完整之后，为了能让表格看起来更加美观，可以通过套用表格样式来改变简历的整体布局。下面就来讲解套用表格样式的具体操作步骤。

步骤01 选中整个表格，切换到“表格工具-设计”选项卡，单击“表格样式”选项组右侧的“其他”按钮。

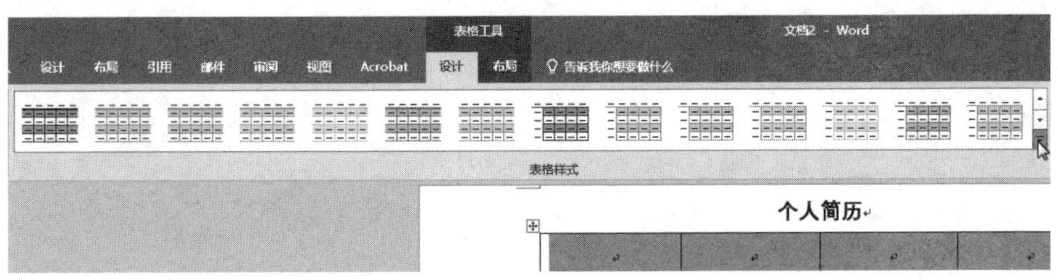

步骤02 弹出表格样式下拉列表，从中选择合适的样式并单击。

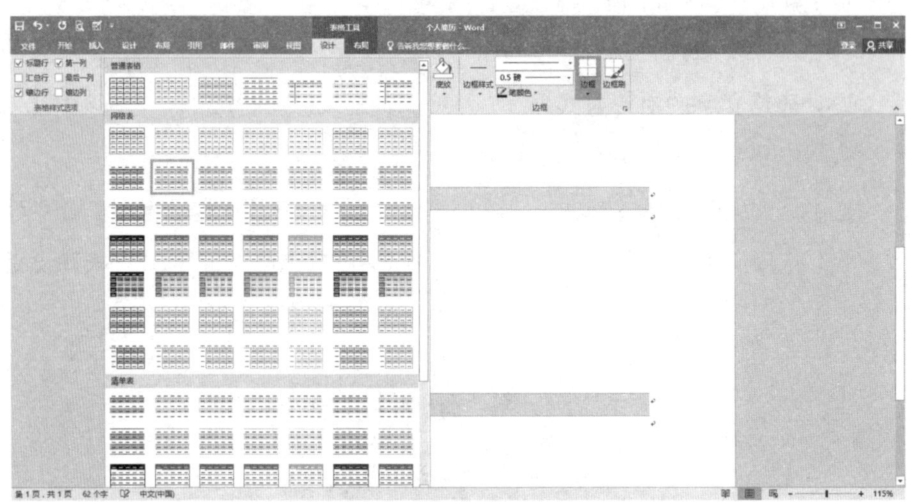

步骤03 这时，表格的样式就会发生变化，结果如下图所示。

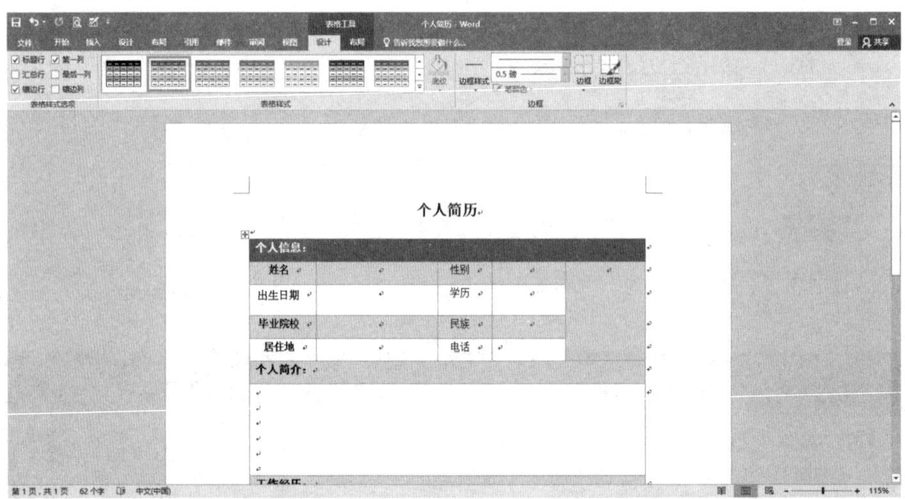

绘制表格的边框和底纹

在Word 2016文档“个人简历”中，我们为表格绘制边框和底纹可以使表格的外观更加突出。下面就来讲解操作方法。

1. 绘制边框

步骤01 选中整个表格，切换到“表格工具–设计”选项卡，单击“边框”选项组中的“边框样式”按钮，从弹出的下拉列表中选择满意的边框线样式。

步骤02 在“笔画粗细”下拉列表中选择“1.5磅”，单击“边框”下拉按钮，从下拉列表中选择“外侧框线”选项。

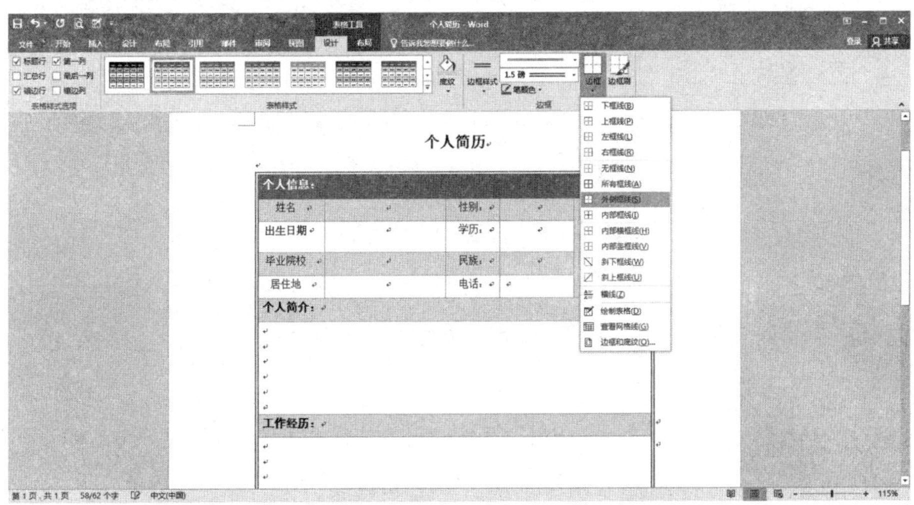

2. 绘制底纹

选中需要绘制底纹的单元格，单击“边框”选项组右下角的“对话框启动器”按钮，弹出“边框和底纹”对话框，切换到“底纹”选项卡，在“填充”文本框下拉列表中选择合适的颜色，单击“确定”按钮即可。

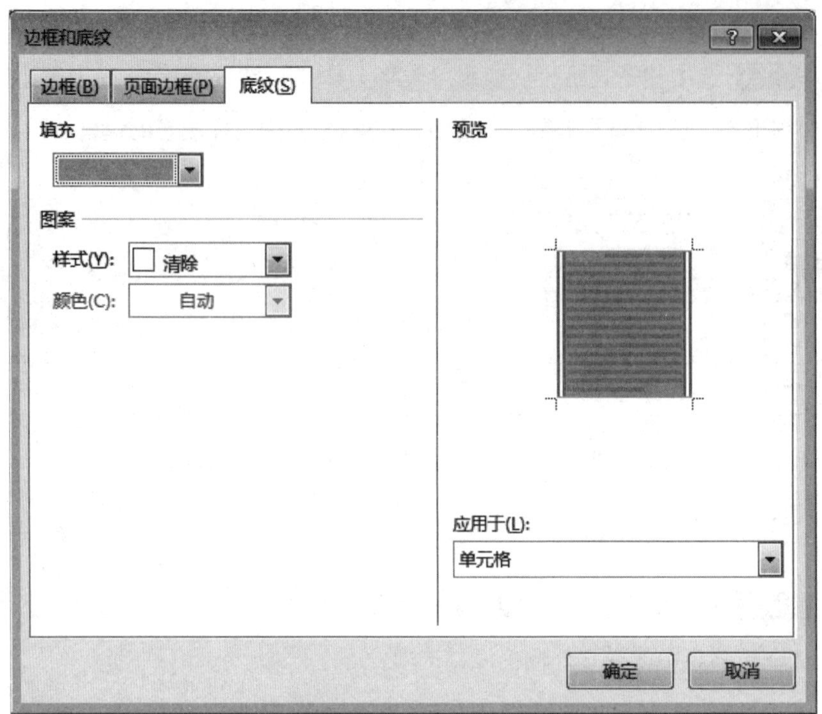

插入照片

如今一些公司往往要求求职者将自己的个人照片附在简历中。在简历上插入照片的步骤如下。

将光标放在“个人简历”文档表格中需要插入照片的区域，切换到“插入”选项卡，单击“插图”选项组中的“图片”按钮，弹出“插入图片”对话框，在左侧列表选择图片的保存位置，找出图片后，单击“插入”按钮，或者双击图片即可插入。

设置照片格式

用户在文档表格中插入个人照片后，需要对照片进行一些设置调整。具体操作步骤如下。

步骤01 选中图片，单击鼠标右键，在弹出的菜单中选择“大小和位置”选项。

步骤02 弹出“布局”对话框，切换到“文字环绕”选项卡，选择“浮于文字上方”的环绕方式。

步骤03 单击“确定”按钮，照片就能插入文档表格的相应位置。此时，可以通过拖动鼠标左键来调整照片大小。

2.2 制作公司办公开支统计表

用户可在Word中制作一些简单的办公报表或统计表，甚至还可以对表格中的数据进行一些简单的计算。下面我们就以制作“公司办公开支统计表”为例来介绍具体的制作方法。

2.2.1 绘制表格

我们在前面的章节里已经介绍了几种创建表格的方法，本节再给大家介绍用表格绘制工具制作表格的具体操作方法。

绘制表格边框

步骤01 新建名为“公司办公开支统计表”的Word 2016文档，打开后切换到“插入”选项卡，单击“表格”选项组中“表格”的下拉按钮，在其下拉列表里选择“绘制表格”选项。

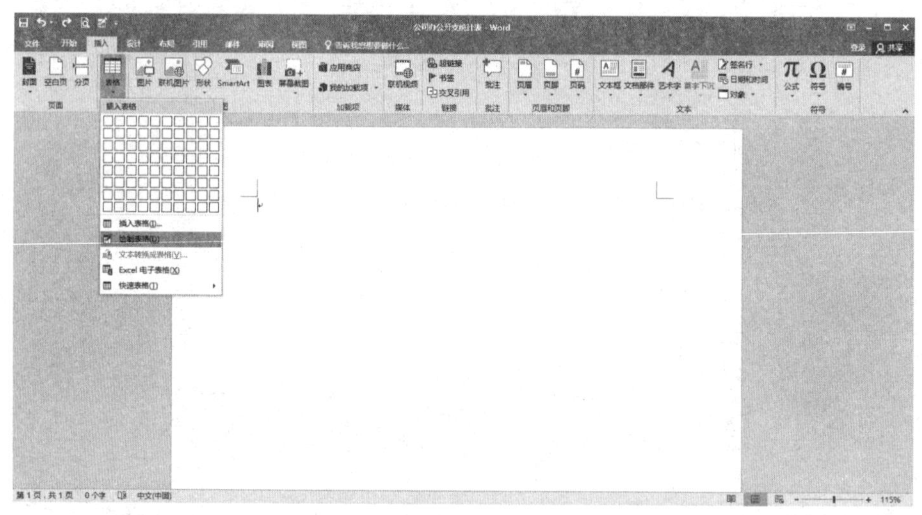

步骤02 当光标呈铅笔形状时，按住鼠标左键，拖拽光标至满意位置后释

放鼠标，绘制出表格的外边框。

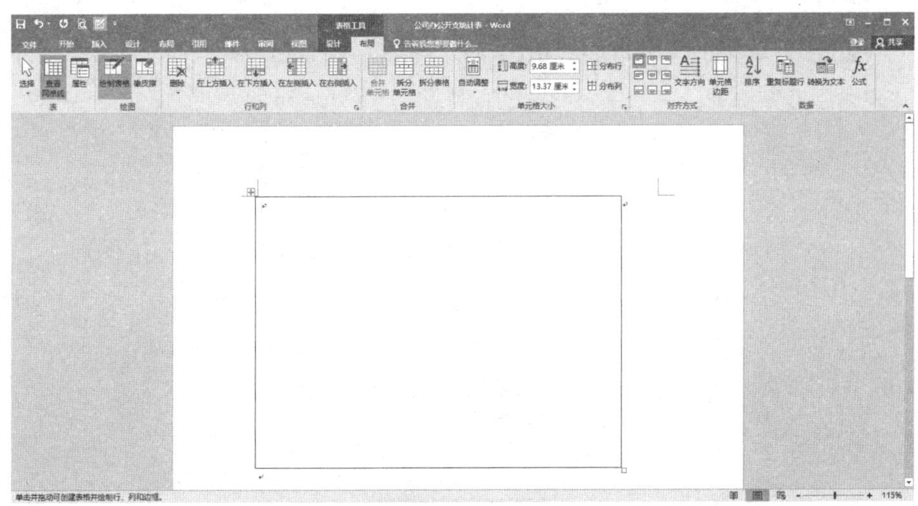

绘制表格的行与列

将光标移动至表格外框里面，同样用上述方法绘制表格的行与列。待一个表格的行与列绘制完成后，可继续绘制一个新的表格。

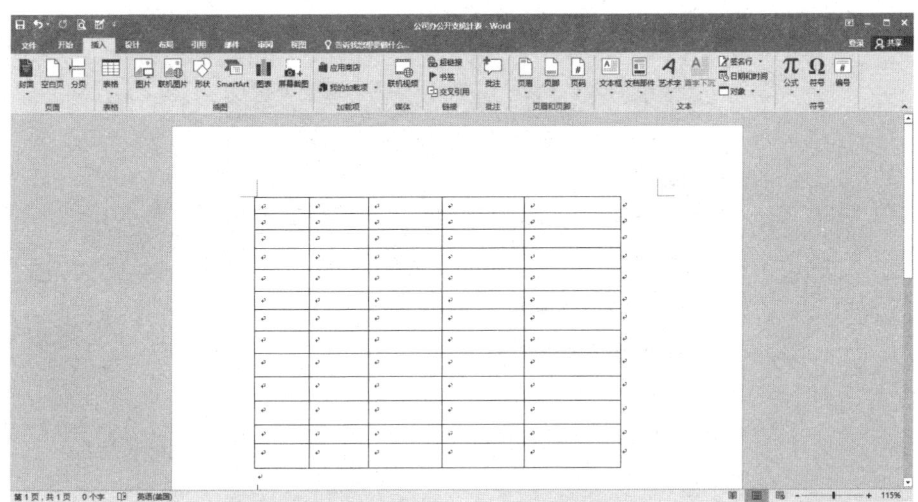

设置行高和列宽

表格绘制完成后，要对行高和列宽进行设置，以使其适应将要输入的内容。下面就介绍具体的操作方法。

1. 设置行高

步骤01 选中需要编辑的表格区域，单击鼠标右键，从弹出的菜单中选择“表格属性”选项。

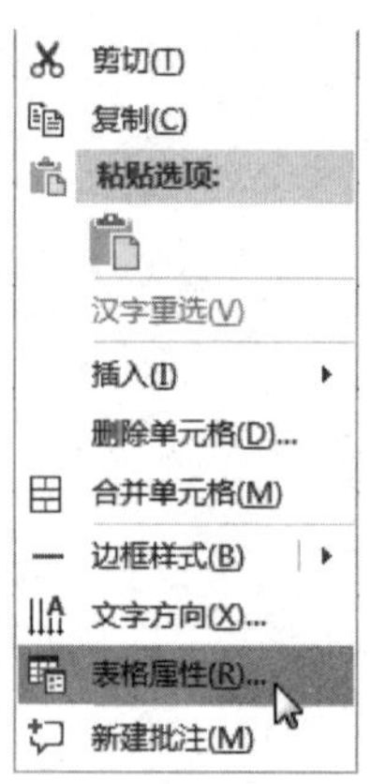

步骤02 弹出“表格属性”对话框，切换至“行”选项卡，在“尺寸”区域勾选“指定高度”复选框，在其右侧的微调框中输入合适的数值，单击“确定”按钮后，选中的表格区域的行高就会发生变化。

2. 设置列宽

列宽的设置也可用上面提到的方法。选中全部表格，在弹出的“表格属性”对话框中切换到“列”选项卡，勾选“指定宽度”复选框，在其右侧的微调框中输入合适的数值，单击“确定”按钮即可。

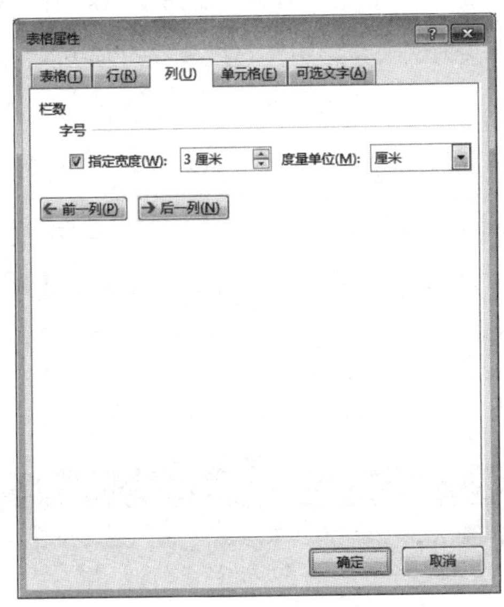

设置好行高和列宽后，我们再合并第一行单元格，以此作为表头，最终的效果图如下所示。

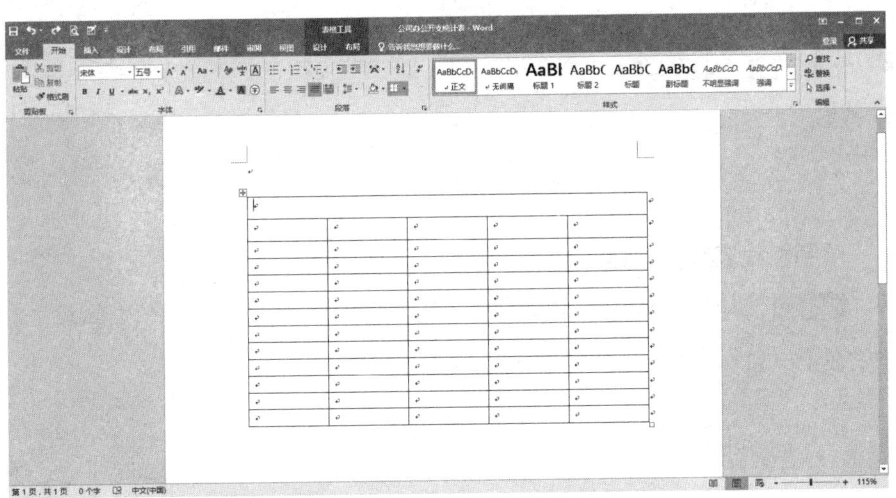

2.2.2 制作斜线表头

在制作一些简单的办公报表或统计表时，往往需要在表格左上角的单元格中画斜线表头，以便在斜线单元格中添加相应的项目。我们以绘制“公司办公开支统计表”斜线表头为例来介绍制作斜线表头的方法。

添加对角斜线

在“公司办公开支统计表”中输入完整的文字内容，设置完文字格式后，就可以添加表头对角斜线了。首先，将光标放于需要添加对角斜线的单元格中，切换到“表格工具-设计”选项卡，单击“边框”选项组中的“边框”按钮，在下拉列表中选择“斜下框线”选项，松开鼠标后，单元格会自动添加对角斜线。

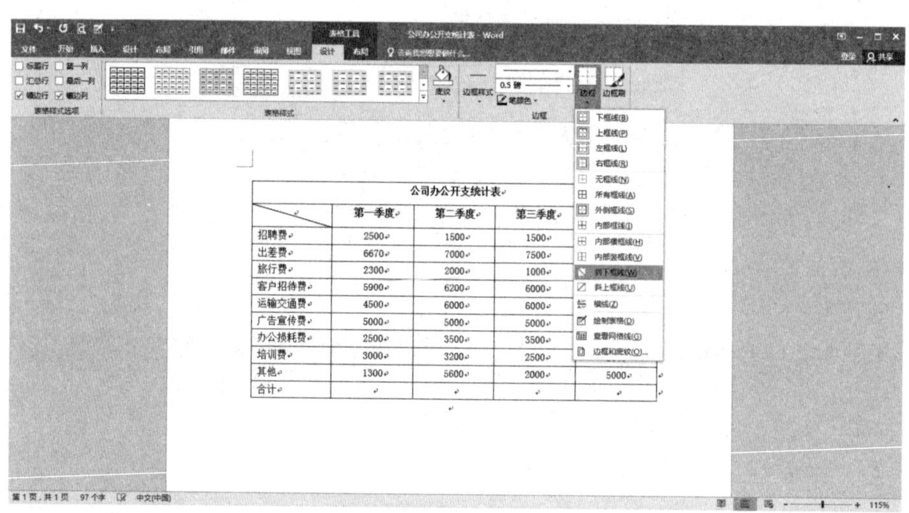

绘制斜线表头文本框

步骤01 切换到“插入”选项卡，单击“文本”选项组中的“文本框”按钮，在下拉列表中选择“绘制文本框”选项。

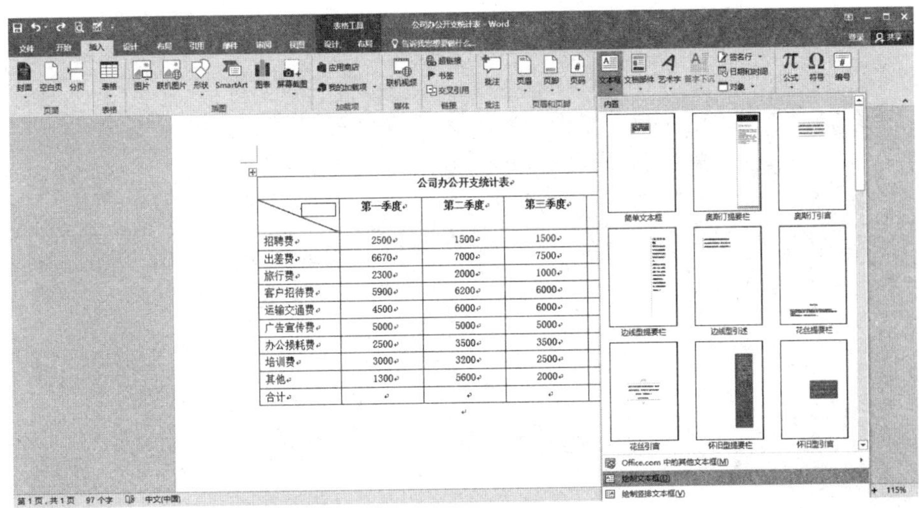

步骤02 返回文档表格，分别在斜线表格的右上角和左下角处绘制文本框。

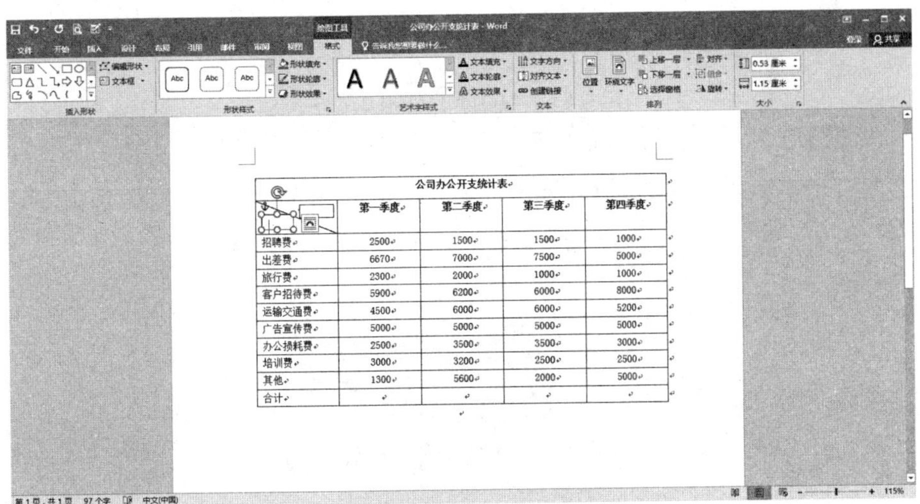

斜线表头的文字处理

步骤01 在文本框中输入合适的文字内容，右击文本框，在弹出的菜单中选择“其他布局选项”，弹出“布局”对话框，切换到“文字环绕”选项卡，选择“衬于文字下方”选项后，点击“确定”按钮。

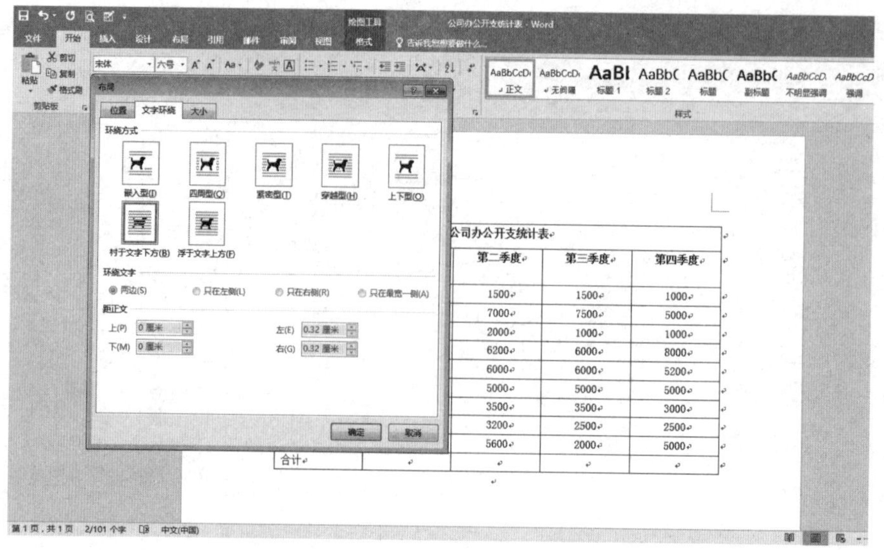

小提示：在Word 2016中，选中文本框后，会在文本框的右上角出现一个图标，点击这个图标来设置“衬于文字下方”会比较便捷。

步骤02 选中文本框，切换到“绘图工具-格式”选项卡，单击“形状样式”选项组中的“形状轮廓”按钮，在下拉列表中选择“无轮廓”选项。最后，根据文字大小再次调整斜线表头表格的行高。

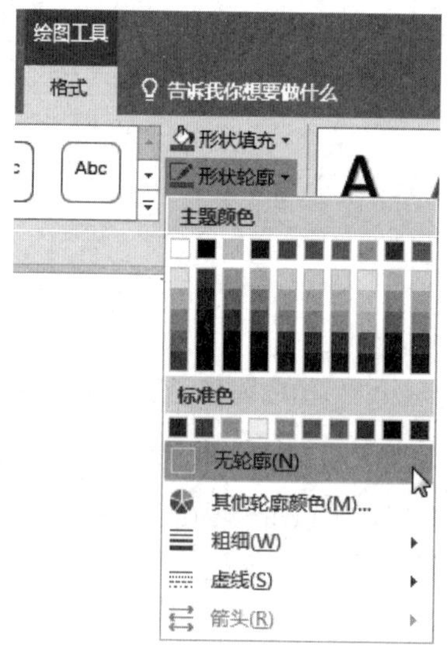

小提示：用户还可以先在斜线表头上面输入文字，然后点击若干次Enter键，再输入斜线下方的文字，用空格键来调整文字位置即可。

2.2.3　表格数据统计

在Word 2016中，用户还可以对表格中的数据进行简单的统计，如表格数据计算、表格数据排序等。

表格数据计算

在Word 2016中，用户可用公式功能对表格数据进行计算。具体操作步骤如下。

步骤01 将光标置于要放运算结果的单元格内，如下图选在第二列末尾单元格。切换至“表格工具–布局”选项卡，单击“数据”选项组中的“公式”按钮，弹出“公式”对话框，点击“确定”按钮，单元格中即可显示求和结果。

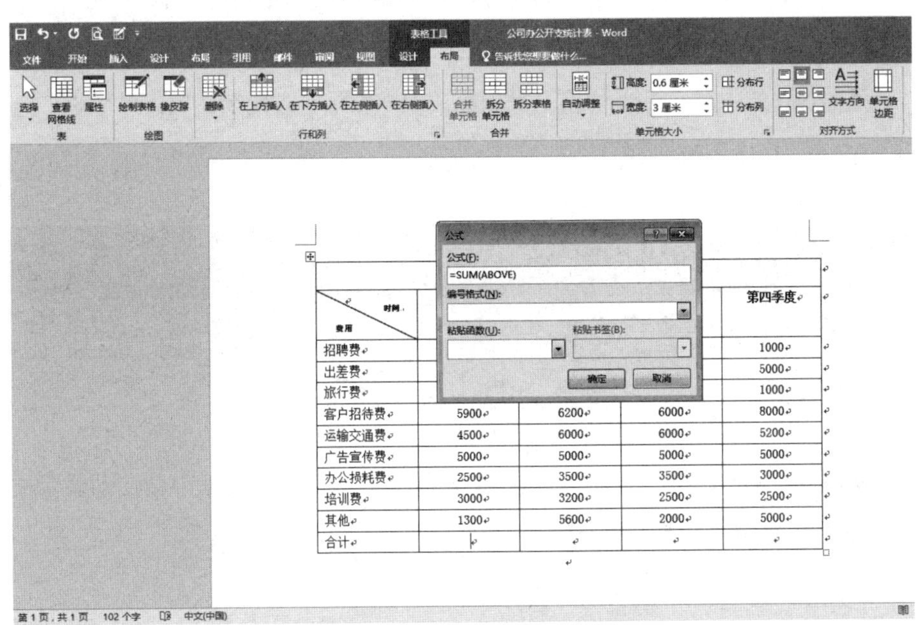

步骤02 按照上述方法来计算“合计”一栏中其他项的“合计”数值，其结果如下图所示。

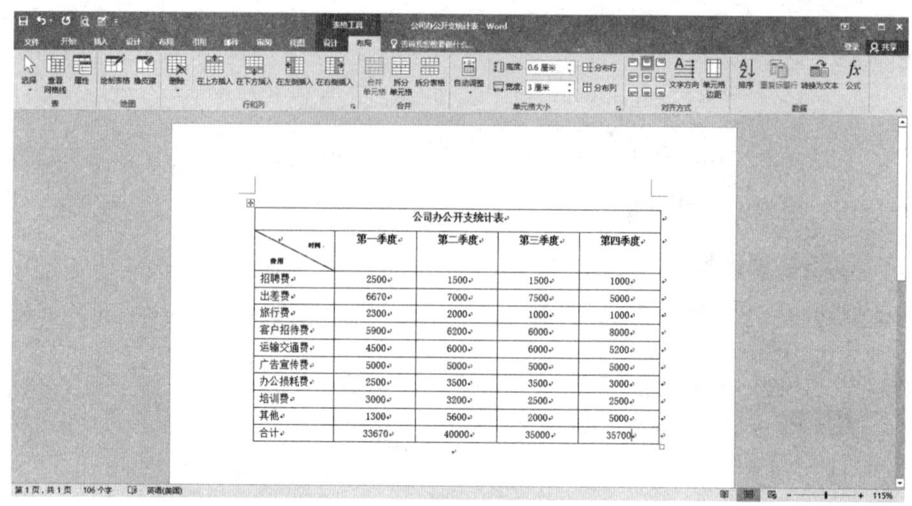

公司办公开支统计表				
时间 / 费用	第一季度	第二季度	第三季度	第四季度
招聘费	2500	1500	1500	1000
出差费	6670	7000	7500	5000
旅行费	2300	2000	1000	1000
客户招待费	5900	6200	6000	8000
运输交通费	4500	6000	6000	5200
广告宣传费	5000	5000	5000	5000
办公损耗费	2500	3500	3500	3000
培训费	3000	3200	2500	2500
其他	1300	5600	2000	5000
合计	33670	40000	35000	35700

表格数据排序

用户可利用Word 2016中的排序功能将表格中的数据进行排序。我们以“公司第一季度办公开支”为例来讲解排序的操作步骤。

步骤01 选中第二列，切换至“表格工具-布局”选项卡，单击“数据”选项组中的“排序”按钮。

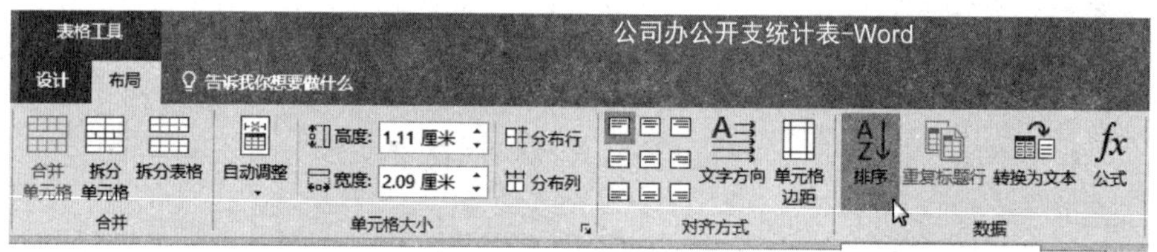

步骤02 弹出“排序”对话框，“主要关键字”下方文本框中会自动显示被选中的列。单击“升序”单选框。

排序

主要关键字(S)

列 2　类型(Y): 数字　◉ 升序(A)

使用: 段落数　○ 降序(D)

次要关键字(T)

类型(P): 拼音　◉ 升序(C)

使用: 段落数　○ 降序(N)

第三关键字(B)

类型(E): 拼音　◉ 升序(I)

使用: 段落数　○ 降序(G)

列表

○ 有标题行(R)　◉ 无标题行(W)

选项(O)...　确定　取消

步骤03 设置完成后，单击“确定”按钮，此时，表格中被选中的数据部分就会按升序排列。

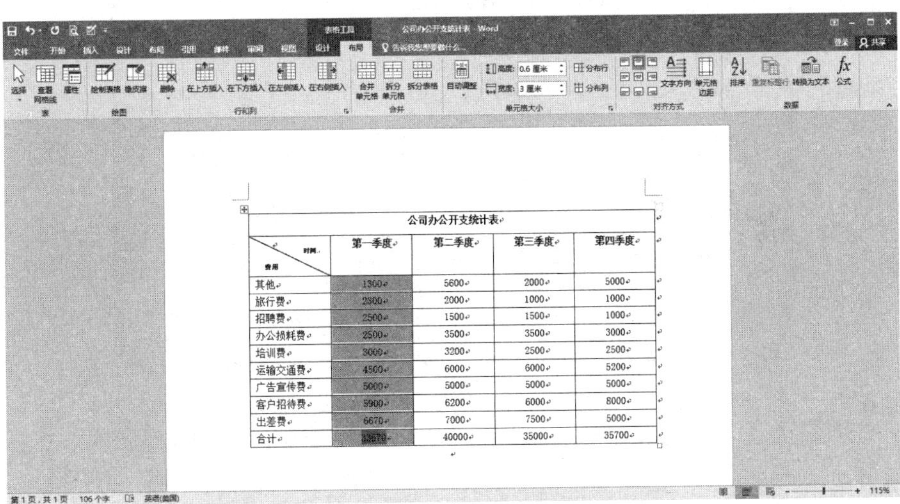

公司办公开支统计表				
时间 / 费用	第一季度	第二季度	第三季度	第四季度
其他	1300	5600	2000	5000
旅行费	2300	2000	1000	1000
招聘费	2500	1500	1500	1000
办公损耗费	2500	3500	3500	3000
培训费	3000	3200	2500	2500
运输交通费	4500	6000	6000	5200
广告宣传费	5000	5000	5000	5000
客户招待费	5900	6200	6000	8000
出差费	6670	7000	7500	5000
合计	33670	40000	35000	35700

2.2.4 根据表格内容插入图表

在Word 2016文档中，为了使数据分析显示得更为直观、准确，可以在文档中插入图表内容。下面我们以“公司办公支出统计表”为例，来具体介绍在文档中插入图表的具体操作方法。

步骤01 将光标置于要插入图表的位置，切换到“插入”选项卡，单击“插图”选项组中的“图表”按钮，弹出“插入图表”对话框，我们选择“柱形图”中的“簇状柱形图”，单击“确定”按钮。

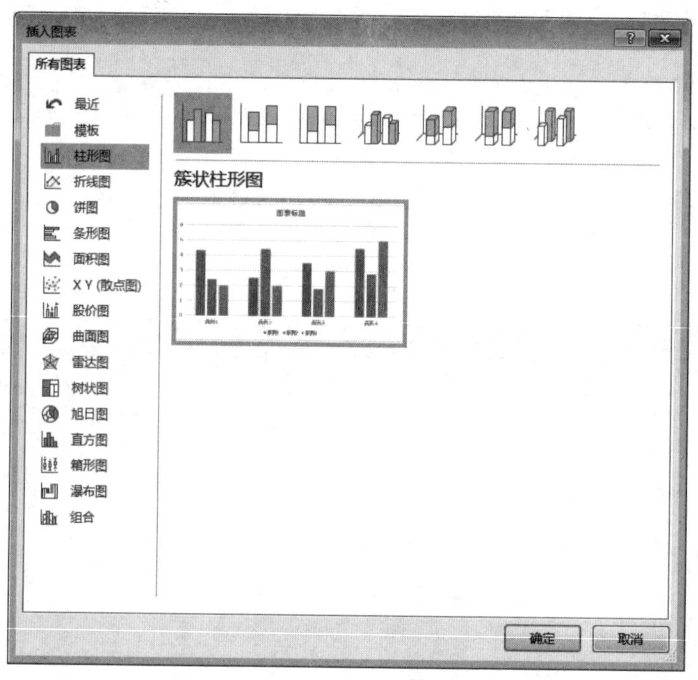

步骤02 光标所在位置就会插入一个与表格中数据内容相同的图表。用户可以根据需要在图表中输入合适的内容。比如可以在“类别1”“类别2”“类别3”“类别4”中分别输入“第一季度”“第二季度”“第三季度”“第四季度”，然后删除“系列1”“系列2”和“系列3”，将“图表标题”改成“季度总计”。最终效果如下图所示。

步骤03 选中图表，按住鼠标左键并拖动至合适位置，再释放鼠标，这样就能调整插入图表的大小。

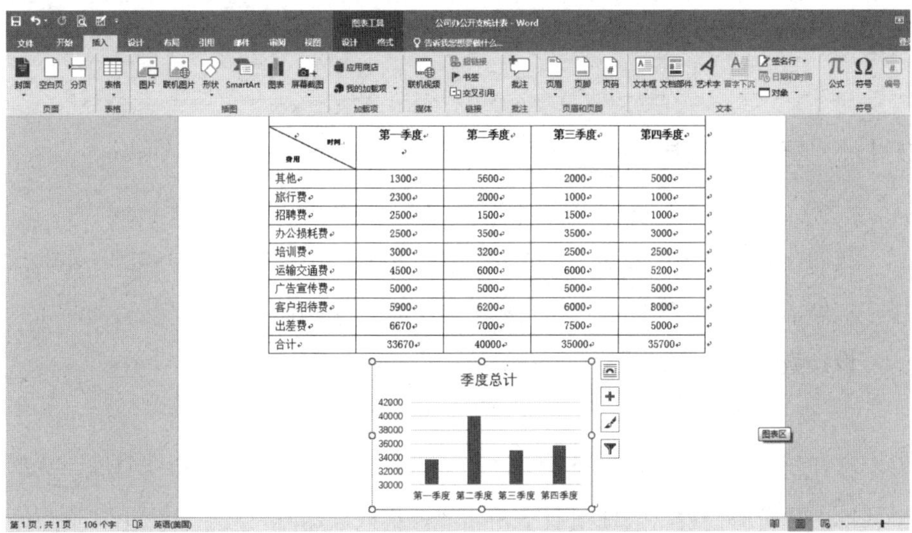

Chapter 03 图文混排功能

3.1 制作公司的宣传单

制作公司的宣传单主要是为了提升公司的整体形象和知名度，促进销售业绩增长。一般情况下，公司的宣传单都是通过一些专业图像处理软件来制作的，不过，用户利用Word 2016的相关功能，也能制作出漂亮的公司宣传单。下面我们以一家旅行公司为例，来介绍利用图文混排功能制作公司宣传单的方法。

3.1.1 宣传单布局设计

我们在制作宣传单之前，首先要对宣传单有一个整体的布局规划，如纸张尺寸大小、页边距、文字方向、板块多少等都要提前设计好。

设计宣传单的页面尺寸

1. 设置纸张大小

打开新建的“××旅行公司海滩之旅宣传单”文档，切换到“布局”选项卡，单击“页面设置”选项组右下角的“对话框启动器”按钮，弹出“页面设置”对话框，切换到“纸张”选项卡，将纸张大小设置为“A4”。

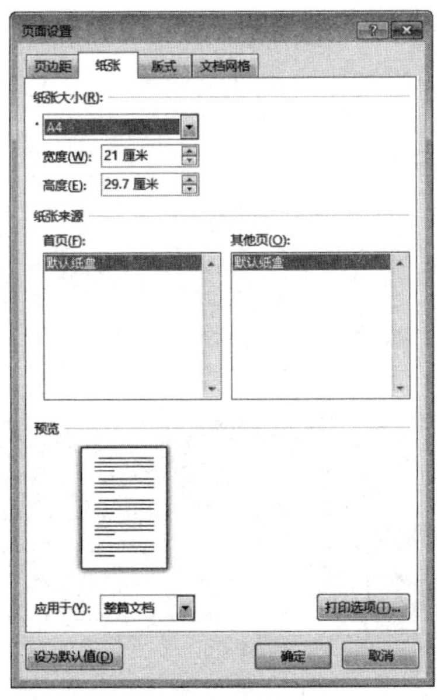

2. 设置页边距

将弹出的“页面设置”对话框中切换到“页边距”选项卡，可根据实际需要，在“上”“下”“左”“右”四个文本框中设置合适的数值，调整页边距。最后，单击“确定”按钮即可。

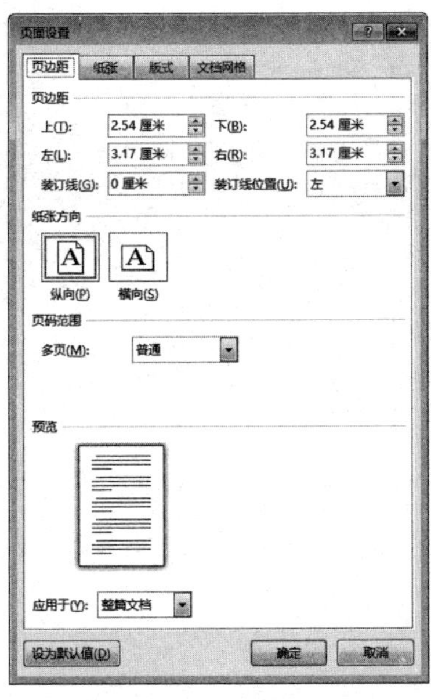

划分宣传单板块

用户可以通过插入表格的方式为宣传单划分板块。下面就介绍下操作方法。

1. 插入表格

步骤01 切换到“插入”选项卡，单击“表格”选项组中的“表格”按钮，从弹出的下拉列表中选择“插入表格”选项。

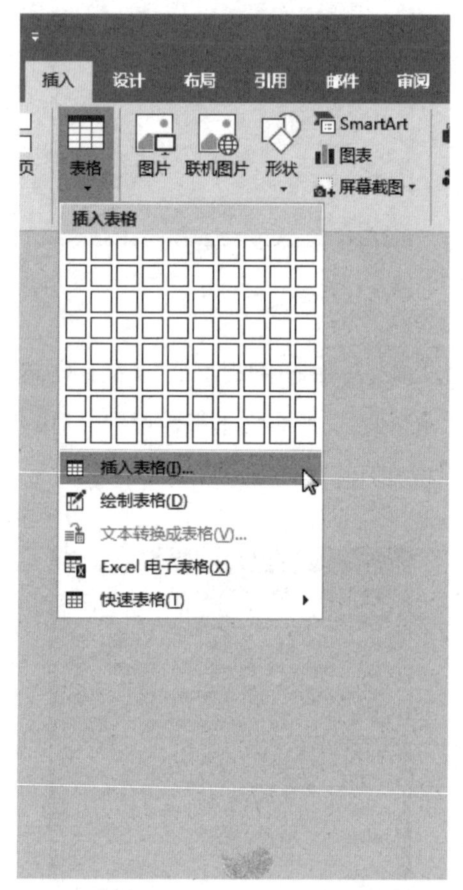

步骤02 在弹出的“插入表格”对话框中，设置要插入表格的“列数”和“行数”。比如，我们在设计“××旅行公司海滩之旅宣传单”时，将其设置为“3列6行”，再点击“确定”按钮。

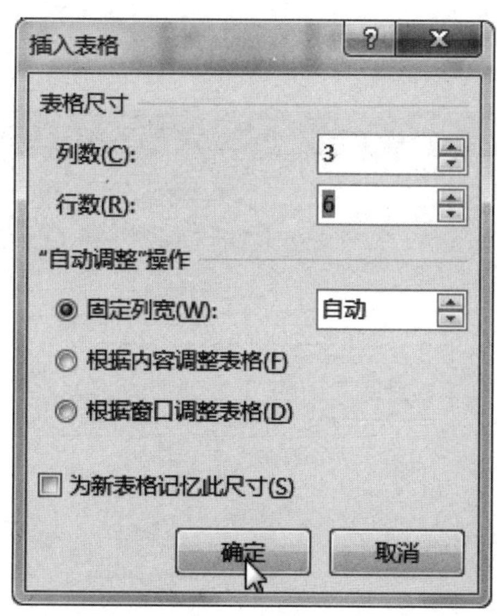

2. 合并单元格

步骤01 选择要合并的单元格区域，单击鼠标右键，从弹出的快捷菜单中选择“合并单元格”选项。

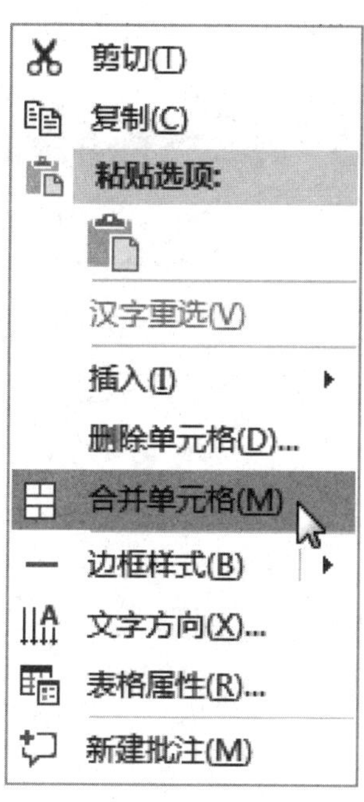

步骤02 设计效果如下图所示。

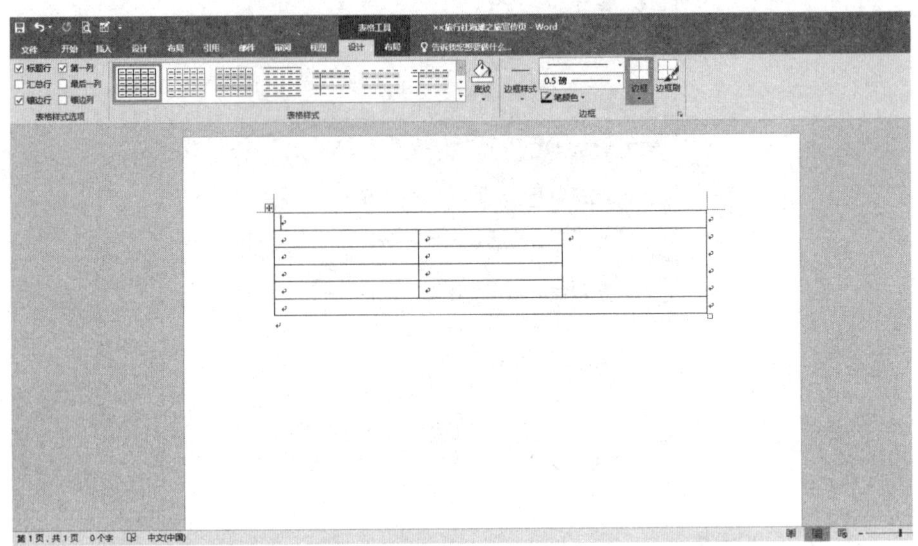

3. 调整表格尺寸

将光标移到需要调整表格的边缘线上，光标会变成双线形状，然后拖动鼠标即可调整表格尺寸。最终的设计图如下所示。

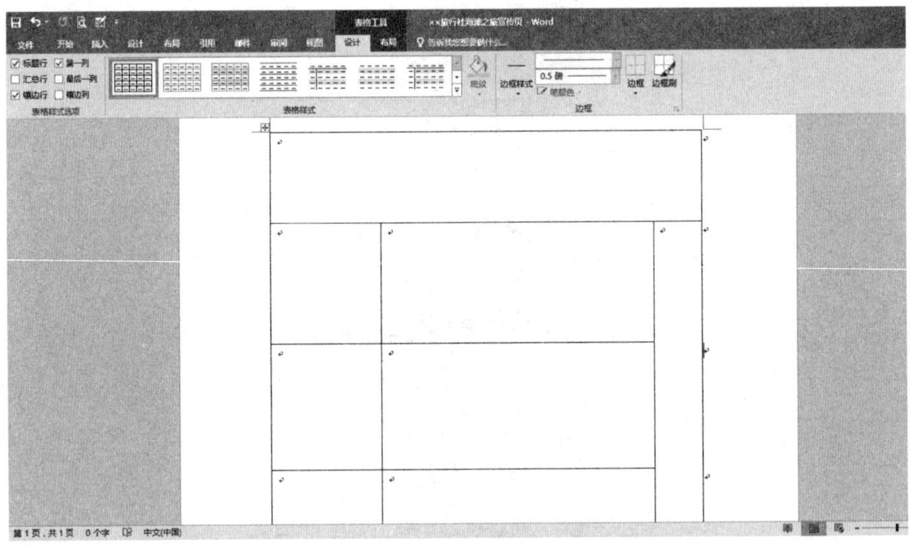

3.1.2 宣传单单头设计

宣传单单头是宣传单的眉目，有画龙点睛的作用。宣传单单头制作的好坏，会直接影响到宣传效果。一般来说，宣传单单头应简单明了，还能突出主题。下面就详细介绍其制作方法。

添加单头背景

将光标置放于第一行表格处，切换到“插入”选项卡，单击“插图”选项组中的“图片”按钮，会弹出一个文件夹，在合适的文件夹中选择要用的图片。双击选中的图片或者单击“插入”按钮，图片就会插入到表格中。此时，可根据需要自主调节图片的大小。下面是我们添加的单头背景图。

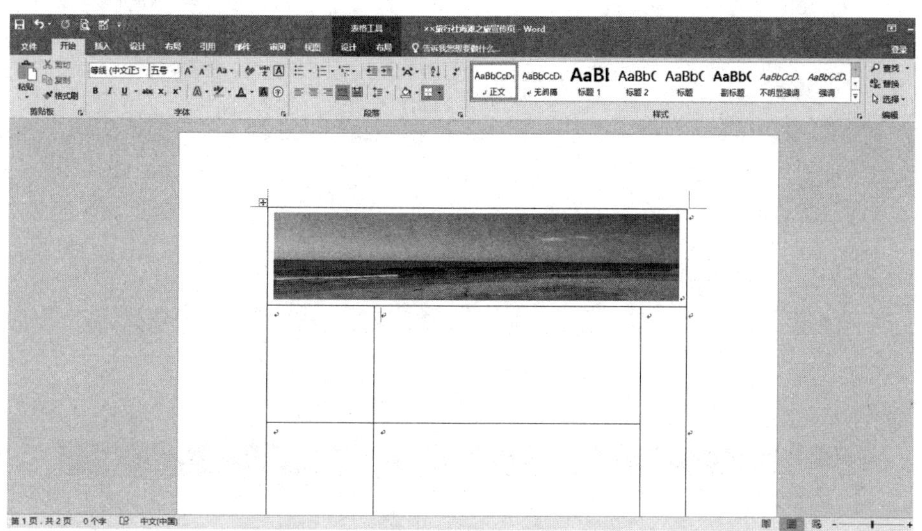

设置单头背景

1. 设置图片格式

步骤01 选中插入的图片，切换到 “图片工具–格式”选项卡。单击“图片样式”选项组下拉按钮，从列表中选择需要的图片样式。比如这里选择“映像圆角矩形”样式。

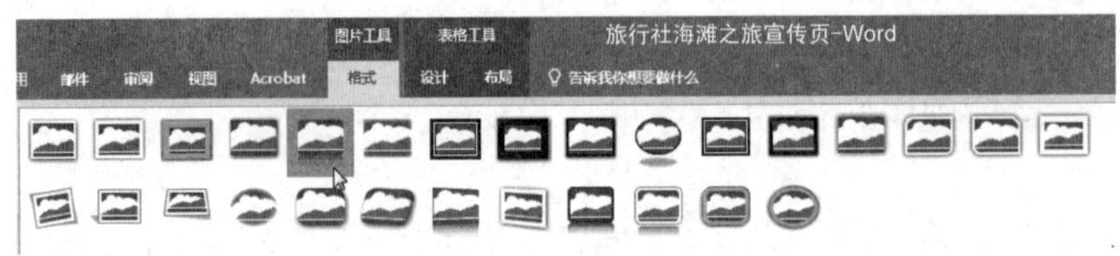

步骤02 效果图如下。

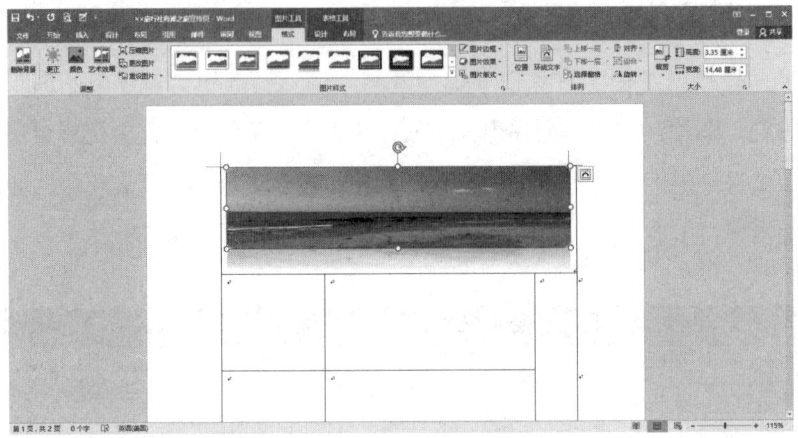

2. 设置图片透明度

单击“图片工具–格式”选项卡下“调整”选项组中的“更正”按钮。我们可以通过下拉列表中的“锐化/柔化”“亮度/对比度”“图片更正选项”选项来改变图片的亮度、对比度和清晰度。

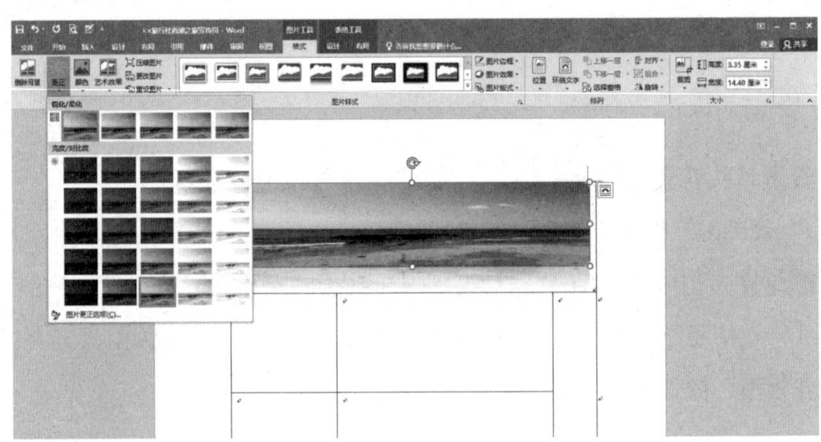

设计宣传单标题

步骤01 切换至“插入”选项卡，单击“文本”选项组中的“艺术字”下拉按钮，从弹出的列表中选择比较满意的艺术字效果。单击之后，图片上会自动生成一个文本框，在文本框中键入文本即可。

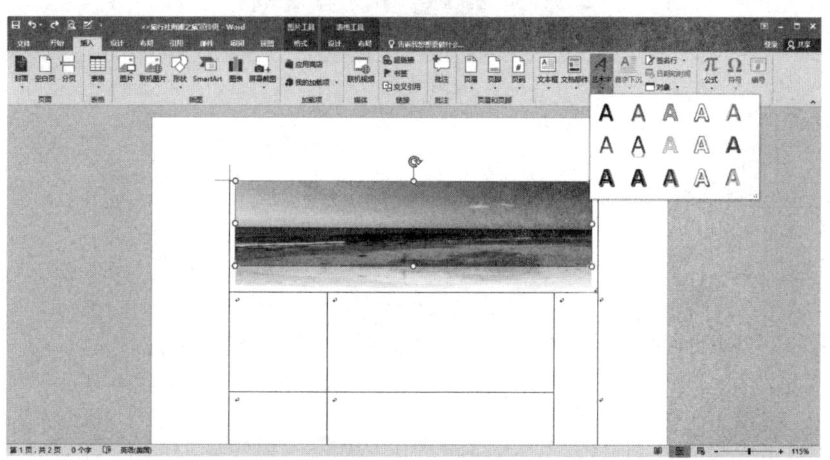

步骤02 输入标题内容后，选中标题，切换至“开始”选项卡，在“字体”选项组中，给该标题设置字体、字号和填充颜色等。

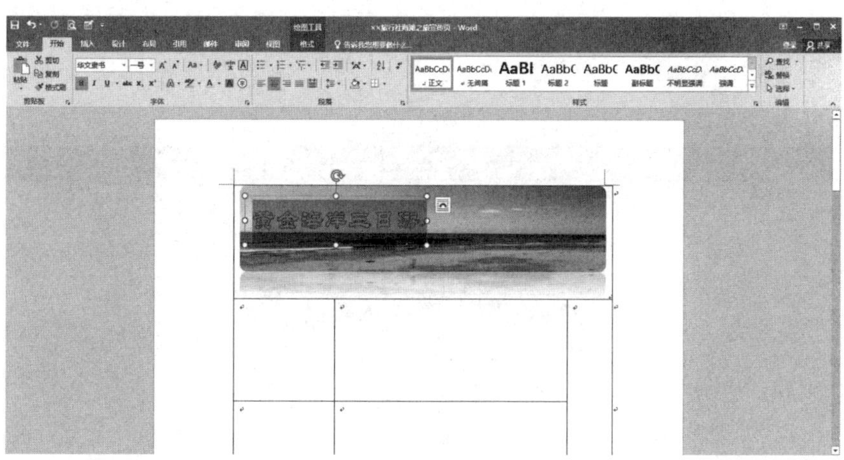

步骤03 选中艺术字文本框，当光标改变形状后，按住鼠标左键，拖动艺术字文本框至满意位置，释放鼠标即可完成移动。

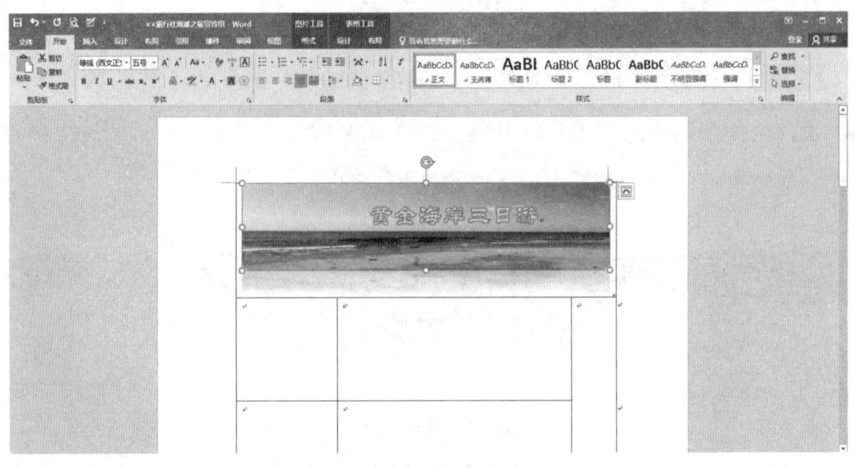

3.1.3 宣传单正文设计

一张漂亮的公司宣传单一般都是由正文和图片编辑而成的。接下来，我们为用户讲解关于宣传单正文的设计方法。

正文的内容与格式设计

1. 输入正文内容

在单元格中输入文本内容。完成后，可对文本的字体、段落格式进行设置，结果如下图所示。

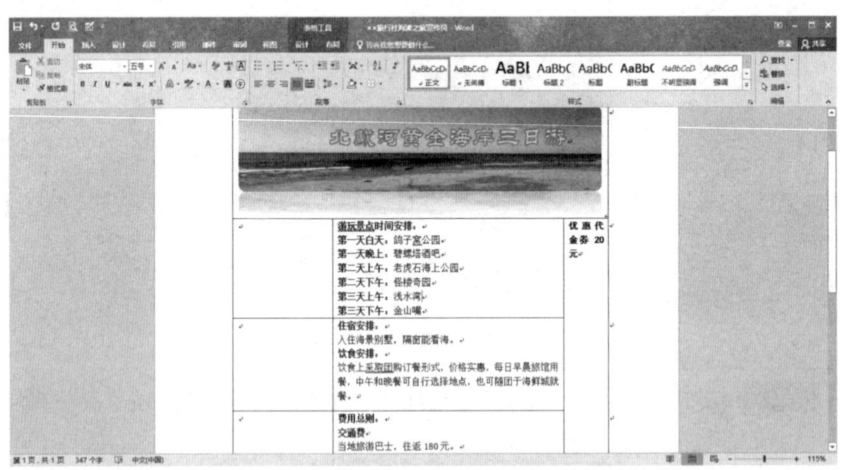

2. 插入和编辑项目符号

单击“开始”选项卡下“段落”选项组中的“项目符号”按钮，从下拉列表中选择合适的项目符号对文本进行设置。

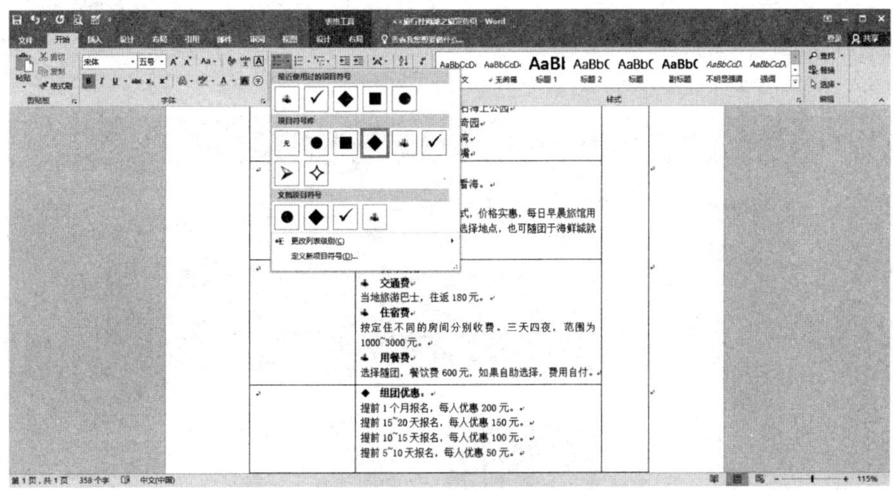

小提示：用户还可以单击“项目符号”下拉列表中的“定义新项目符号”选项，此时会弹出“定义新项目符号”对话框，单击“项目符号字符”组中的“符号”按钮，用户可根据需要从打开的“符号”列表中选择符号，最后单击“确定”按钮即可。

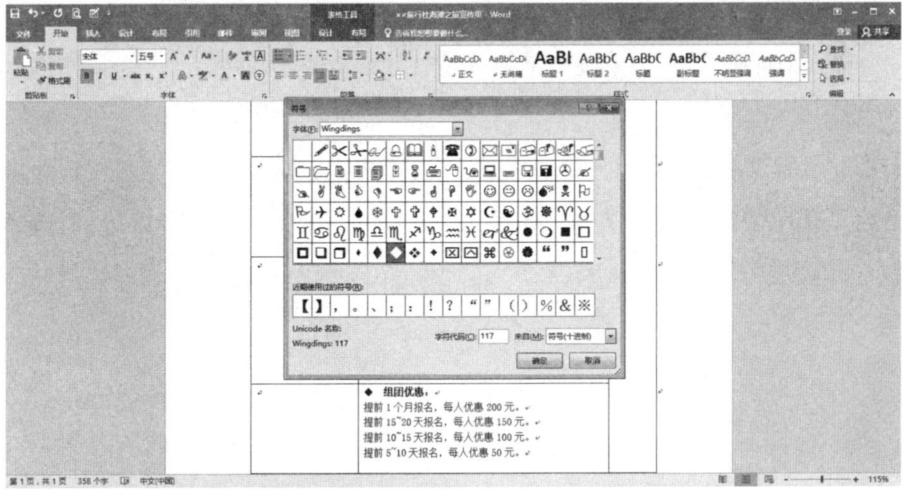

插入图片

将光标置于要插入图片的单元格里，切换至“插入”选项卡，单击“插图”选项组中的“图片”按钮，从打开的“插入图片”对话框中选择需要的图片，双击图片或者单击“插入”按钮即可插入图片。插入图片后，可通过拖动鼠标来调节图片的大小。

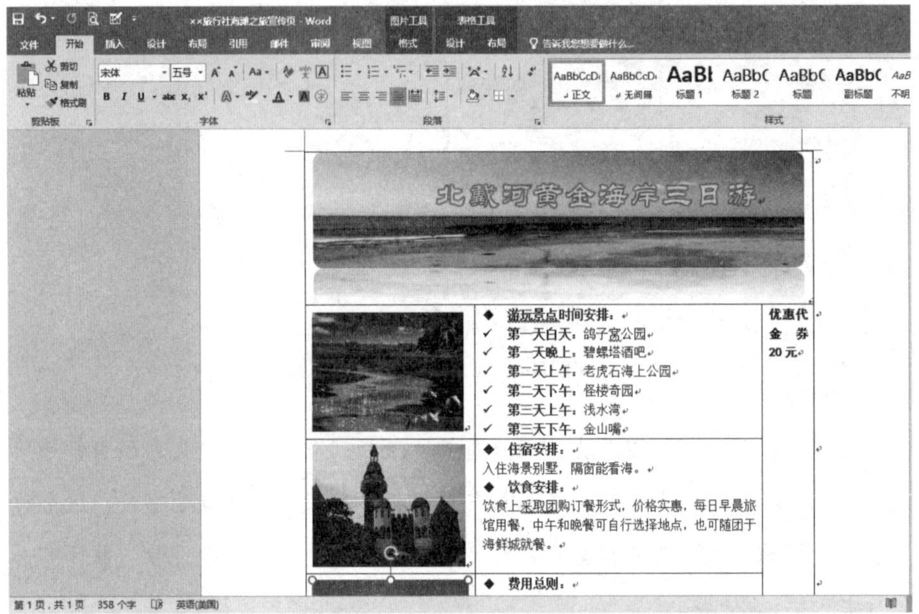

设置图片格式

插入图片后，用户可以通过设置图片格式来美化宣传页。

1. 裁剪图片

选中需要设计的图片，单击“图片工具–格式”选项卡下“大小”选项组中的“裁剪”下拉按钮，在弹出的列表中选择“裁剪为形状”选项，然后选择需要的形状。

2. 设置图片边框

选中需要设置的图片，单击“图片工具–格式”选项卡下“图片样式”选项组中的“图片边框”下拉按钮，从弹出的列表中选择合适的边框颜色，再从列表中选择合适的边框线条磅数。

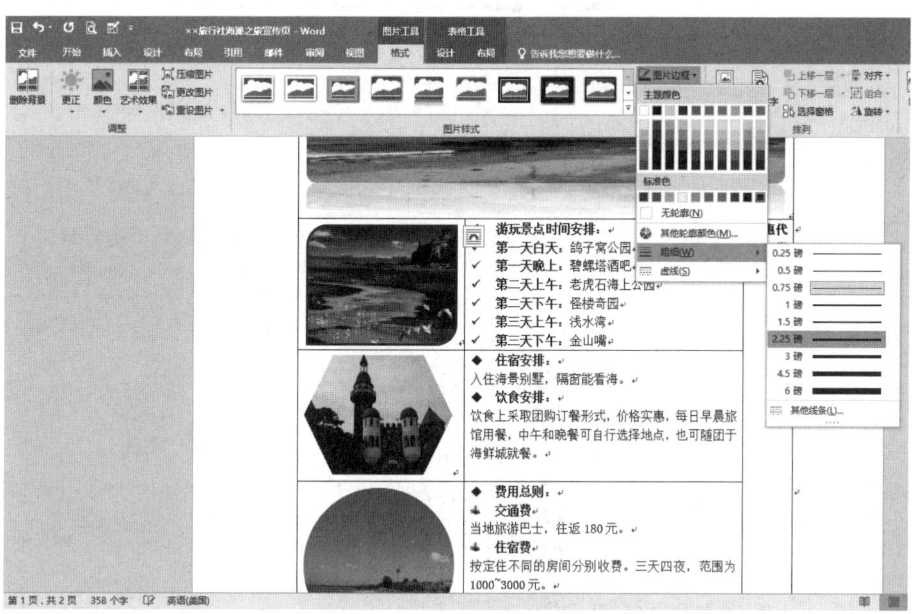

3.1.4 宣传单其他板块设计

设计宣传单侧面“代金券”部分

1. 设置文字部分

步骤01 选中侧面代金券部分的文字，点击鼠标右键，在弹出的菜单中单击“文字方向”选项，在弹出的“文字方向-表格单元格”对话框中选择合适的文字方向，点击“确定”按钮即可。

步骤02 将文字字体设置为“3号”，并居中排列。

2. 为表格添加底纹

将光标放置于侧面表格处，切换至“表格工具-设计”选项卡，单击“表格样式”选项组中的“底纹”按钮，从下拉列表中选择合适的主题颜色，单击即可。

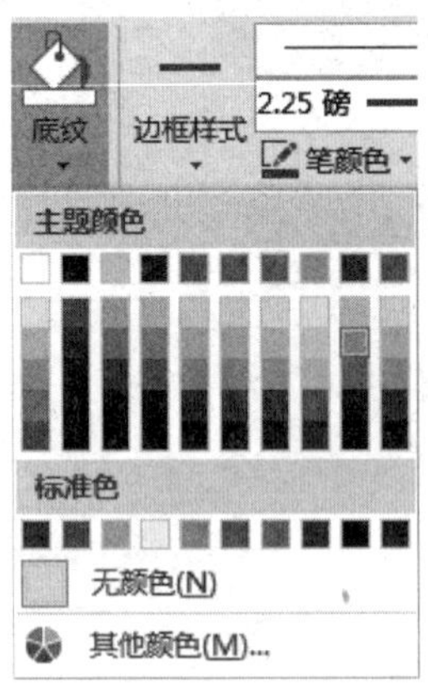

设计宣传单页尾版式

1. 插入图片

将光标置于表格内，切换到“插入”选项卡，单击“插图”选项组中的“图片”选项，在弹出的文本框中选择合适的图片，双击即可插入。然后再用鼠标调整好图的大小尺寸。

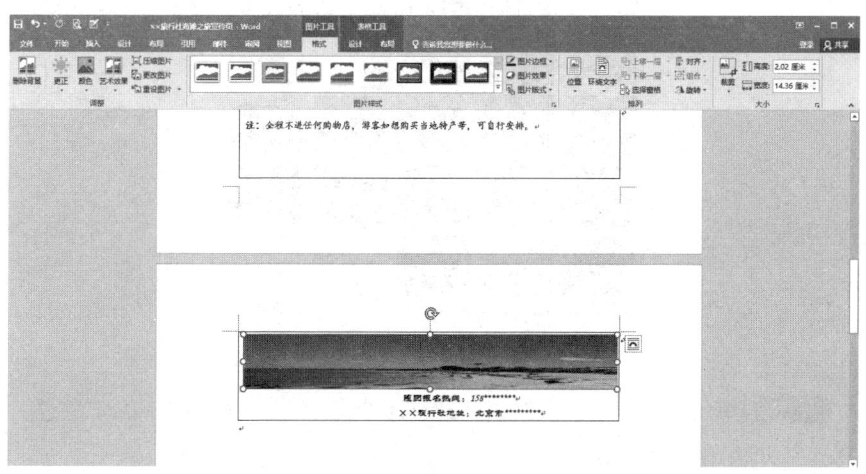

2. 设置图片

步骤01 切换到“图片工具–格式”选项卡，单击“排列”选项组中的“环绕文字”下拉按钮，从弹出的列表中选择“衬于文字下方”选项。

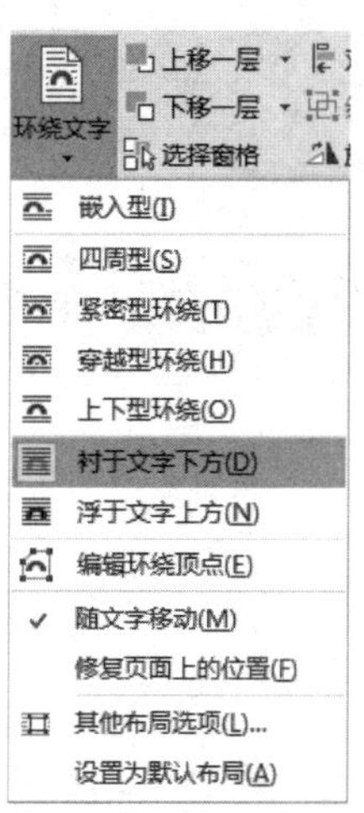

步骤02 选中图片，单击“图片工具-格式”选项卡下“调整”选项组中的“艺术效果”下拉按钮，从弹出的列表中选择需要的效果进行设置。

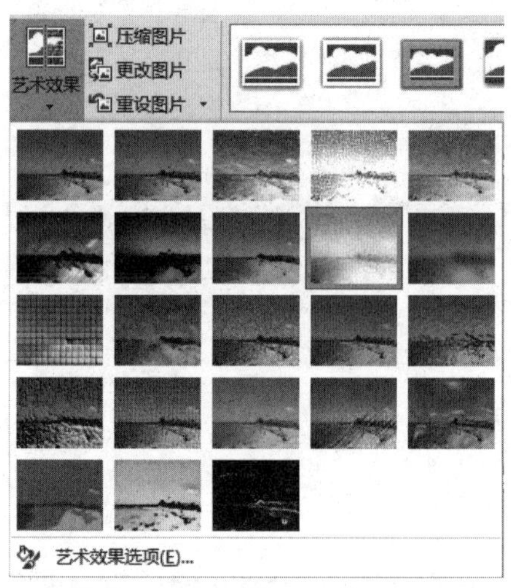

步骤03 单击“图片工具-格式”选项卡下“调整”选项组中的“颜色”下拉按钮，在弹出的列表中，分别设置“颜色饱和度”和“色调”。

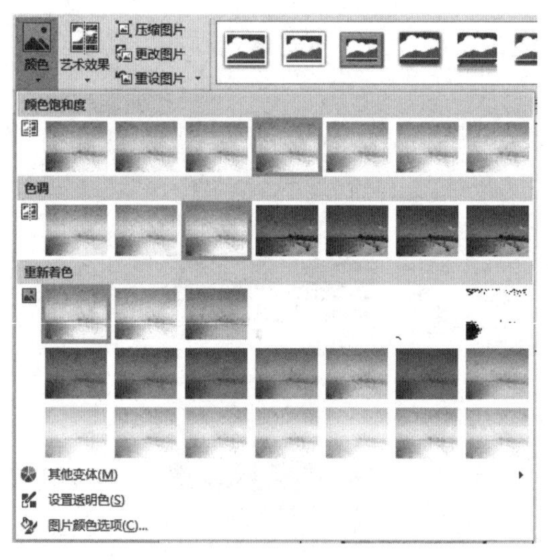

小提示：为了页面的整体效果，可以去除表格线。具体做法为：选中整个表格，切换到“表格工具-设计”选项卡，点击“边框”选项组中的“边框”

下拉按钮，在下拉列表中选择“无框线”选项。最终效果图如下。

3.2 制作日常工作流程图

流程图由图框和箭头等组成。其中，图框表示操作的类型，图框中的文字和符号表示操作的内容，箭头表示操作的先后次序。在日常工作中，大家经常会用到流程图。这里以“制作日常工作流程图”为例，来详细介绍流程图的制作过程。

3.2.1 设计流程图标题

用户在绘制流程图前，需要先设置流程图的标题。流程图的标题可以通过插入文本框的形式来创建。

插入文本框与文字

步骤01 打开新建的名为“日常工作流程图”的文档，切换到“插入”选项卡，单击“文本”选项组中的“文本框”下拉按钮，从下拉列表中选择第一项“简单文本框”选项。

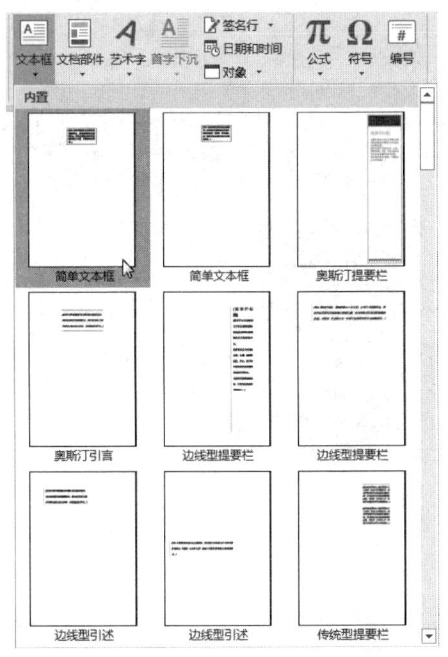

步骤02 单击后，Word中即可插入一个文本框，在新建文本框中输入文字“日常工作流程图”。

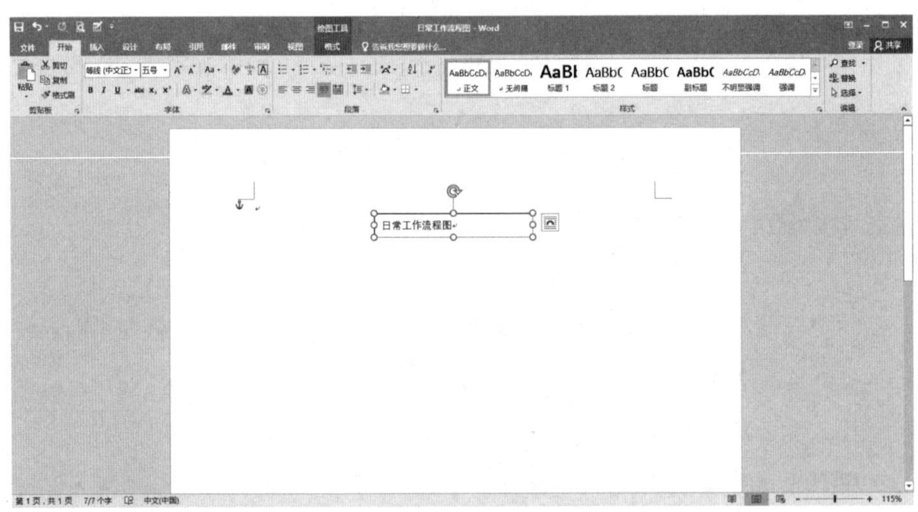

设置流程图标题

步骤01 选中文本框，切换到“开始”选项卡，单击“字体”选项组右下角的“对话框启动器”按钮。弹出“字体”对话框，切换到“字体”选项卡，在文本框列表中设置字体、字号等。比如，将字体设置为“黑体”，字形选择“加粗”，字号设置为“二号”，然后单击“确定”按钮。

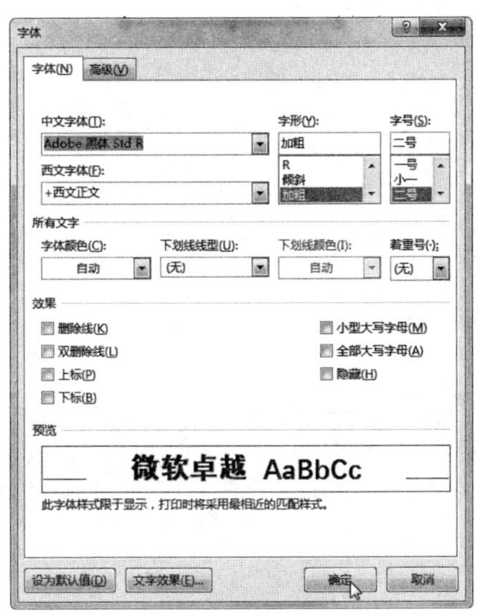

步骤02 效果如下图所示。

设置文本框轮廓

步骤01 选中文本框，单击“绘图工具-格式”选项卡下“形状样式”选项组中的“形状轮廓”按钮。

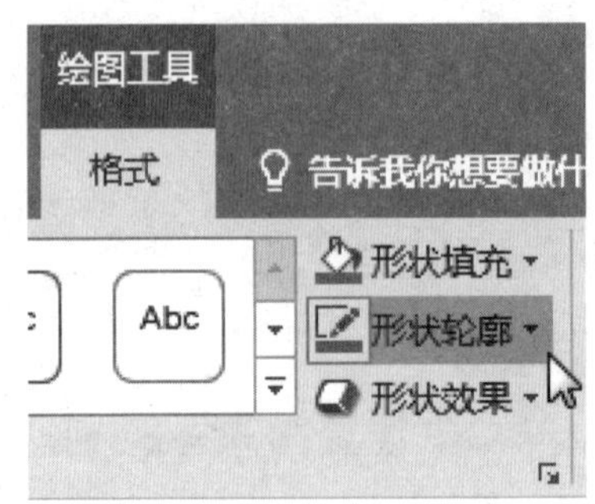

步骤02 在弹出的列表中选择“无轮廓”选项。

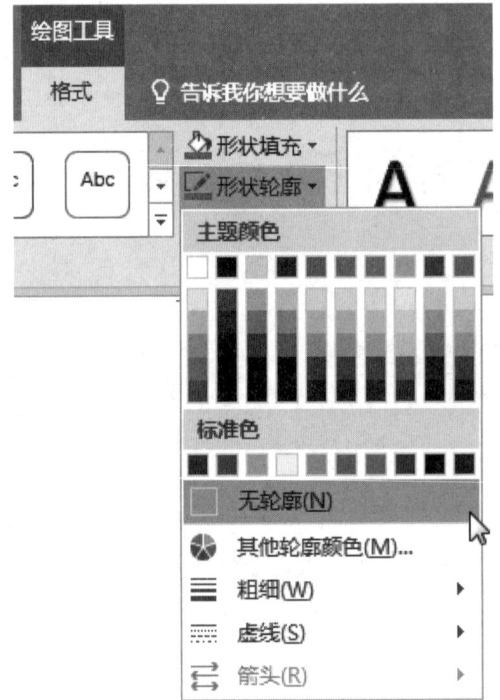

步骤03 最终效果如下图所示。

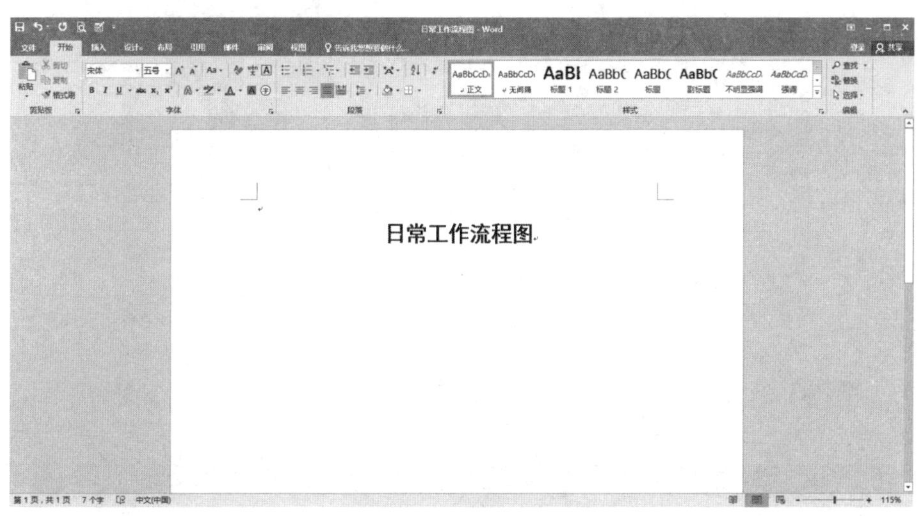

3.2.2 绘制流程图

在Word 2016中，SmartArt工具和形状工具在绘制流程图方面不但便捷、简单，而且设计出的流程图也很美观。下面就给大家分别介绍用SmartArt工具和形状工具绘制流程图的具体方法。

用SmartArt工具制作流程图

1. 插入SmartArt流程图

步骤01 将光标置于需要插入流程图的区域，将文档切换到“插入”选项卡，单击“插图”选项组中的“SmartArt”按钮。

步骤02 弹出“选择SmartArt图形”对话框。在左侧列表中选择“流程”选项，在其右侧相应的面板中选择满意的流程图样式。比如选择“交替流”。

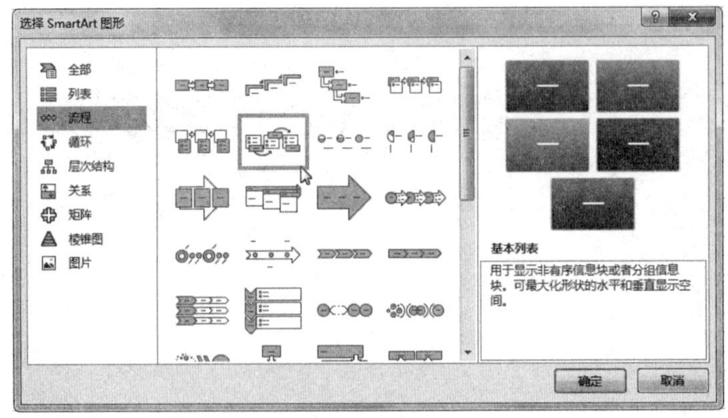

步骤03 然后单击“确定”按钮，即可插入该流程图。结果见下图。

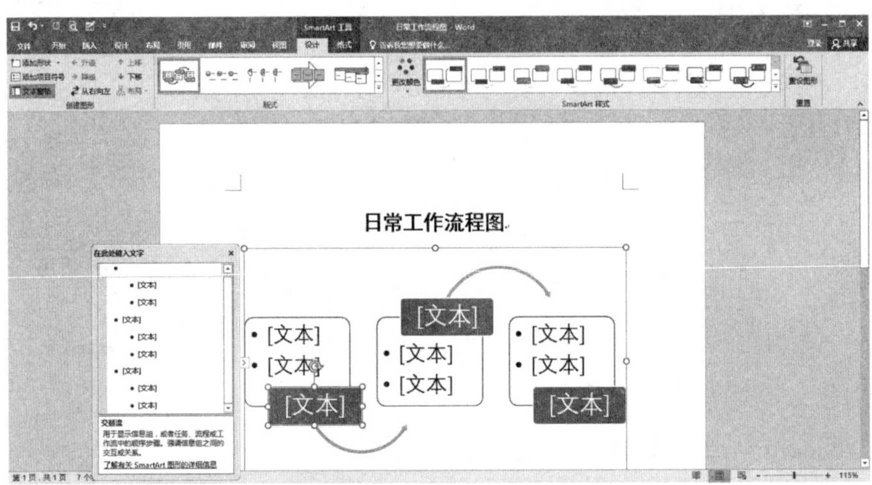

步骤04 选中该流程图，将光标移至流程图边框的控制点上，当光标呈双向箭头显示时，拖动鼠标左键来调整流程图的大小，至满意位置时，释放鼠标键即可。

2. *在流程图中添加形状*

如果插入的流程图并不足以展示全部流程顺序，就要对流程图进行修改。比如，用户可选中流程图，在“SmartArt工具-设计”选项卡下的“创建图形”选项组中，单击“添加形状”右侧下拉按钮，在弹出的列表中，选择“在后面添加形状”选项，结果如下图所示。

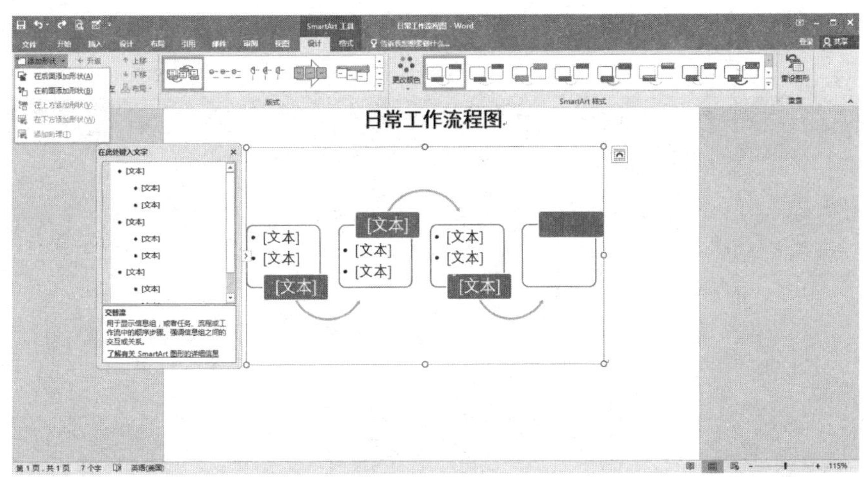

3. 在流程图中添加文字

在流程图中添加文字时，可以直接单击“文本”字样进行添加。另外，也可以在流程图左侧弹出的“在此处键入文本”窗格中输入要添加的内容。添加完文字的流程图如下图所示。

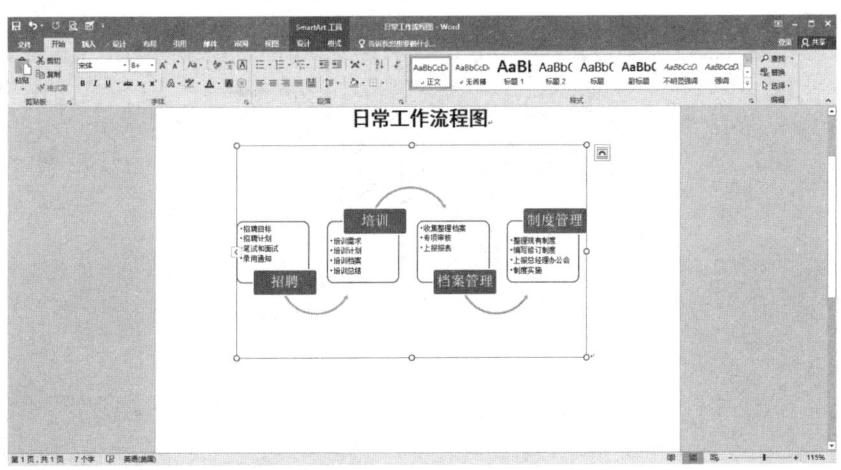

使用形状工具制作流程图

下面简单介绍使用形状工具绘制流程图的步骤。

步骤01 将光标停留在需要插入流程图的位置，切换至“插入”选项卡，单击“插图”选项组中的“形状”下拉按钮，在弹出的形状列表中选择满意的形状，拖动鼠标进行绘制。

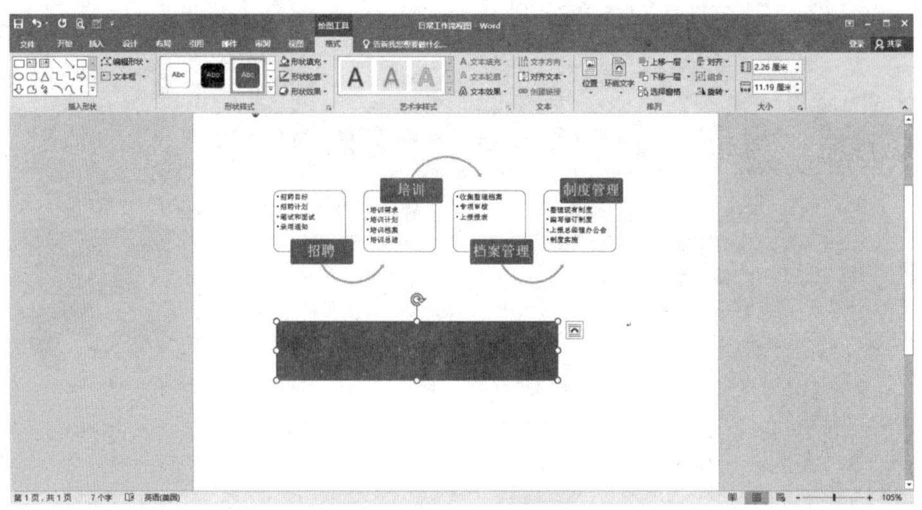

步骤02 单击“插入”选项卡下“插图”选项组中的“形状”按钮，在下拉列表中选择满意的箭头样式，拖动鼠标进行绘制。

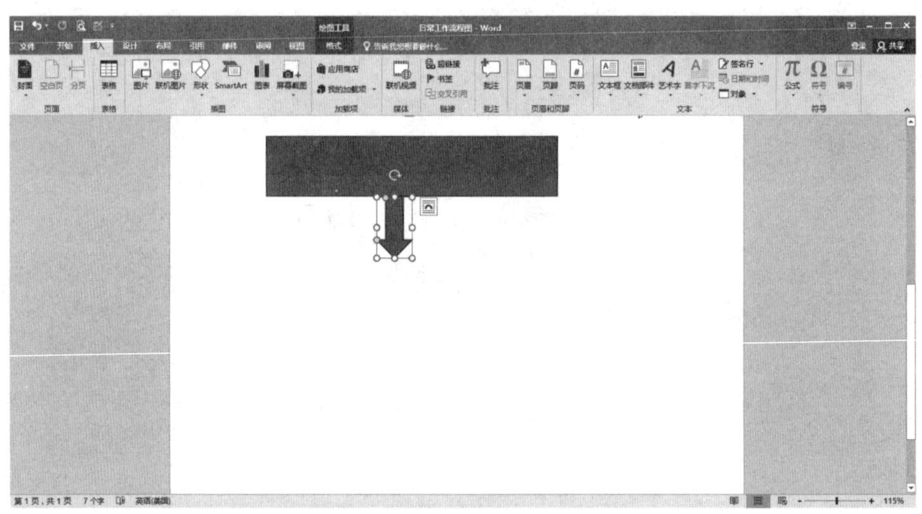

步骤03 按住Ctrl键，分别点击矩形框和箭头选中它们，用鼠标左键拖曳它们至合适的位置，再释放鼠标键，即可复制出所需数量的矩形框和箭头。

步骤04 复制完成后，就可以组合图形了。最终效果如下图所示。

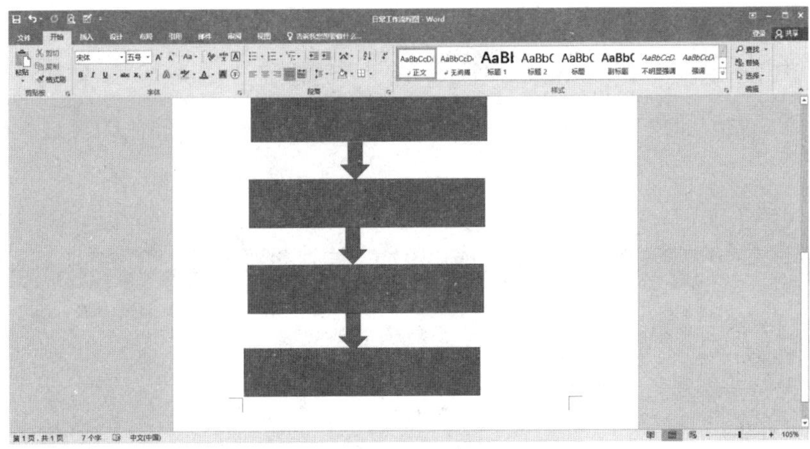

3.2.3 美化流程图

流程图的基本形状绘制好后，用户可以对其进行适当的美化，使得流程图能够更有效地传达信息。下面我们以前面讲的用SmartArt工具制作的流程图为例来讲解操作方法。

设置流程图格式

选中流程图，单击“SmartArt工具-设计”选项卡右侧的“其他”按钮，从下拉列表中。选择满意的样式，点击即可。

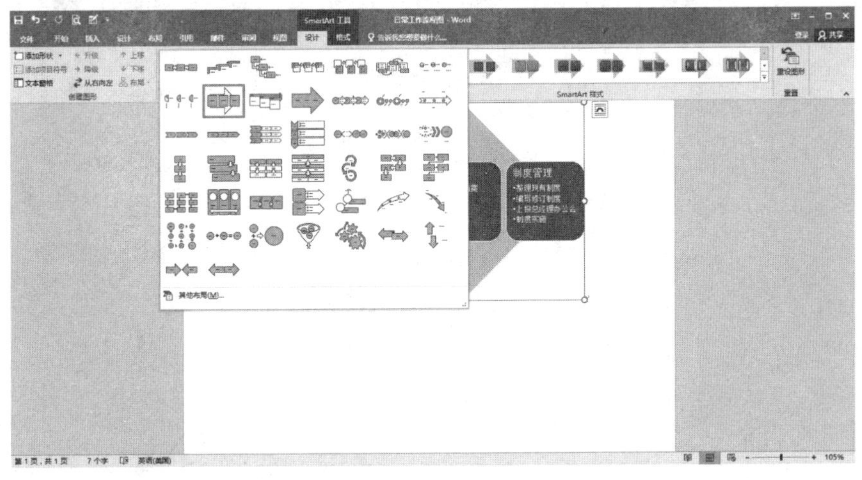

流程图的颜色填充

单击选中流程图“SmartArt工具-设计”选项卡下“SmartArt样式”选项组中的“更改颜色”下拉按钮，从下拉列表中选择满意的颜色即可进行颜色填充。

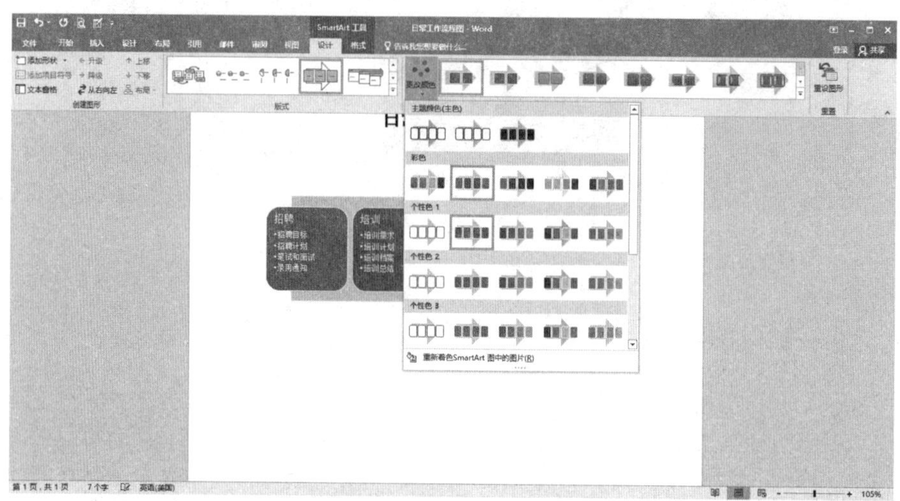

流程图中文字的加工

步骤01 选中文本后，单击右键，从弹出的菜单中选择“字体”选项，在弹出的“字体”对话框中进行字体设置，最后单击“确定”按钮。

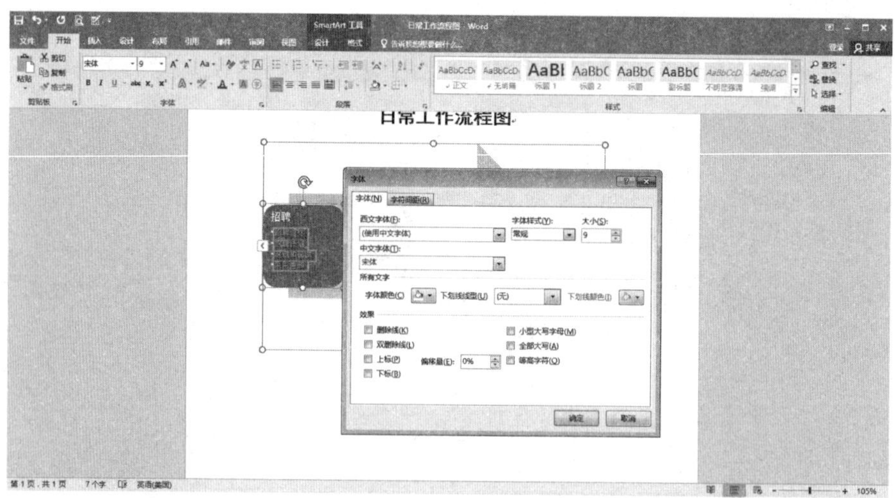

步骤02 设置完一个文本框里的字体后，再用这种方法来设置其余文本框中的字体，最终效果如下图所示。

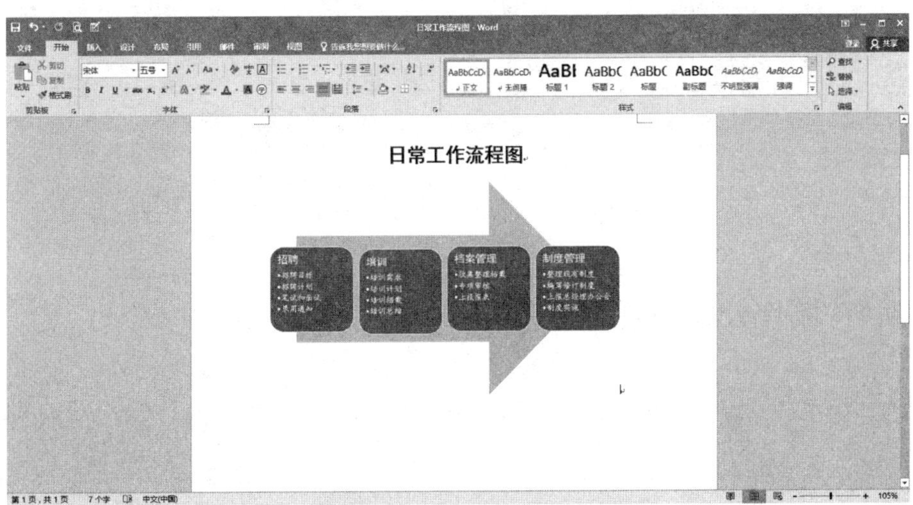

Chapter 04 文档的高级操作

4.1 制作公司项目商业计划书

公司项目商业计划书是用来说明目前公司的发展状况以及预测未来市场发展与机遇的。一份成功的公司项目商业计划书，不但能够撬动私募股权融资程序，实现与私募股权共赢的商业计划，而且也有利于公司确定正确的发展方案。但是再好的计划书，如果忽略了版式，也有可能会石沉大海。下面我们就来说说制作公司项目商业计划书的一些版式问题。

4.1.1 页面设置

为了能够真实反映文档的实际页面效果，在对文档进行编辑之前，最好提前对文档页面的页边距、纸张方向和大小、文档网格等进行设置。

设置页边距

设置页边距有以下两种方法。

（1）利用“页边距”按钮。将文档切换至“布局”选项卡，单击“页面设置”选项组中的“页边距”按钮，在弹出的下拉列表中选择并单击一种页边距样式，即可快速设置页边距。

上次的自定义设置				
	上:	2.54 厘米	下:	2.54 厘米
	左:	3.17 厘米	右:	3.17 厘米
普通				
	上:	2.54 厘米	下:	2.54 厘米
	左:	3.18 厘米	右:	3.18 厘米
窄				
	上:	1.27 厘米	下:	1.27 厘米
	左:	1.27 厘米	右:	1.27 厘米
适中				
	上:	2.54 厘米	下:	2.54 厘米
	左:	1.91 厘米	右:	1.91 厘米
宽				
	上:	2.54 厘米	下:	2.54 厘米
	左:	5.08 厘米	右:	5.08 厘米
镜像				
	上:	2.54 厘米	下:	2.54 厘米
	内:	3.18 厘米	外:	2.54 厘米
自定义边距(A)...				

（2）自定义边距。

步骤01 单击“布局”选项卡下“页面设置”选项组中的“页边距”按钮，在弹出的列表里选择“自定义边距”选项。

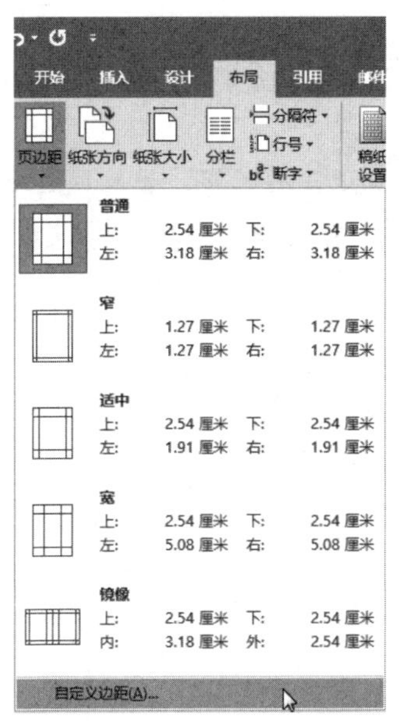

步骤02 弹出“页面设置”对话框，在“页边距”选项卡下“页边距”区域可以自行设置“上”“下”“左”“右”页边距，最后单击“确定”按钮即可。

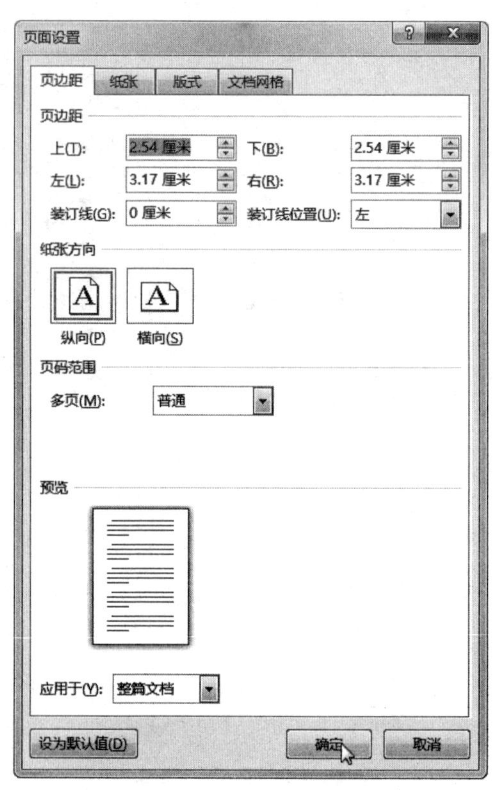

小提示：在自行设置页边距的时候，如果页边距的设置超出了打印机默认的范围，会出现“Microsoft Word”提示框，提示内容为“部分边距位于页面的可打印区域之外，请尝试将这些边距移动到可打印区域内”。这时，用户就需要再次调整页边距了。

设置页面大小

1. 设置纸张方向

单击“布局”选项卡下“页面设置”选项组中的“纸张方向”按钮，在弹出的下拉列表中可选择纸张方向为“横向”或“纵向”。

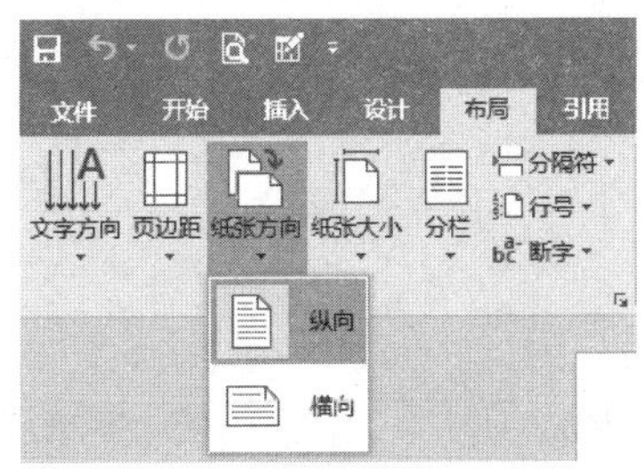

2. 设置纸张大小

单击“布局”选项卡下“页面设置”选项组中的“纸张大小”按钮，在弹出的下拉列表中可以选择纸张大小。

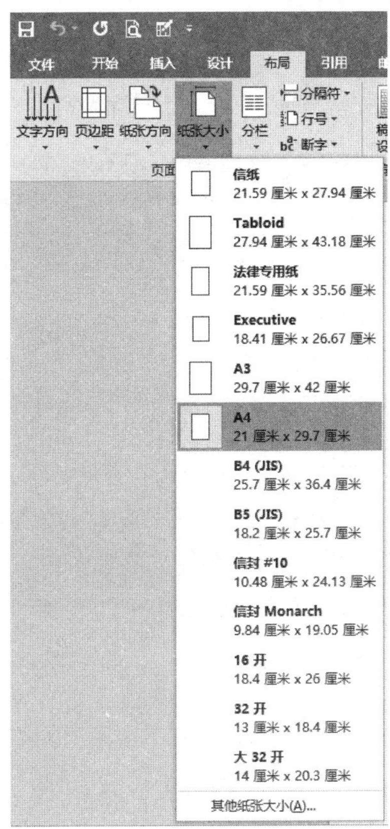

设置文档网格

为文档设置页边距和纸张大小后，页面的基本版式已确定。如果想更精确地设置文档的每页行数和每行字数，则需要设置文档网格。

将文档切换到“布局”选项卡，单击“页面设置”选项组右下角按钮，弹出“页面设置”对话框，切换到“文档网格”选项卡，在“网格”组合框中选中“指定行和字符网格”单选框，然后在“字符数”和“行数”组合框中，对字符数和行数进行微调，其他项默认，最后单击“确定”按钮。

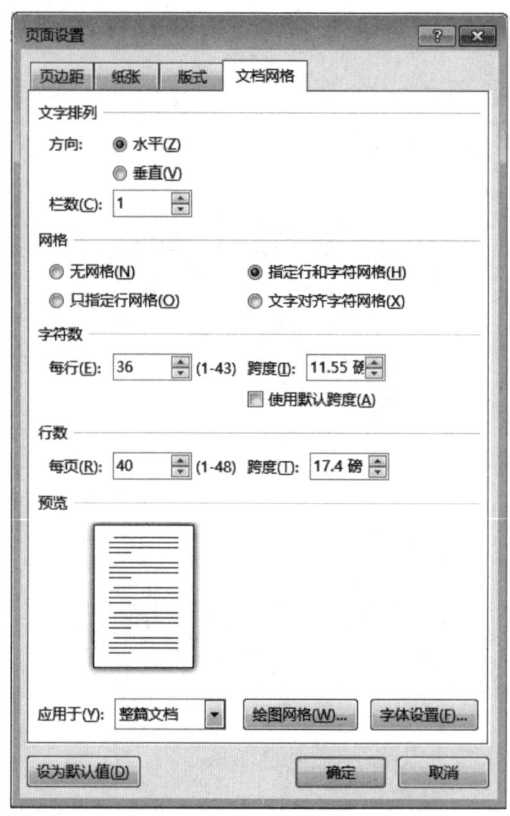

设置分栏

在Word 2016中，可以将文档分为两栏、三栏或更多栏。具体方法有以下两种。

（1）使用功能区设置分栏。选中需要编辑的文本，单击“布局”选项卡下的“分栏”按钮，在弹出的列表中选择对应的栏数。

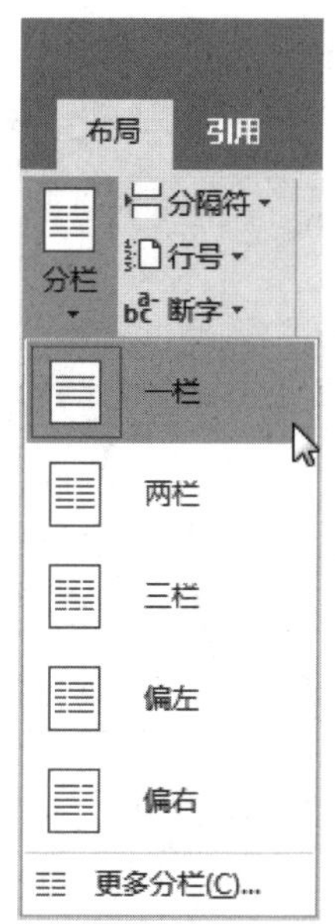

（2）使用“分栏”对话框设置分栏。

步骤01 单击“布局”选项卡下的“分栏”按钮，在弹出的列表中选择“更多分栏”选项。

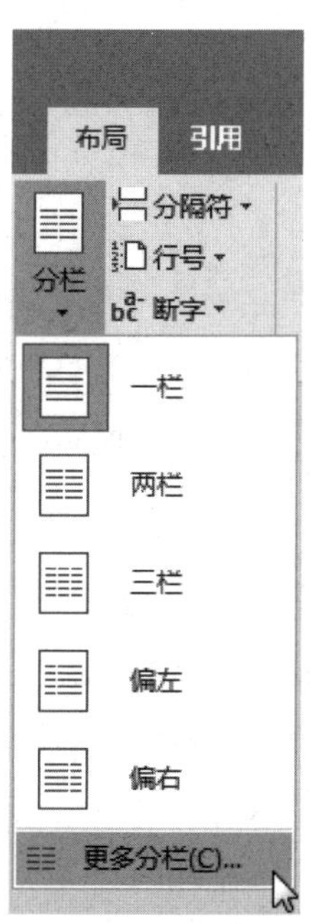

步骤02 弹出“分栏”对话框，该对话框中有系统预设的5种分栏效果。用户还可在“栏数”微调框中输入要分栏的栏数，然后设置“栏宽”“间距”和“分隔线”，可在“预览”区域看到设置后的效果。最后单击“确定”按钮，完成分栏。

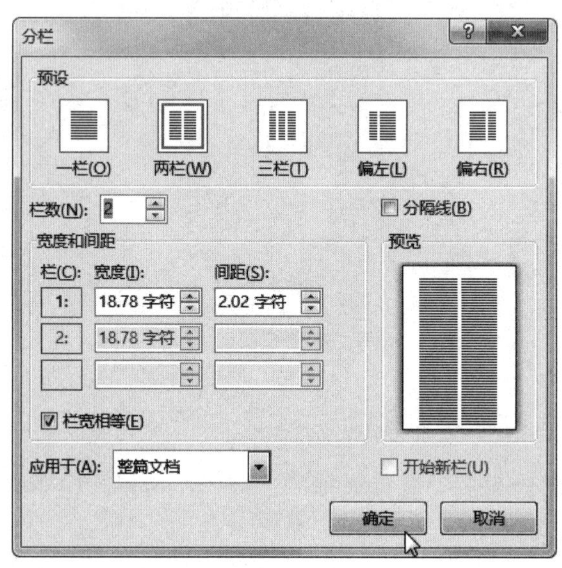

4.1.2 样式的应用

样式是指被命名或保存的特定样式的集合，它包含字符样式和段落样式。字符样式的设置以单个字符为单位，段落样式的设置以段落为单位。用户在编辑文档的时候，正确设置样式可以极大地提高办公效率。

套用系统内置样式

套用系统内置样式有以下两种方法。

（1）使用“样式库”快速设置文档。

步骤01 打开“公司项目商业计划书”文档，选中要应用样式的一级标题文本，切换到“开始”选项卡，单击“样式”选项组右侧的“其他”按钮，从弹出的列表中选择合适的样式，单击即可。

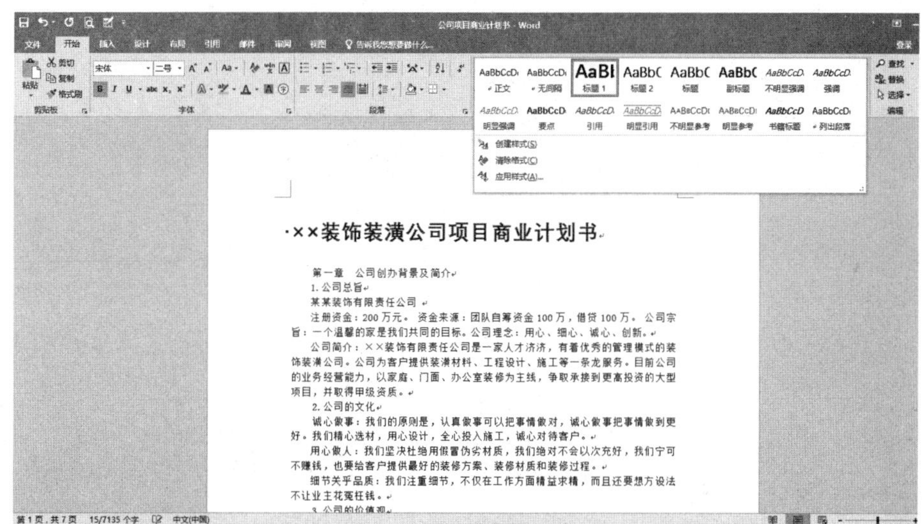

步骤02 使用同样的方法，选中需要改变样式的二级标题文本和三级标题文本，对它们的样式进行设置。

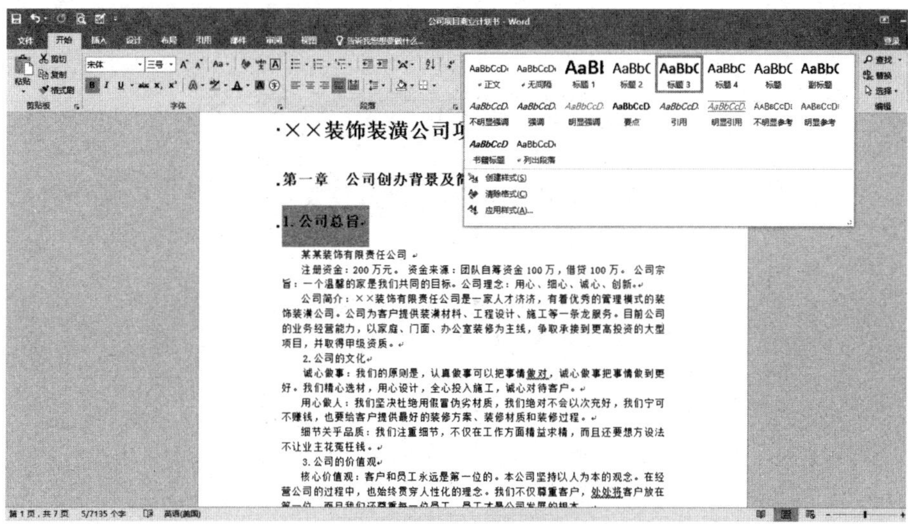

（2）使用“样式”任务窗格设置文档。

步骤01 选中要设置样式的文本，切换到“开始”选项卡，单击“样式”选项组右下角按钮，从弹出的“样式”窗格中选择合适的样式，单击即可。

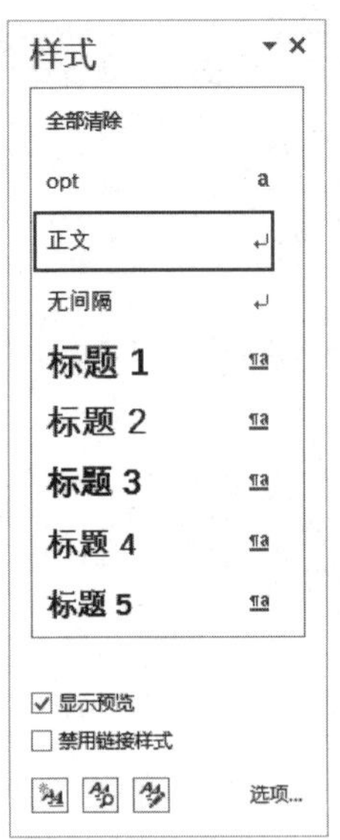

步骤02 用户也可以单击“样式”窗格里右下角的“选项”按钮，弹出“样式窗格选项”对话框，在“选择要显示的样式”下面文本框的下拉列表中选择“所有样式”这一选项。

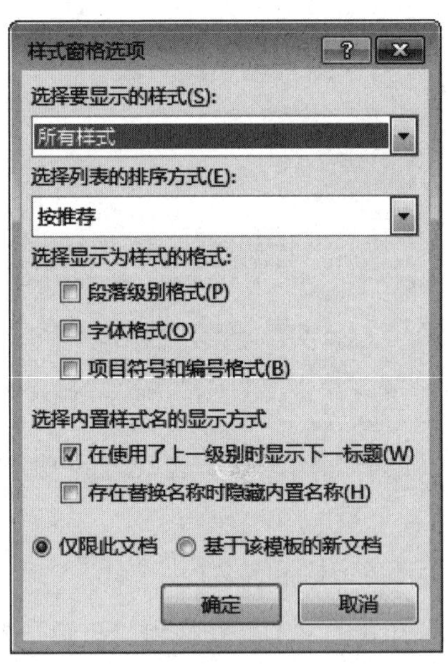

步骤03 单击“确定”按钮，返回“样式”窗格，然后在列表中选择需要

应用的样式，即可将该样式应用到被选中的文本中。比如，我们用这种方法设置“公司主旨”这个三级标题，结果如下图所示。

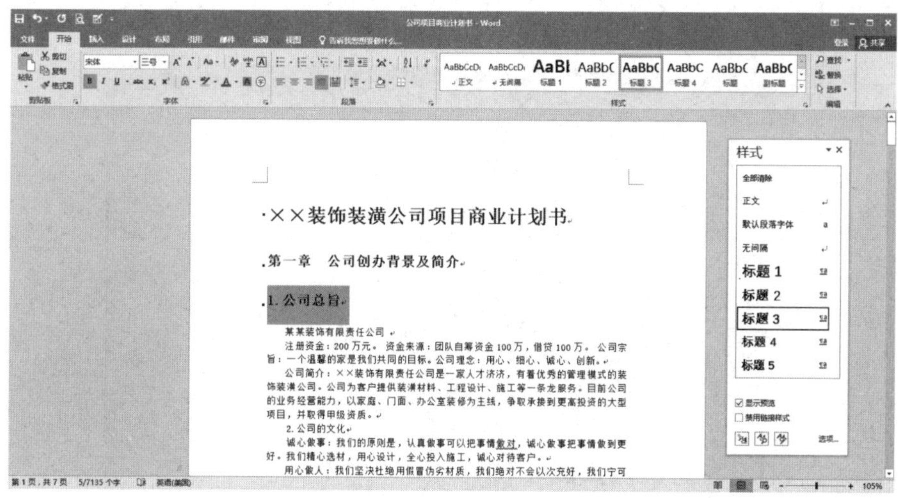

自定义样式

除了套用系统内置样式之外，用户还可以自定义新的样式。

步骤01 选中需要编辑样式的文本，然后单击“开始”选项卡下“样式”选项组右下角按钮，在弹出的“样式”窗格中单击“新建样式”按钮，弹出“根据格式设置创建新样式”对话框。

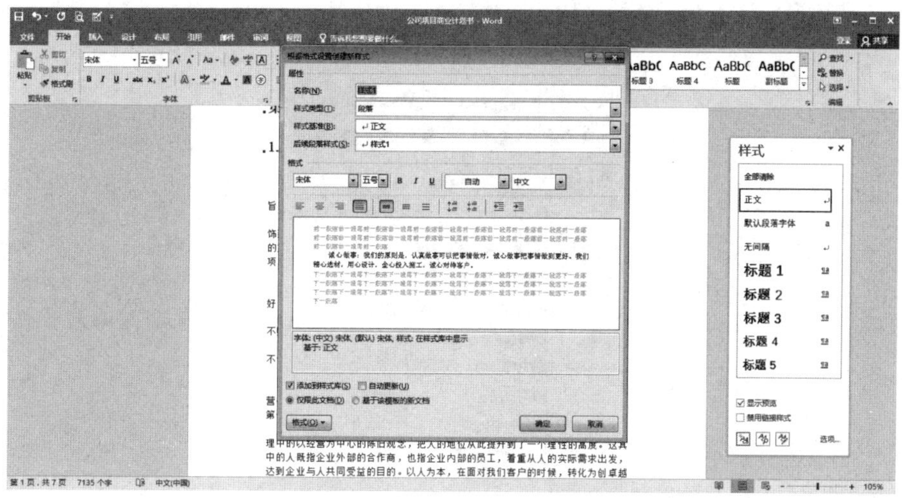

步骤02 用户可以在这个对话框中根据需要进行设置。比如，我们在“名称”文本框中输入新建样式的名称“内正文”，再根据需要分别设置“属性”区域中的其他三项，然后根据需要对“格式”区域的项目进行设置。

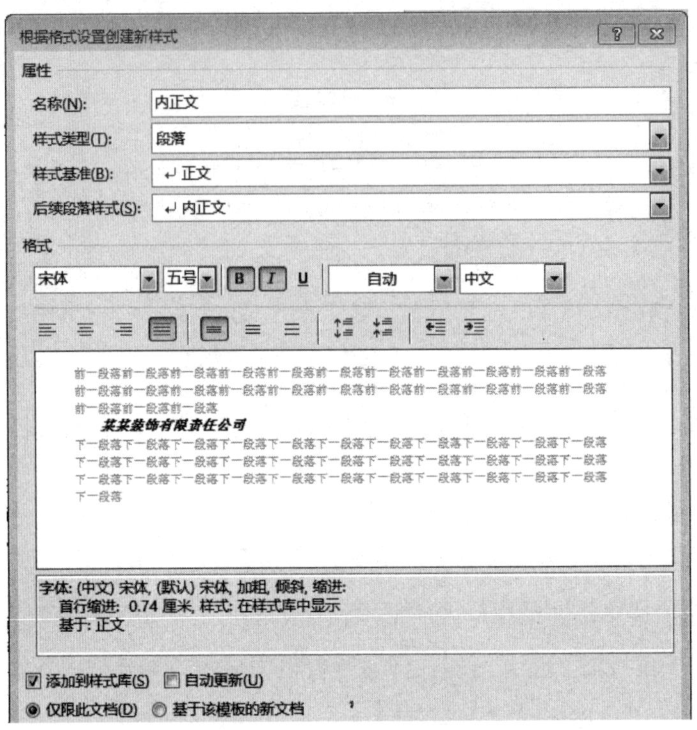

步骤03 单击左下角的“格式”按钮，在弹出的列表中选择“段落”选项。

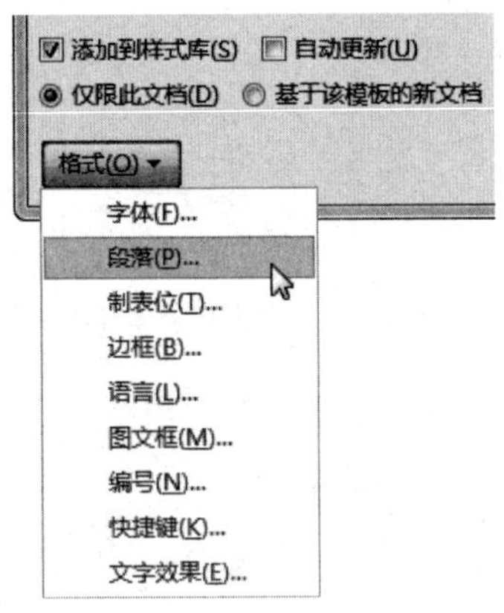

步骤04 弹出“段落”对话框，将段落的对齐方式设置为“居中”，最后点击“确定”按钮。

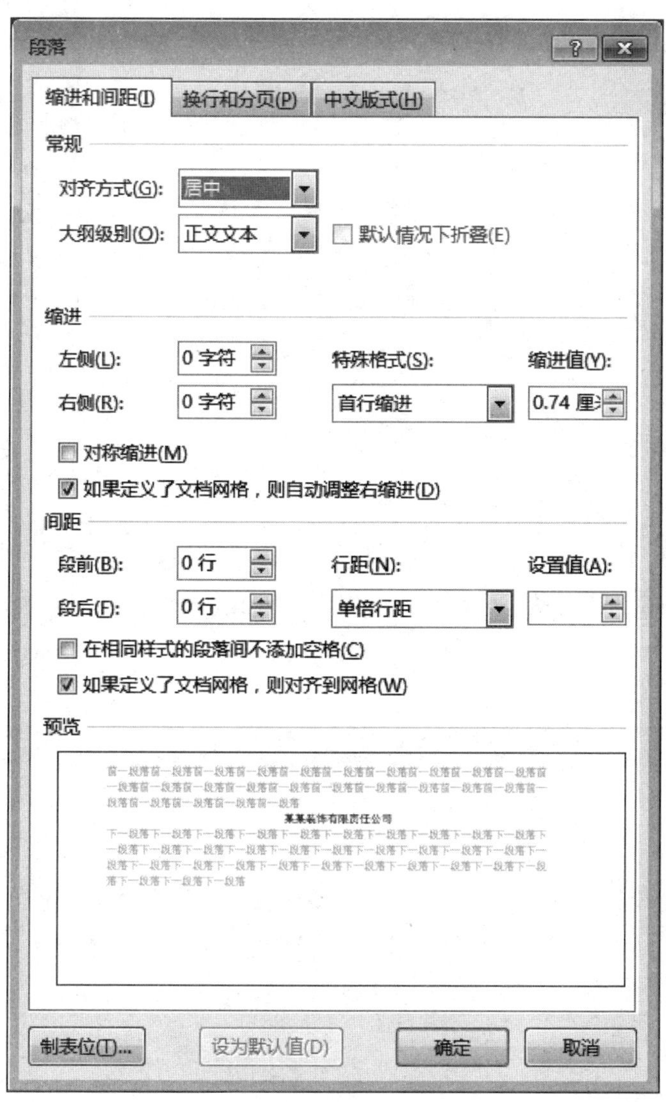

步骤05 点击“根据格式化创建新样式”对话框中的“确定”按钮，结果如下图所示。

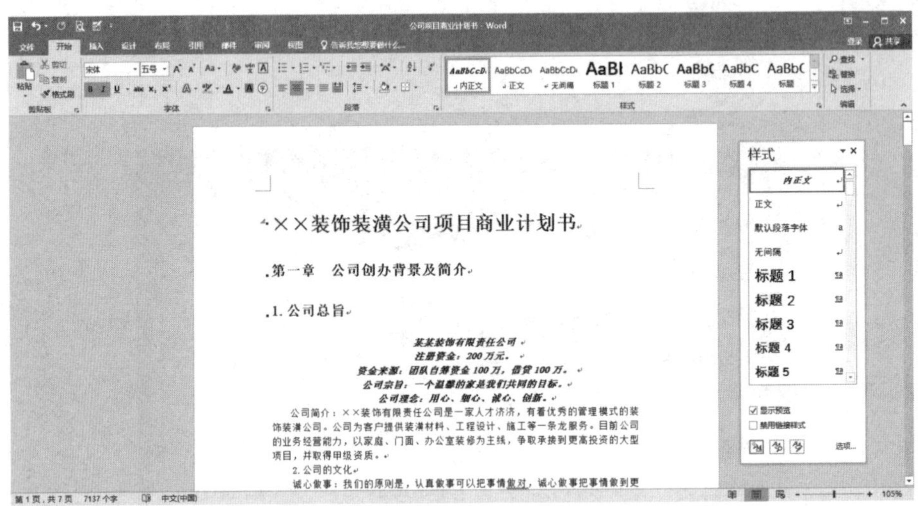

修改样式

当样式不能满足编辑需求时，则可以对其进行修改。

步骤01 单击“开始”选项卡下“样式”选项组右下角按钮，弹出“样式”窗格，单击窗格下方的“管理样式”按钮，弹出“管理样式”对话框，切换到“编辑”选项卡，在“选择要编辑的样式”的列表框中选择要修改的样式名称。

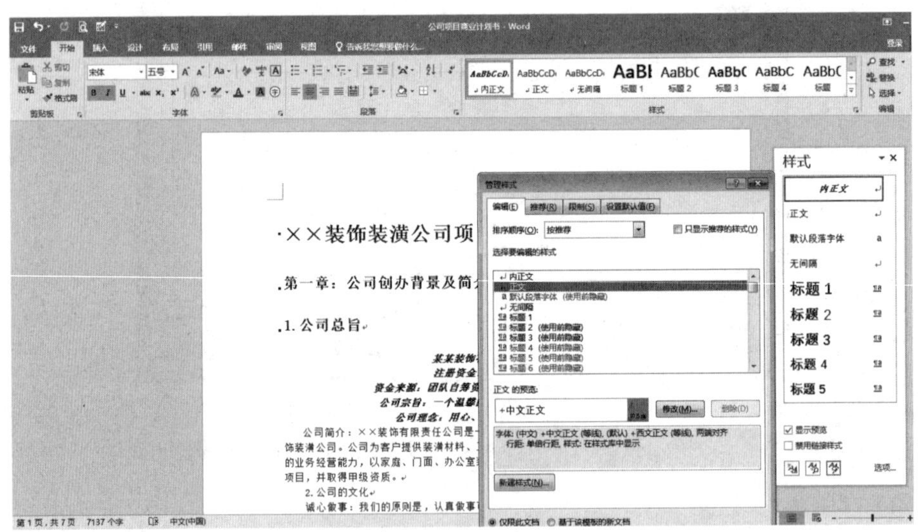

步骤02 单击“修改”按钮，在弹出的“修改样式”对话框中，分别对诸

项进行设置，单击“确定”按钮，完成样式的修改，最后单击“管理样式”窗口中的“确定”按钮。

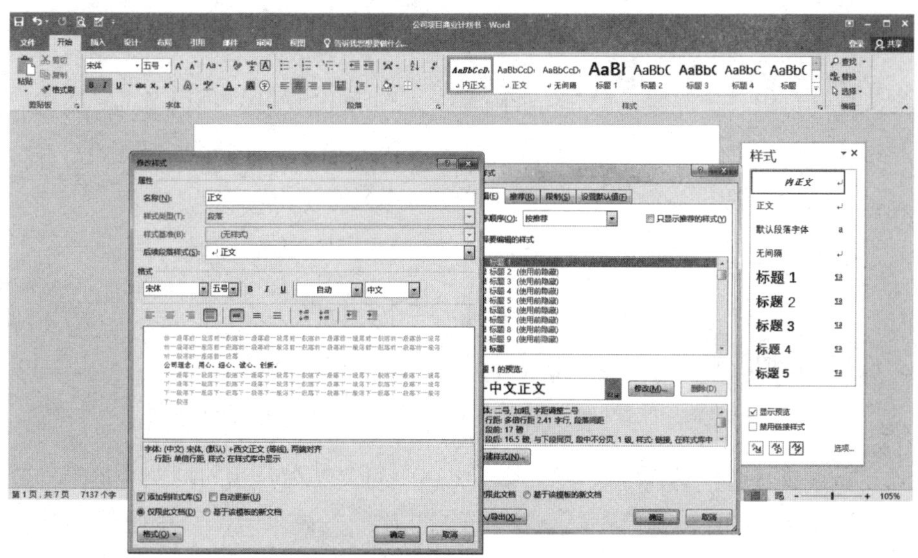

小提示：当用户需要清除某段文字的样式时，要先选中需要编辑的文本部分，再单击“开始”选项卡下“样式”选项组中的“其他”按钮，在弹出的下拉列表中选择“清除格式”选项即可。

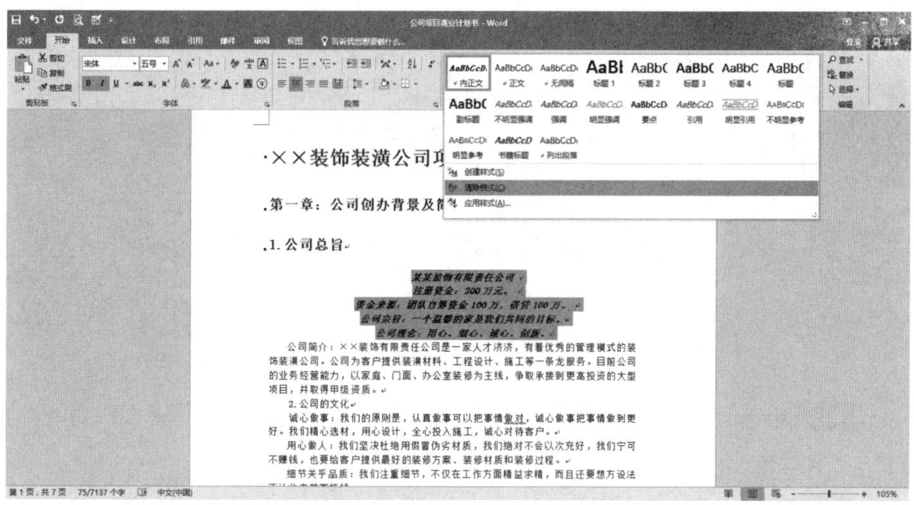

4.1.3 设置页眉和页脚

为了使文档看起来更加专业、美观，文档文本部分设置完成后，用户可根据需要给文档添加页眉、页脚和页码等。Word 2016为用户提供了丰富的页眉和页脚模板，可以让用户更高效地进行设置。下面就详细介绍设置页眉、页脚和页码的方法。

插入分隔符

当文本填满一页时，文档会自动插入一个分页符，显示下一页。另外，用户也可以根据需要自行设置分节或分页。

1. 插入分节符

步骤01 将光标定位于一级标题“××装饰装潢公司项目商业计划书”行首，切换到“布局”选项卡，单击“页面设置”选项组中的“分隔符”按钮，在弹出的下拉列表中选择“分节符”一栏下的“下一页”选项。

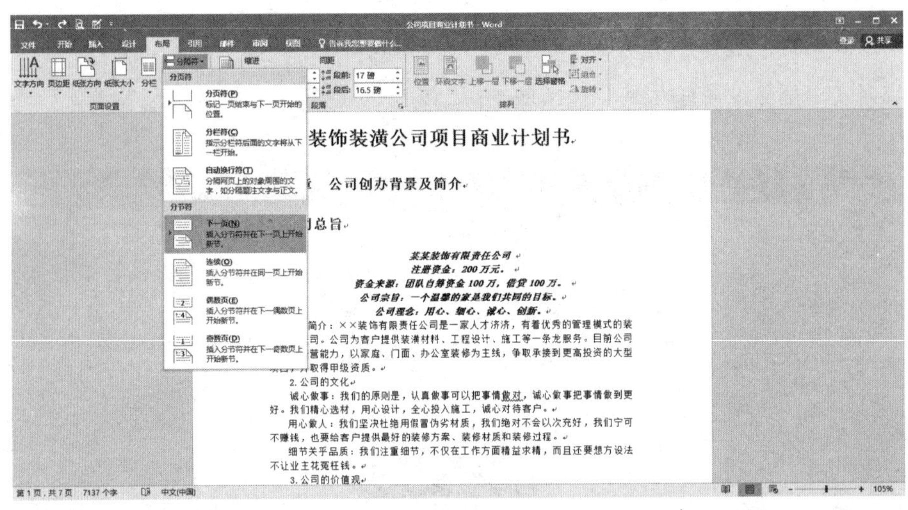

步骤02 这时，文档中就插入了一个分节符，我们看到光标后的文本自动移到了下一页。

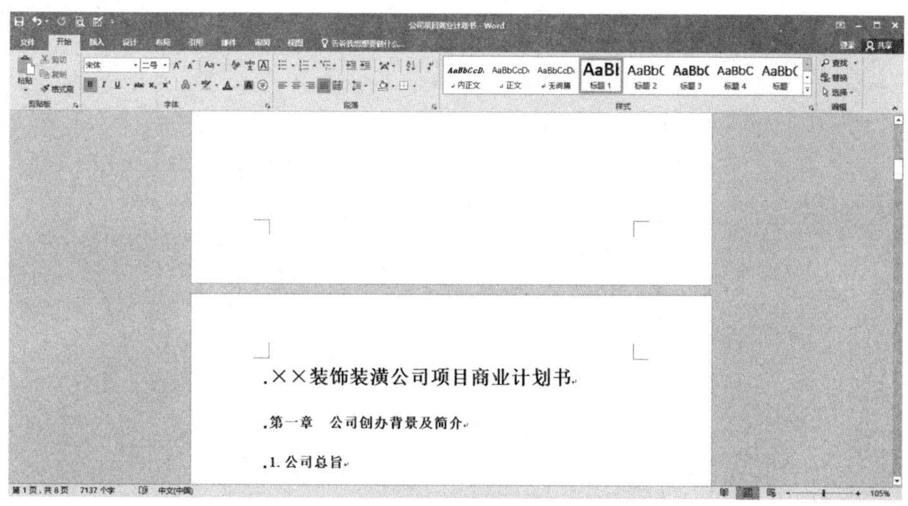

2. 插入分页符

步骤01 将光标定位于二级标题“第一章　公司创办背景及简介”行首，切换到“布局”选项卡，单击“页面设置”选项组中的“分隔符”按钮，在弹出的下拉列表中选择“分页符”一栏下的“分页符”选项。

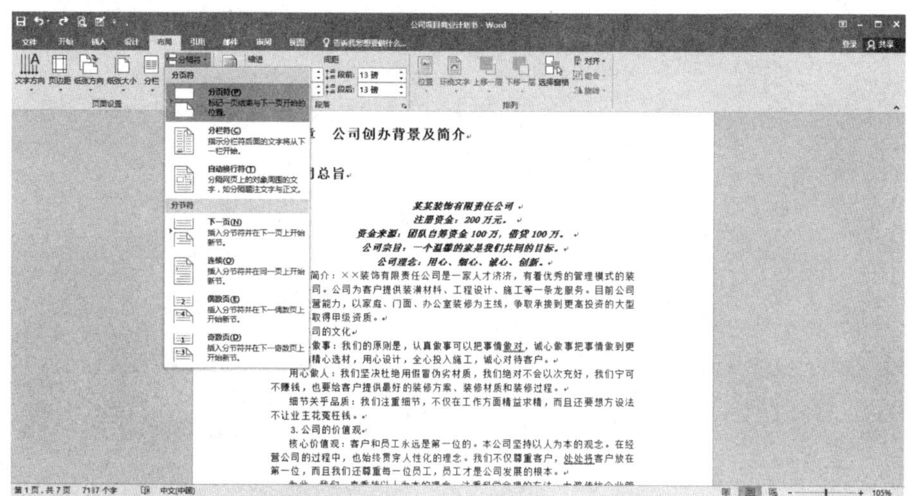

步骤02 这时，文档中就插入了一个分页符，我们看到光标后的文本自动移至下一页。

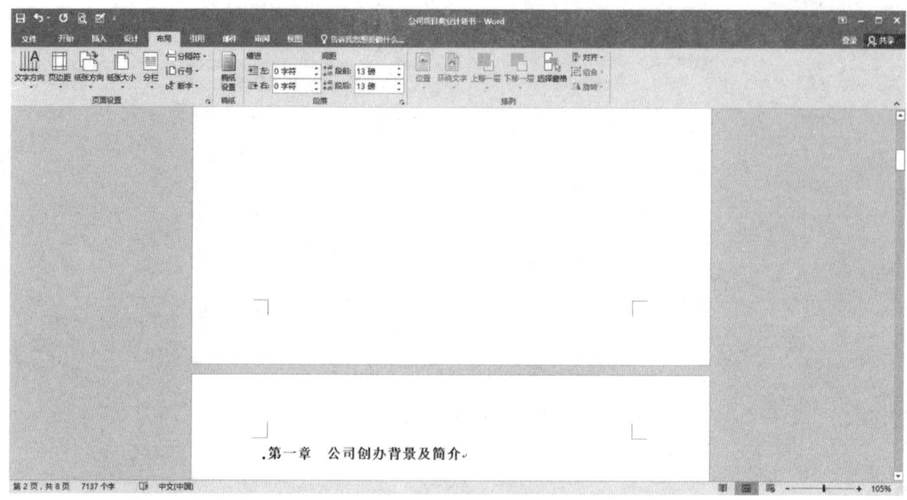

插入页眉

步骤01 将文档切换至“插入”选项卡，单击“页眉和页脚”选项组中的“页眉”按钮，弹出一个下拉列表。

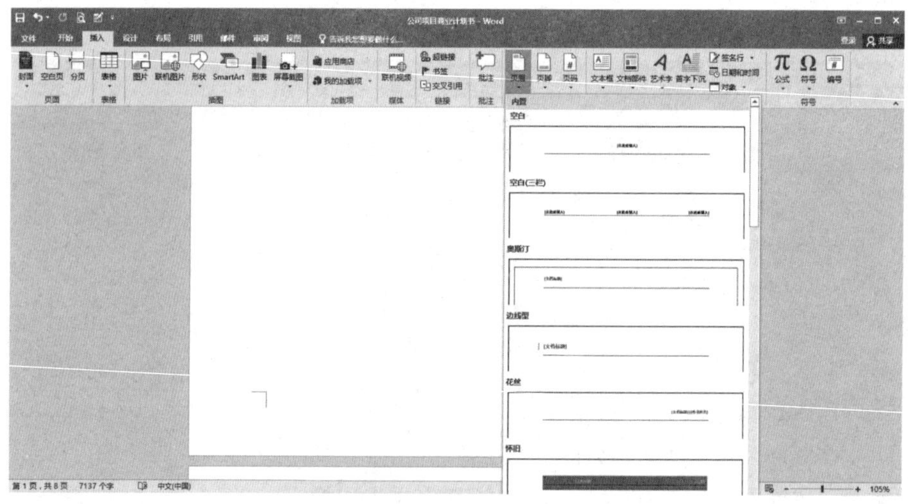

步骤02 选择需要的页眉样式，比如选择“边线型”选项，Word 2016会在文档的每一页的顶部都插入页眉，并显示“文档标题”文本域。

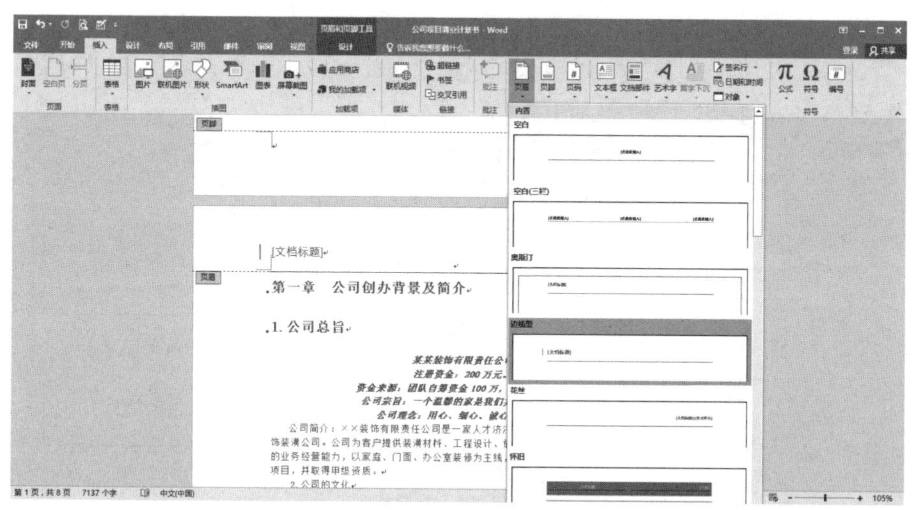

步骤03 在页眉的文本域中输入文档标题，然后单击“设计”选项卡下“关闭”选项组中的“关闭页眉和页脚”按钮即可。最终效果如下图所示。

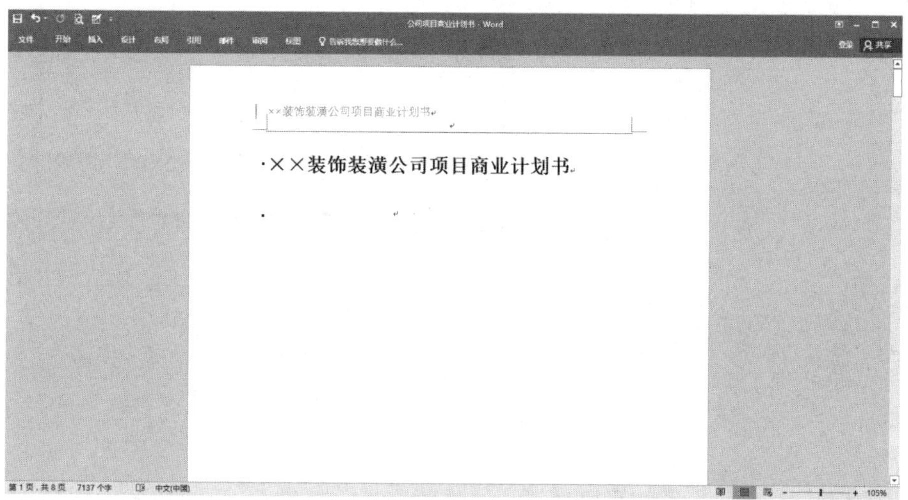

插入页脚

步骤01 将文档切换至“插入”选项卡，单击“页眉和页脚”选项组中的“页脚”按钮，弹出一个下拉列表。

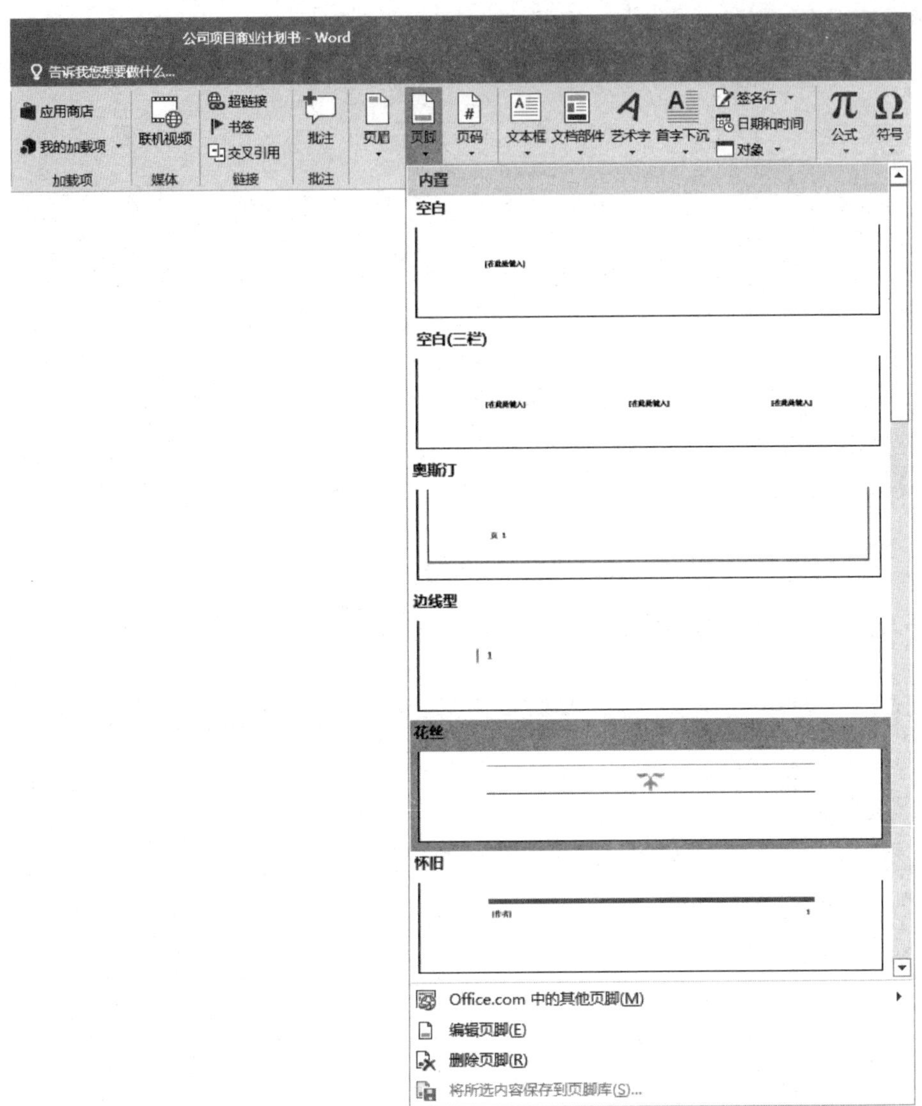

步骤02 选择需要的页脚样式，比如选择“花丝型”，文档的每一页都会插入页脚，最后单击“设计”选项卡下“关闭”选项组中的“关闭页眉和页脚”按钮即可。最终效果如下图所示。

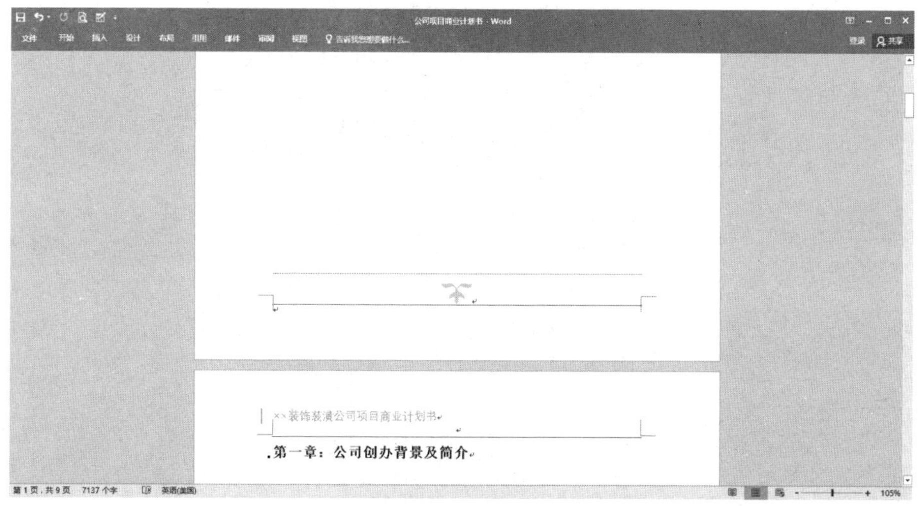

插入页码

为了使文档便于浏览和打印，用户可根据需要在文档中插入页码。

步骤01 将文档切换至“插入”选项卡，单击“页眉和页脚”选项组中的“页码”按钮，在下拉列表中单击“设置页码格式”选项。

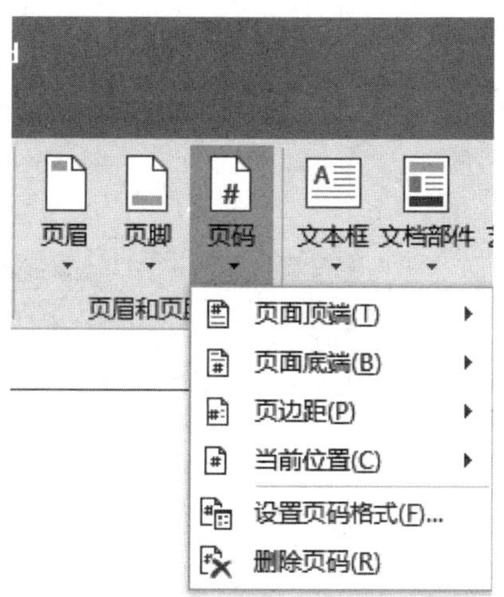

步骤02 弹出“页码格式”对话框，在“编号格式”的下拉列表中选择合适的样式，在“页码编号”组中勾选“续前节”单选框，单击“确定”按钮。

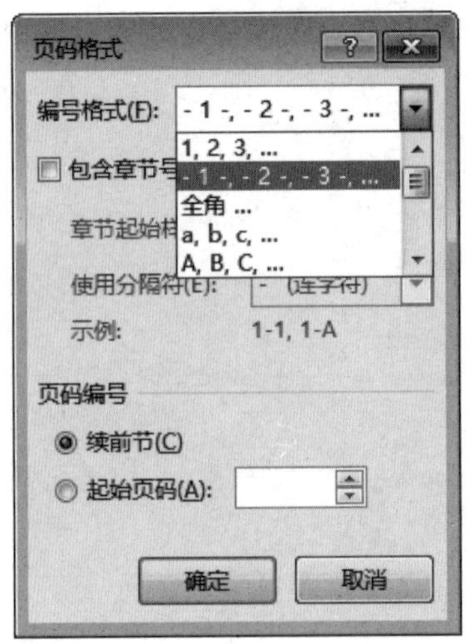

步骤03 单击“页眉和页脚”选项组中的“页码”按钮，在弹出的列表中选择“页面底端”项后子菜单中的“普通数字2”选项，即可插入页码。

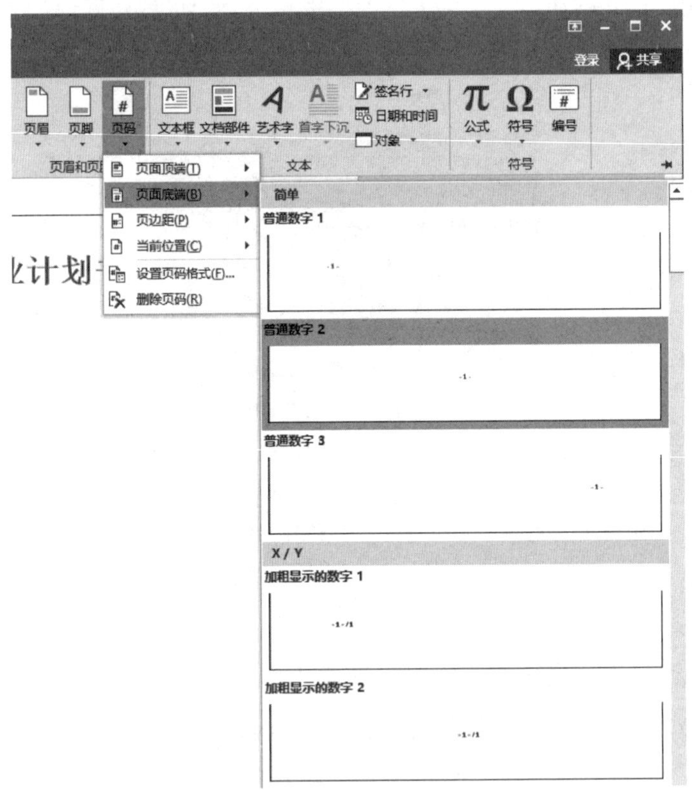

4.1.4 题注、脚注和尾注的插入与删除

在编辑文档的过程中，为了更便于阅读和理解文档内容，我们可以在文档中插入题注、脚注和尾注来解释说明文档的某些内容。

插入题注

题注是对图片的简短叙述与解释。下面就讲解插入题注的具体步骤。

步骤01 选中文档中准备插入题注的图片，切换到“引用”选项卡，单击“题注”选项组中的“插入题注”按钮，弹出一个“题注”对话框，在“题注”文本框中会显示英文“Figure1”，在“标签”下拉列表中选择“Figure”选项，在“位置”下拉列表中选择“所选项目下方”选项。

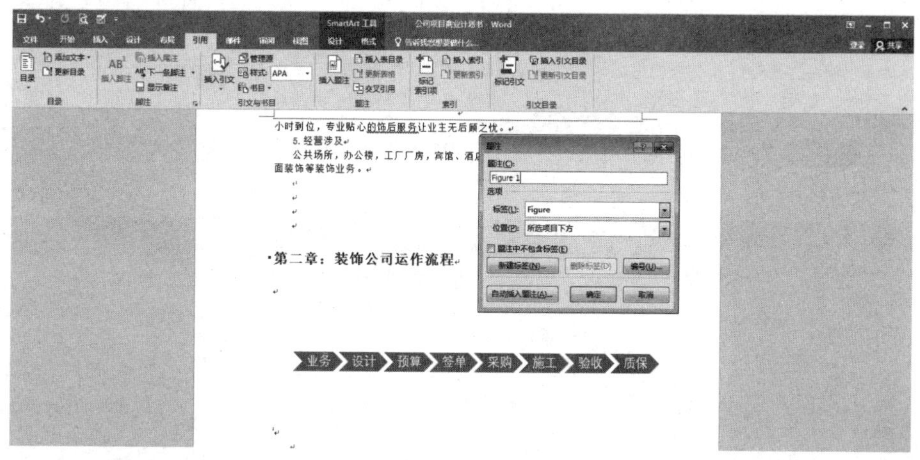

步骤02 单击“题注”对话框中的“新建标签”按钮，弹出一个“新建标签”对话框，在“标签”文本框中输入“图”，单击“确定”按钮。

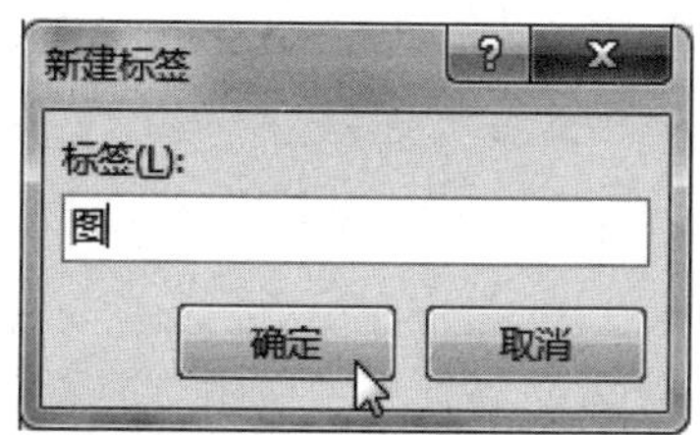

步骤03 这时候“题注”文本框中自动显示“图1”，在“标签”的下拉列表中自动选择“图”选项，在“位置”的下拉列表中自动选择“所选项目下方”选项，再单击“确定”按钮。

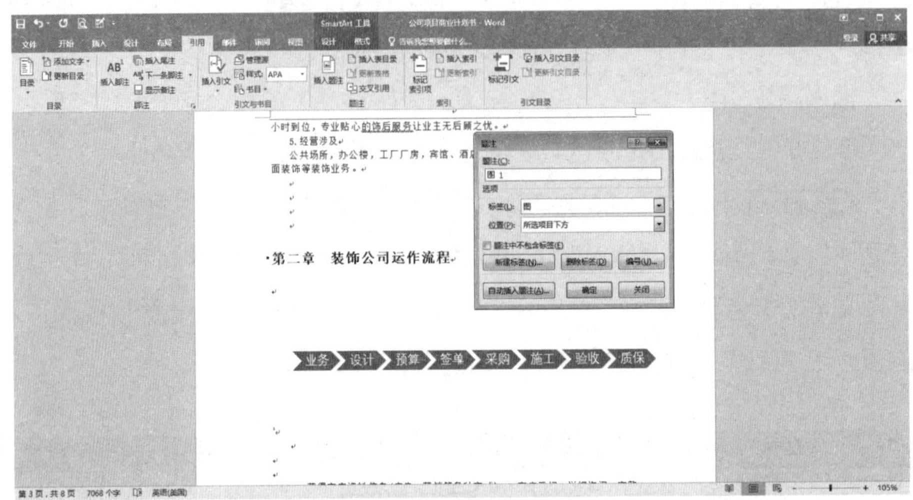

步骤04 返回文档，我们会发现所选中图片的下方显示题注为“图1”。

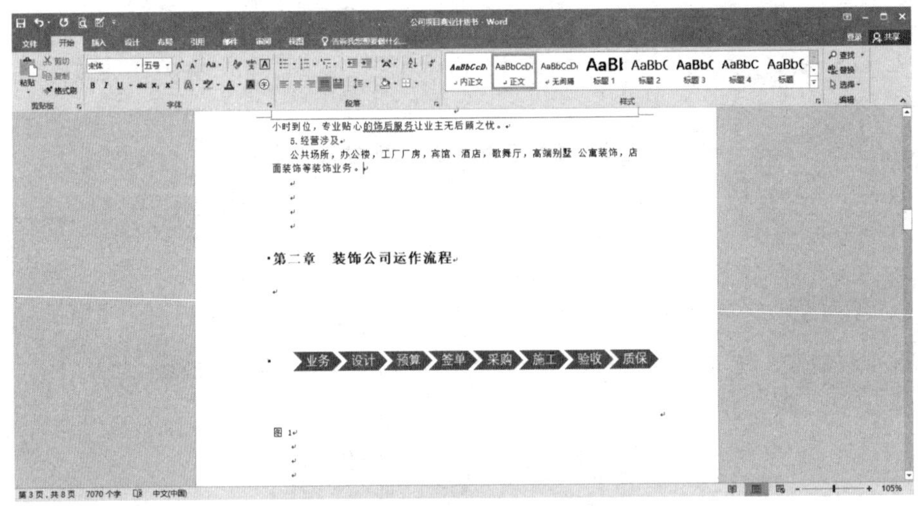

插入脚注

选中需要插入脚注的文本，切换到“引用”选项卡，单击“脚注”选项组里的“插入脚注”按钮。此时，在本页文档底部出现了一条分隔线，在分隔线下输入选中文本的释义即可。

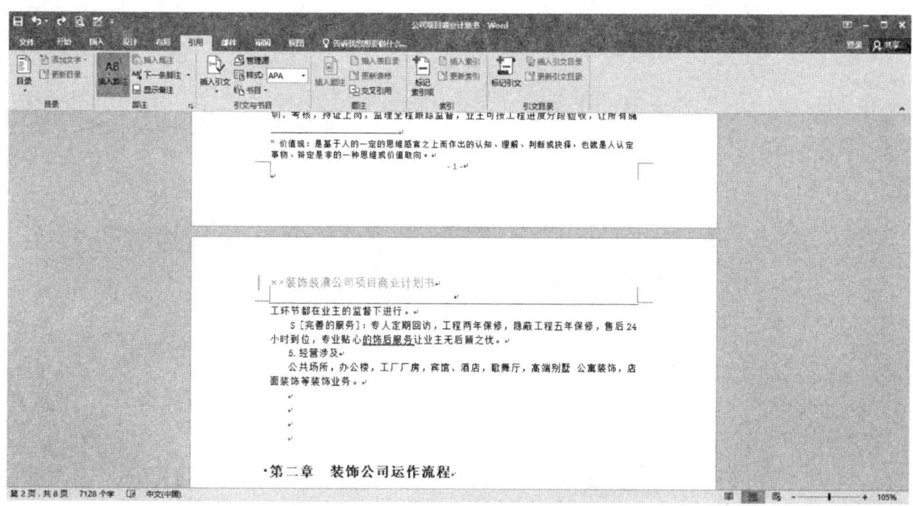

插入尾注

将光标定位于准备插入尾注的位置，切换到“引用”选项卡，单击“脚注”选项组里的“插入尾注”按钮。此时，在文档末尾出现了一条分隔线，在分隔线的下方输入尾注内容即可。

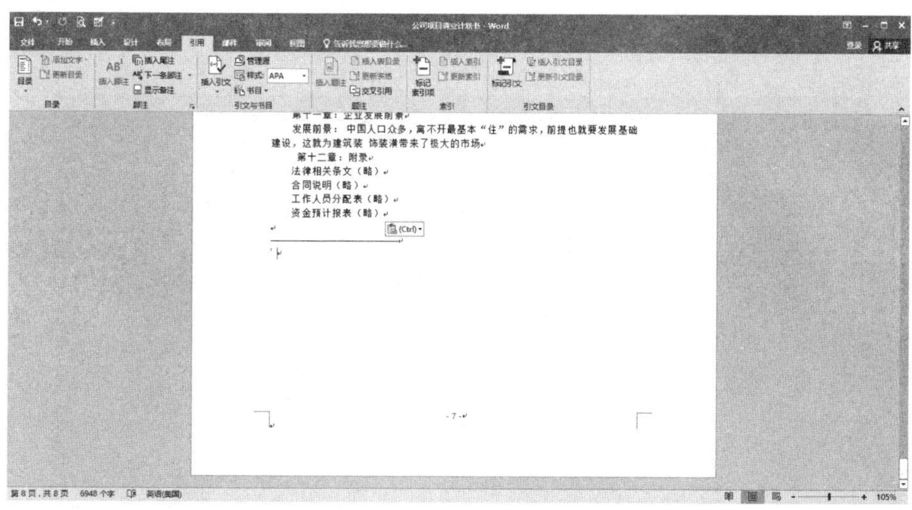

删除题注、脚注和尾注

删除题注、脚注和尾注的方法是一样的，下面我们以删除脚注为例来进行讲解。

步骤01 将文档切换到“视图”选项卡，选择“草稿”视图模式，按下Ctrl+Alt+D组合键，在文档下方会弹出一个编辑栏。在“脚注”下拉列表中选择“所有脚注”，在文档最下部会出现脚注文字栏。

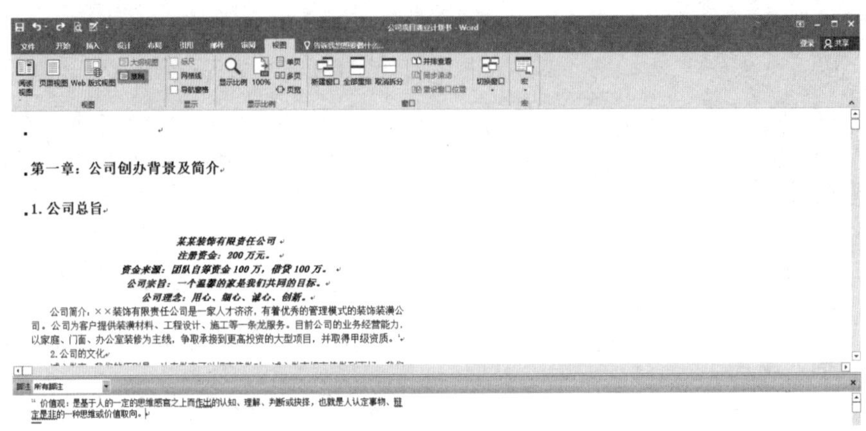

步骤02 删除脚注文字栏里的所有内容。单击“视图”选项卡下“视图”选项组中的“页面视图”按钮，将文档切换到“页面视图”模式，就可以看到脚注已经被删除了。

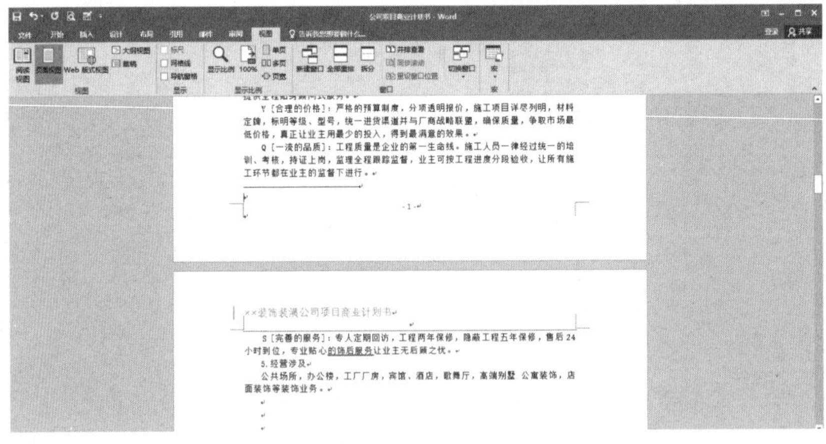

4.1.5 创建目录和索引

文档创建完成后，为了使文档结构更清晰，也更容易找到文本内容，这时就需要为文档创建一个目录。下面来讲解目录和索引的创建方法。

设置大纲级别

设置大纲级别是提取文档目录的前提，下面介绍操作步骤。

步骤01 将光标定位于一级标题处，切换到“开始”选项卡，单击“样式”选项组右下角的“对话框启动器”按钮，弹出“样式”窗格，点击“标题1”右侧下拉按钮，从弹出的快捷列表中单击“修改”选项。

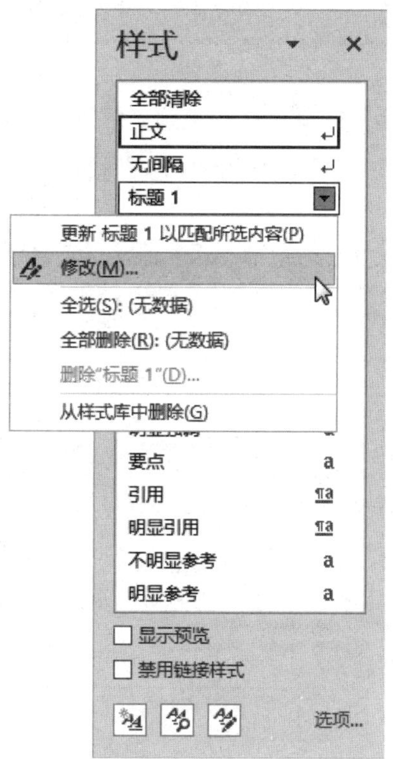

步骤02 弹出一个“修改样式”对话框，可修改其中的字体、字号，再单击“格式”按钮，从弹出的列表中单击“段落”选项。

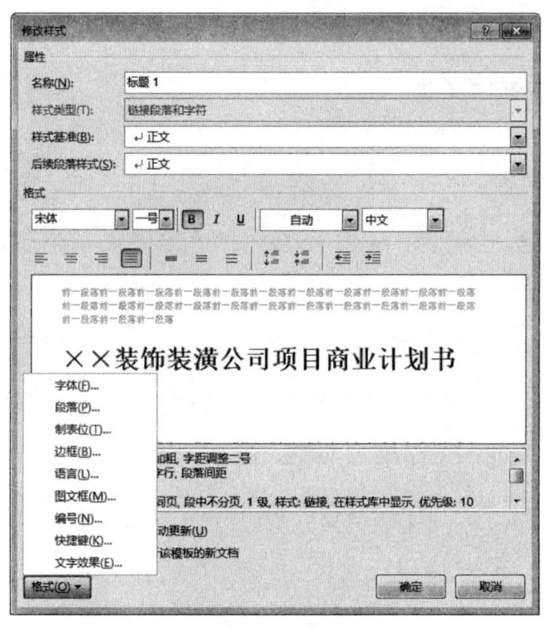

步骤03 弹出“段落”对话框，切换到“缩进和间距”选项卡，在“大纲级别”下拉列表中选择“1级”，单击“确定”按钮。

步骤04 返回“修改样式”对话框，再单击“确定”按钮。返回文档，最后结果如下图所示。

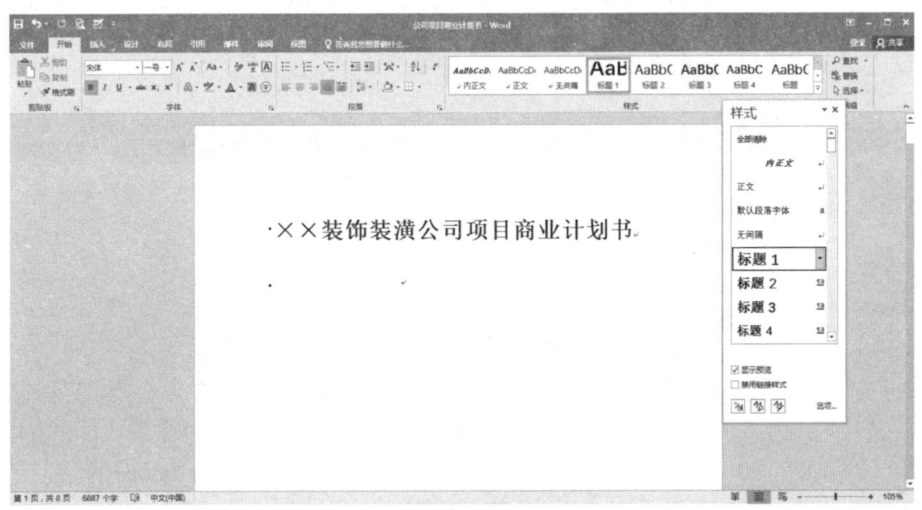

步骤05 使用同样的方法，设置其他级别的标题。

格式刷的使用

格式刷具有将一个段落的格式迅速复制到另一个段落的功能。我们在设置文本标题格式时，如果逐个设置，效率就会比较低。这时，可以使用格式刷进行复制，就能大大提升工作效率。具体做法如下。

步骤01 选择要引用的段落或文本样式，切换至“开始”选项卡，单击“剪贴板”选项组中的“格式刷”按钮，鼠标指针就会变成格式刷的形状。

步骤02 选中要改变格式的段落或文本，释放鼠标，段落或文本格式就会发生改变。

创建目录

为文档设置完页码并提取完大纲标题后，就可以创建目录了。创建目录的具体方法有以下两种。

（1）使用内置目录选项创建目录。

步骤01 将光标停放在文本“第一章　公司创办背景及简介”的起始位置，切换至“引用”选项卡，单击“目录”选项组中的“目录”按钮，在弹出的下拉列表中单击“自动目录1”选项。

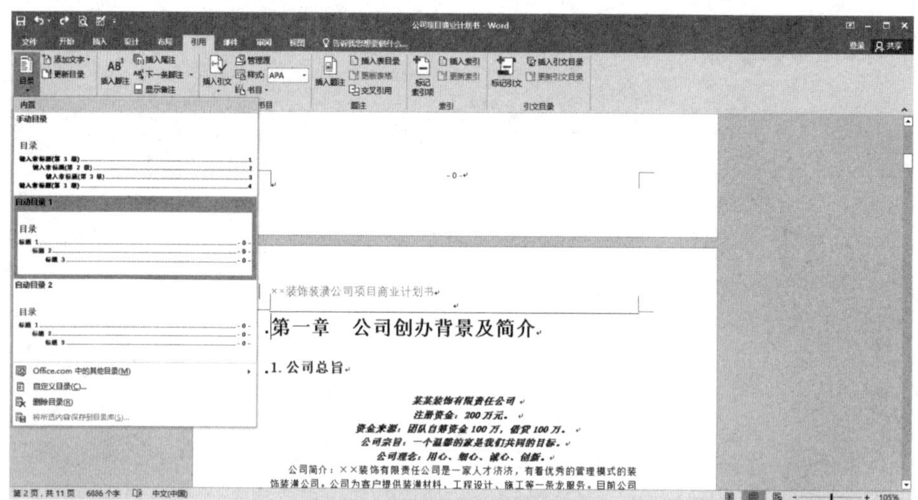

步骤02 这样即可在第一章章前建立目录，如下图所示。

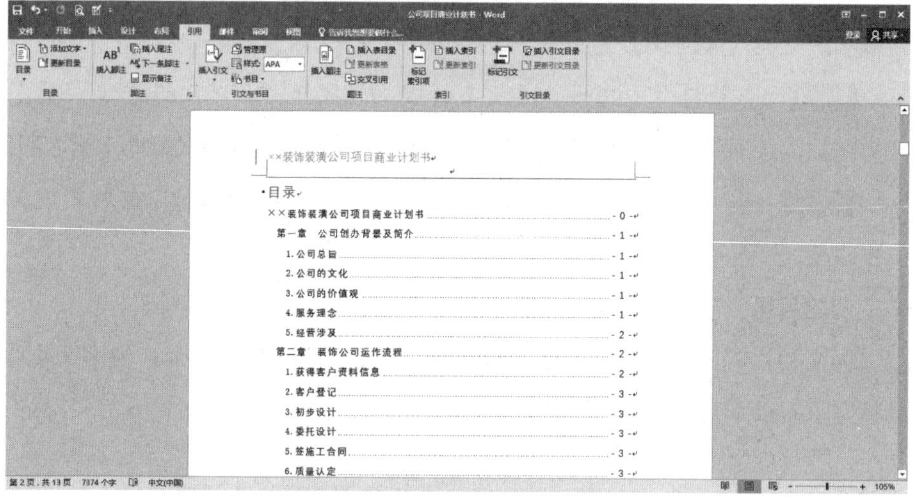

（2）用“自定义目录”选项创建目录。

步骤01 将光标停放在文本“第一章　公司创办背景及简介”的起始位置，切换至“引用”选项卡，单击“目录”选项组中的“目录”按钮，在弹出的下拉列表中单击“自定义目录”选项。

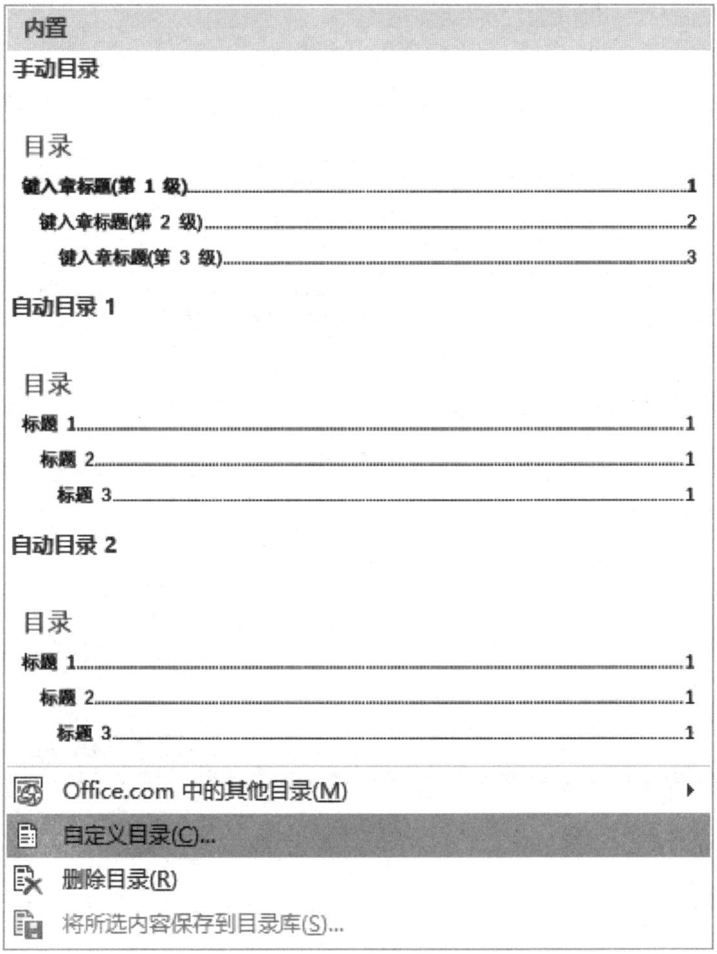

内置
手动目录
目录
键入章标题(第 1 级)........1
键入章标题(第 2 级)........2
键入章标题(第 3 级)........3
自动目录 1
目录
标题 1........1
标题 2........1
标题 3........1
自动目录 2
目录
标题 1........1
标题 2........1
标题 3........1
Office.com 中的其他目录(M)
自定义目录(C)...
删除目录(R)
将所选内容保存到目录库(S)...

步骤02 弹出一个“目录”对话框，切换到“目录”选项卡，在“格式”下拉列表中选择“正式”选项，在“显示级别”微调框里输入或选择显示级别为“3”，在预览区域可以看到设置后的效果。

步骤03 单击“确定”按钮后，可以看到目录效果同使用内置目录选项创建的效果一样。

创建索引

一般来说，索引项包含各章的主题、文档的标题与子标题、缩写和简称、同义词、专业术语等。

创建索引的方法为：选中需要标记索引项的文本，将文档切换至“引用”选项卡，单击“索引”选项组中的“标记索引项”按钮，弹出“标记索引项”

对话框，对其中的各项内容进行设置，再点击“标记”按钮，最后点击“关闭”按钮即可。

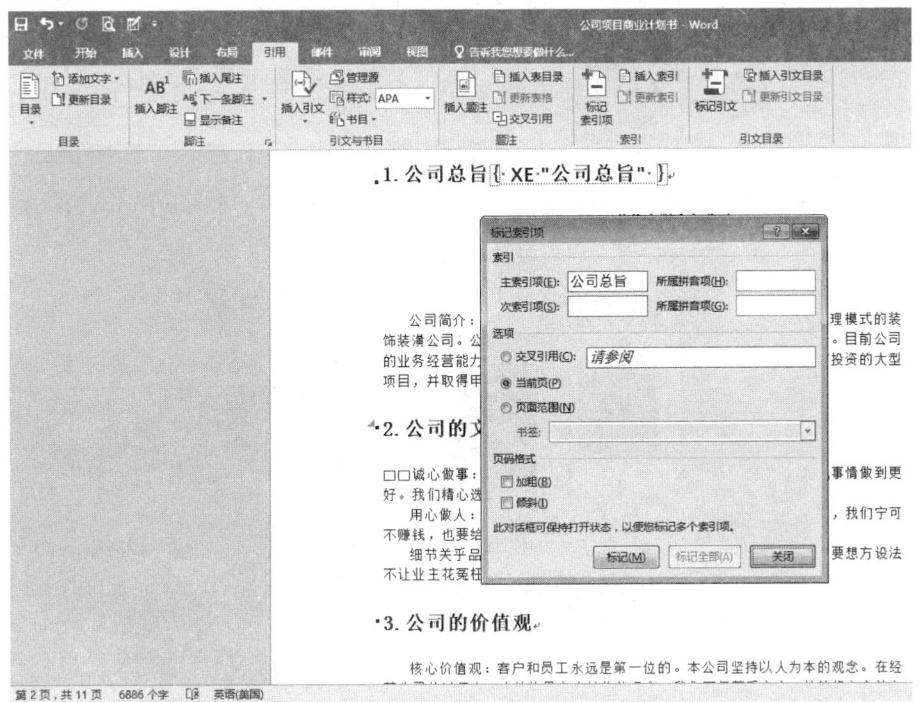

4.1.6 制作商业计划书封面

在Word 2016中，用户如果通过内置的封面模版来设计封面，就会省时省力又高效。另外，用户还可以自己发挥创意来设计封面。下面就给大家详细讲解在Word 2016中制作商业计划书封面的方法。

插入Word 2016内置封面

步骤01 将光标放在扉页第一行，将文档切换至“插入”选项卡，单击“页面”选项组中的“封面”下拉按钮，弹出一个下拉列表。

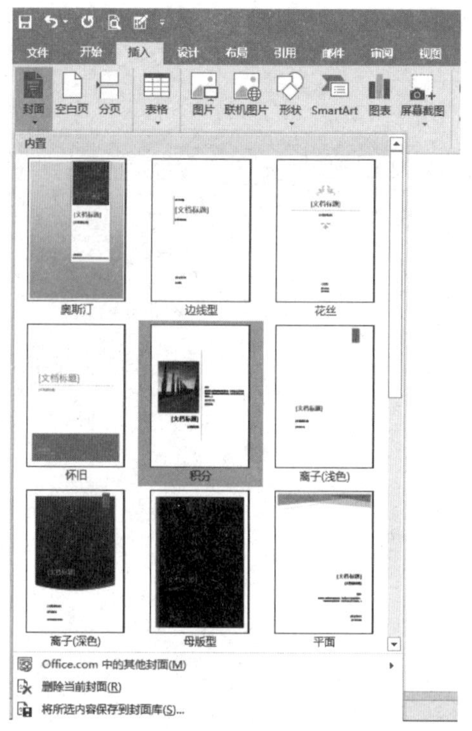

步骤02 从“内置”项列表中选择满意的样式，这样文档里就插入了一个内置封面。用户可在封面上的文本框中输入文字，然后对文字进行设置。效果图如下所示。

小提示：封面里如果不需要添加文字的文本框，我们就可以直接删除这个文本框。

设计商业计划书标题版式

1. 插入矩形文本框

步骤01 将文档切换至“插入”选项卡，在文档开始部分插入一个空白页，点击“插入”选项卡下“插图”选项组中的“形状”下拉按钮，在文档中绘制两个矩形框。

步骤02 分别选中两个矩形框，在“绘图工具-格式”选项卡下的“形状样式”选项组中，选择满意的形状样式。

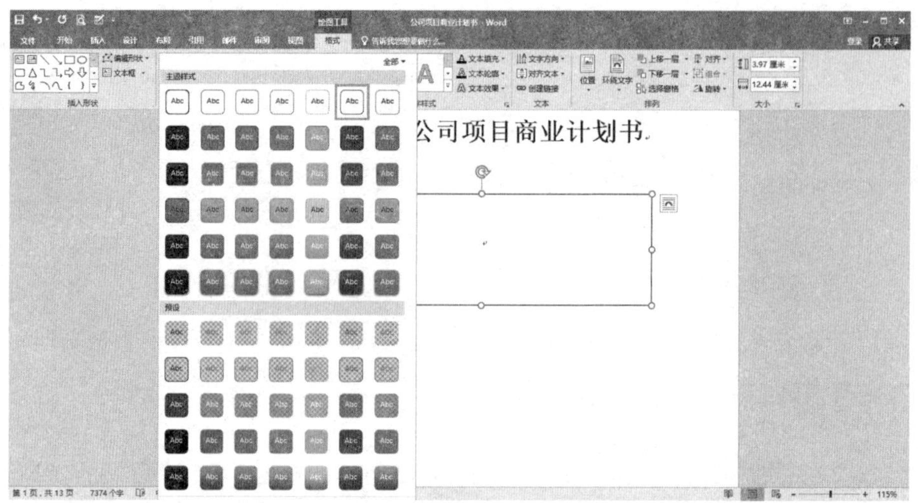

步骤03 选中要编辑的矩形框，单击“形状样式”选项组中的“形状填充”按钮，在弹出的对话框中对矩形框进行设置，然后再分别点击“形状轮廓”和“形状效果”按钮来依次进行设置。

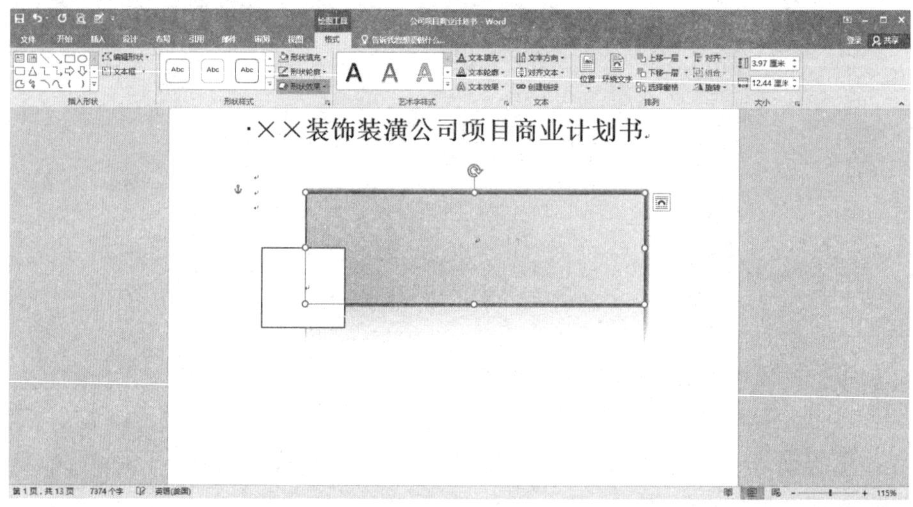

2. 设计商业计划书艺术字形式

步骤01 设计完矩形框之后，在小的矩形框中键入公司logo，在大的矩形框中输入商业计划书标题。

步骤02 选中要编辑的文字，对其字体、字号进行设置。

步骤03 切换到“绘图工具-格式”选项卡，根据需要，利用“艺术字样式”选项组中的各项按钮对文字进行设置。结果如下图所示。

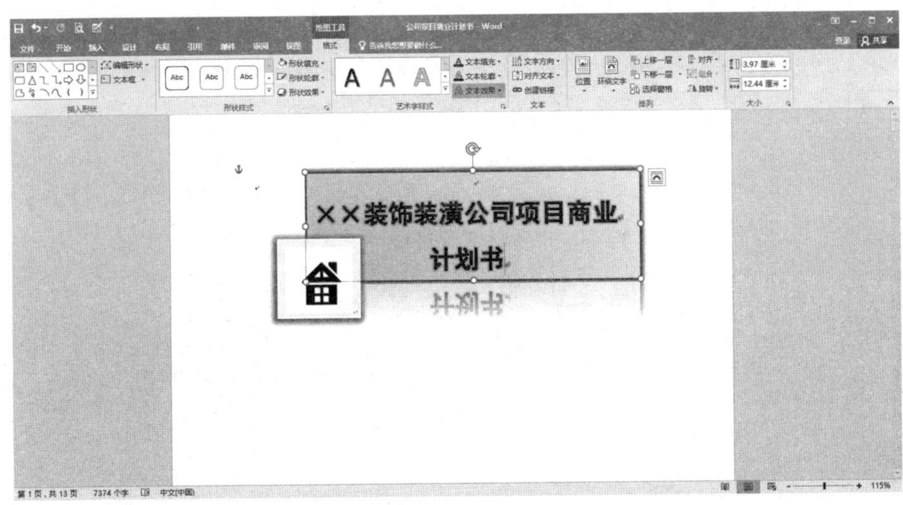

3. 绘制分割线

步骤01 将文档切换至“插入”选项卡，单击“插图”选项组中的“形状”按钮，在下拉列表中选择直线形状，当光标改变后，按住Shift键，用鼠标绘制一条直线。

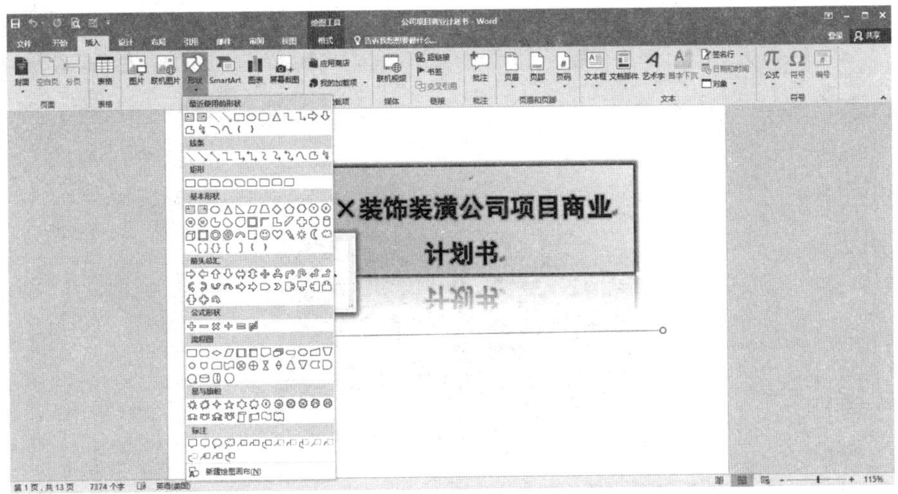

步骤02 选中所绘制的直线，单击鼠标右键，执行菜单中的“设置形状格式”命令，在打开的“设置形状格式”任务窗格中，根据需要设置分割线的宽度和颜色等。

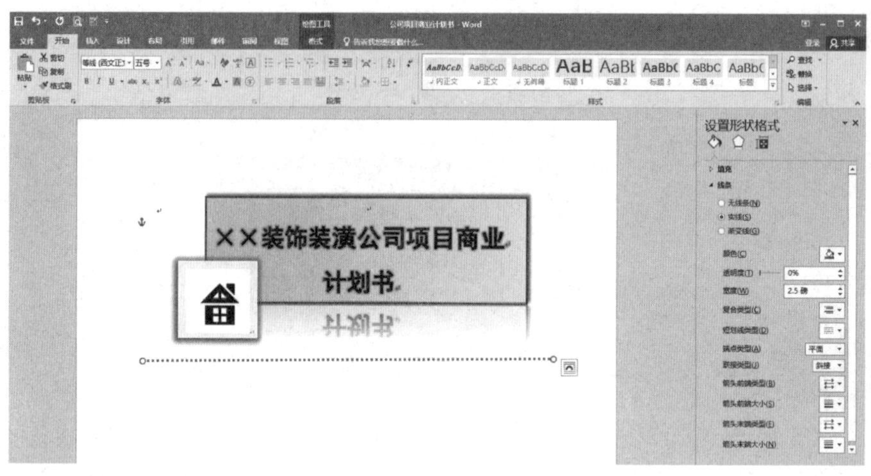

4. 设置封面插图

步骤01 将文档切换至“插入”选项卡，单击“文本”选项组中的“文本框”按钮，从列表中选择一个合适的文本框。

步骤02 将光标置于文本框里，单击“插入”选项卡下“插图”选项组中的“图片”按钮，从列表中选择插入满意的图片。

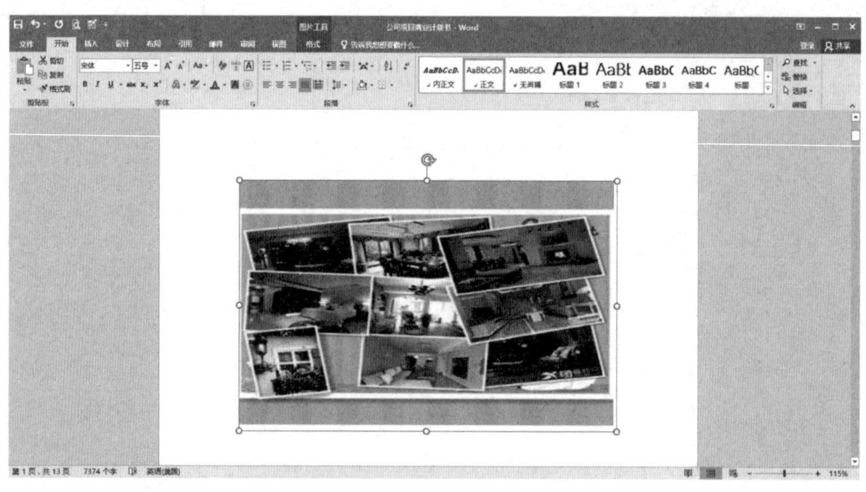

步骤03 选中要编辑的图片，单击鼠标右键，执行菜单中的“设置图片格式”命令，在打开的“设置图片格式”任务窗格中，分别对“阴影”“映像”“柔化边缘”“艺术效果”等进行设置。

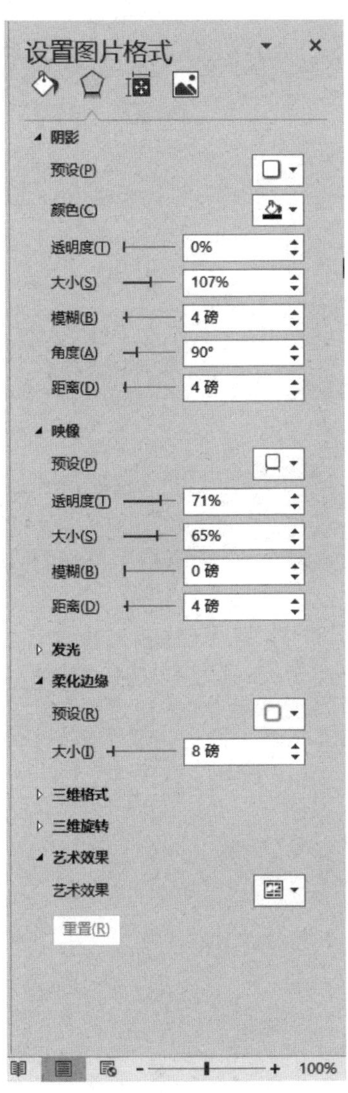

Part2
Excel办公应用篇

Chapter 05 工作表的基本操作流程

5.1 制作员工通讯录

公司行政人员一般必须会制作公司员工通讯录。员工通讯录的作用无非是方便及时联络到公司内部员工，也为员工之间的交流沟通创造了条件。使用Excel 2016的表格功能就能轻松快速地完成员工通讯录的制作。下面就介绍用Excel制作公司员工通讯录的基本操作流程。

5.1.1 创建工作簿

新建工作簿

制作公司员工通讯录的第一步，就是要创建一个Excel空白工作簿。具体创建方法有以下几种。

（1）启动自动创建。

步骤01 启动Excel 2016后，在打开的界面单击右侧的“空白工作簿”选项。

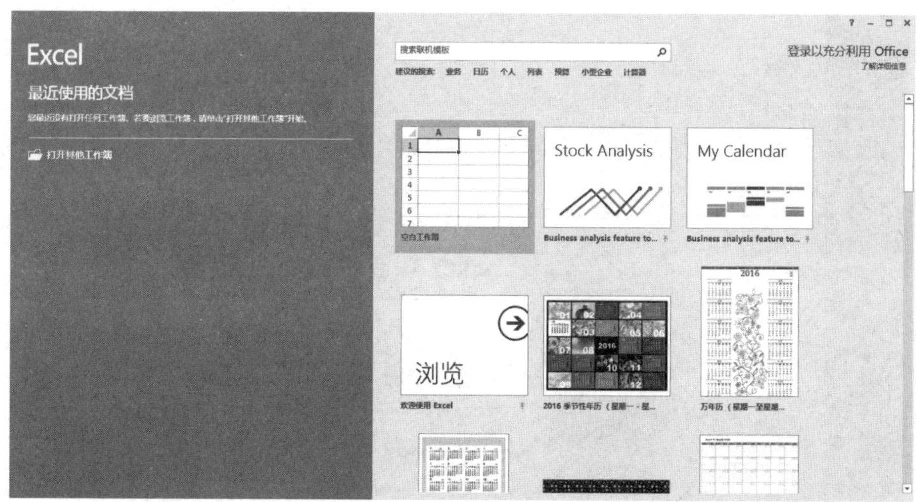

步骤02 系统会自动创建一个名为“工作簿1”的空白工作簿。

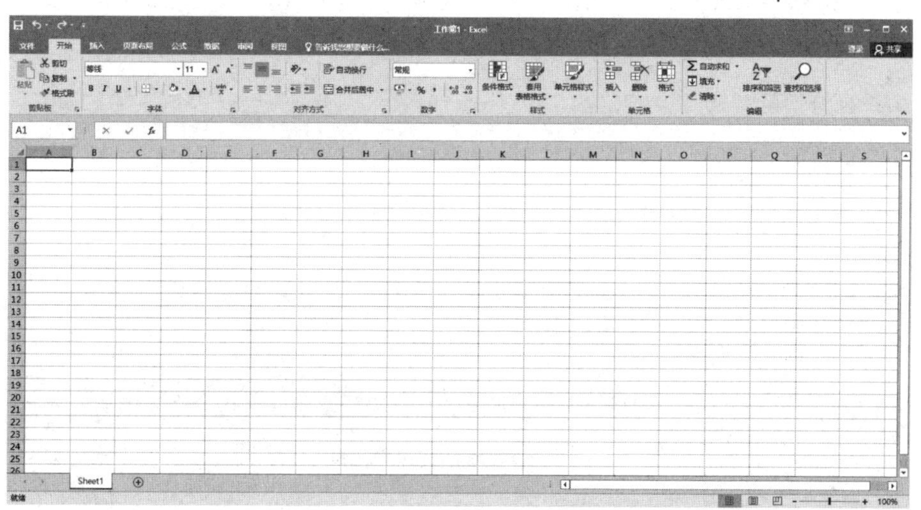

（2）使用“文件”选项卡创建工作簿。如果已经启动了Excel，可以单击“文件”选项卡，从弹出的下拉列表中选择“新建”选项，单击右侧“新建”区域中的“空白工作簿”选项，即可创建一个空白工作簿。

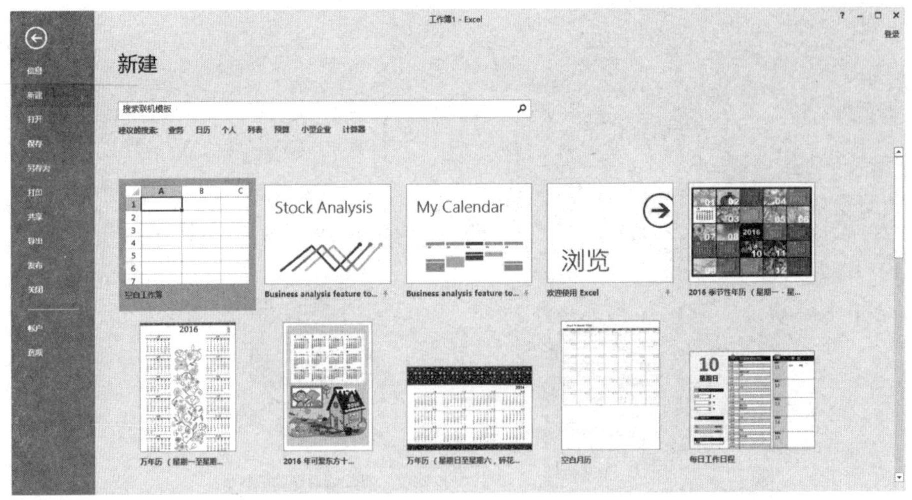

（3）用模板创建工作簿。

步骤01 在Excel界面单击“文件”选项卡，从弹出的下拉列表中选择“新建”选项，在右侧的“新建”区域内有很多工作簿模板，用户可以根据需要从中选择合适的模板。

步骤02 选中合适的模板后，单击此模板，会弹出一个对话框，单击“创建”按钮，即可创建新的工作簿。

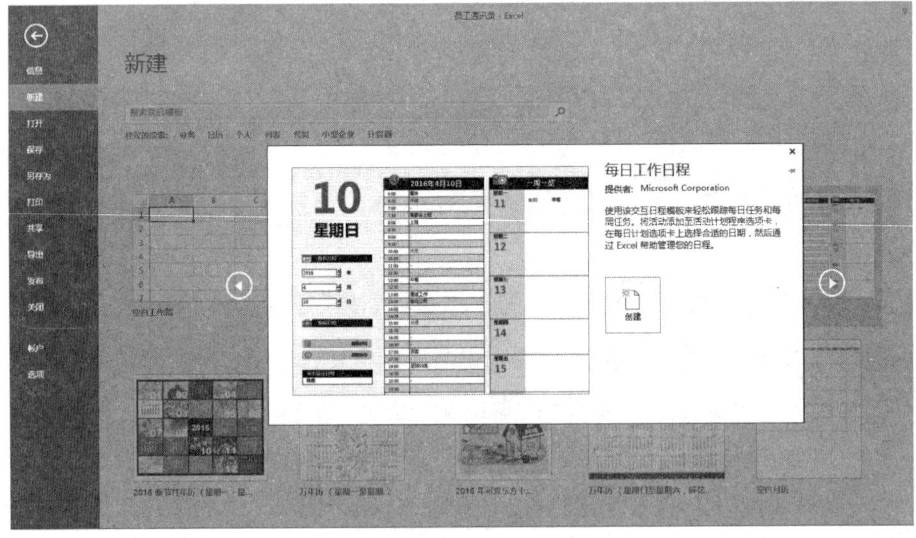

重命名工作簿

先切换到“文件”选项卡，单击下拉列表中的“保存”选项，在右侧“另存为”区域中双击“这台电脑”选项，弹出“另存为”对话框，在“文件名”文本框里输入文件新名，最后单击“保存”按钮，文件名就变了。

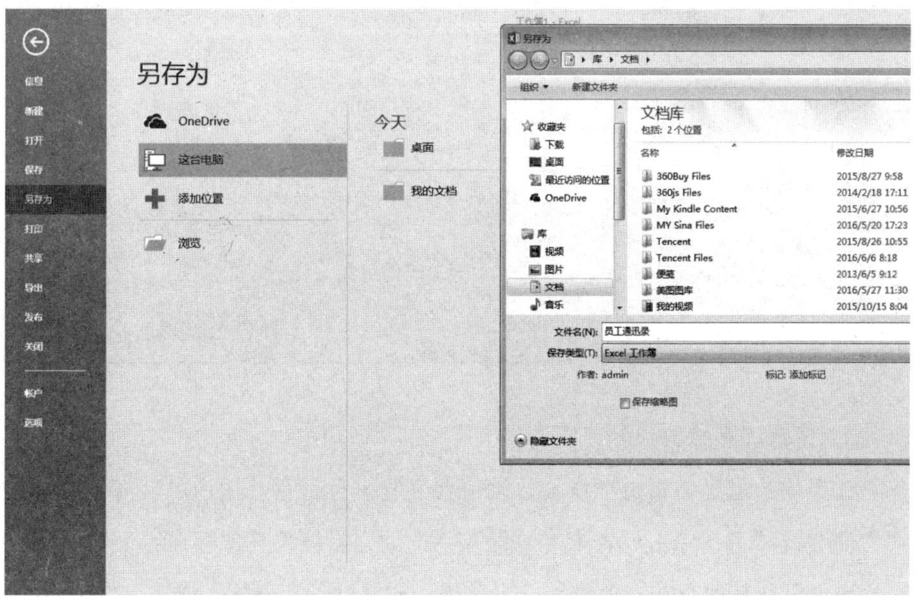

保存工作簿

1. 保存新建的工作簿

首先切换至“文件”选项卡，在弹出的下拉列表中选择“保存”选项，在右侧“另存为”区域中双击“这台电脑”选项，弹出一个“另存为”的对话框。用户可在滑条左侧选择要保存的路径和位置，在“文件名”文本框中输入要保存的文件名，最后点击“保存”按钮即可。

2. 保存已有的工作簿

如果用户已经编辑过工作簿，则需要对它进行保存。用户可以直接切换到“文件”选项卡，单击列表中的“保存”选项，就能将其保存在原来的位置。用户也可以将其保存在其他位置，具体操作方法同保存新建工作簿一样。

3. 自动保存工作簿

自动保存可以在断电或死机的情况下，最大限度地保护用户的工作内容。在Excel 2016中，用户可以这样来设置自动保存：将工作簿切换至“文件”选项卡，从下拉列表中选择“选项”选项，在弹出的“Excel选项”对话框中，点击左侧列表栏中的“保存”选项，在“保存工作簿”组合框中，选择正确的保存格式，微调“保存自动恢复信息时间间隔”，最后单击“确定”按钮即可。

保护工作簿

1. 保护工作簿的结构

步骤01 将工作簿切换到“审阅”选项卡，单击“更改”选项组中的“保护工作簿”按钮。

步骤02 弹出“保护结构和窗口”对话框，选中“结构”复选框，在文本框中输入密码，再单击“确定”按钮。

步骤03 弹出“确认密码”对话框，在文本框中输入相同的密码，然后单击“确定”按钮即可。

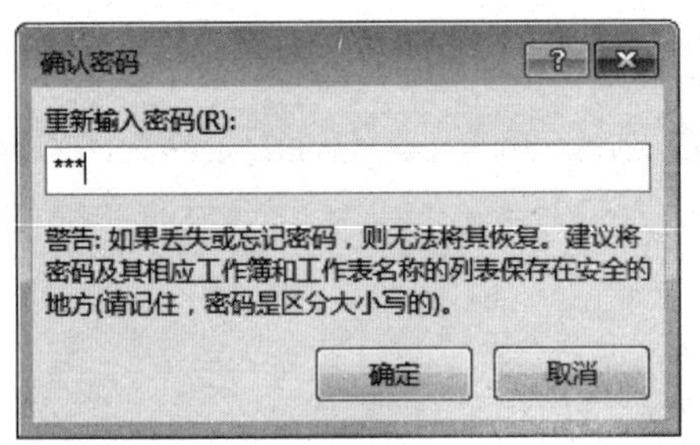

2. 设置打开工作簿的密码

步骤01 单击“文件”选项卡，在左侧列表中选择“另存为”选项，在右侧区域双击“这台电脑”选项，设置完保存路径后，再单击右下角的“工具”按钮，选择“常规选项”选项。

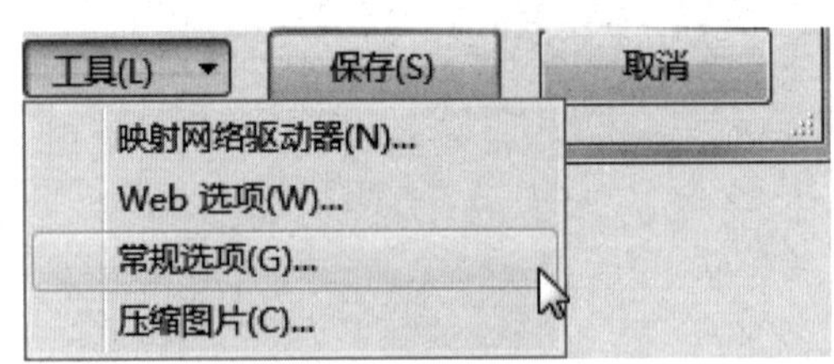

步骤02 在打开的“常规选项”对话框中分别设置“打开权限密码”和“修改权限密码”，然后选中“建议只读”复选框，再单击“确定”按钮。

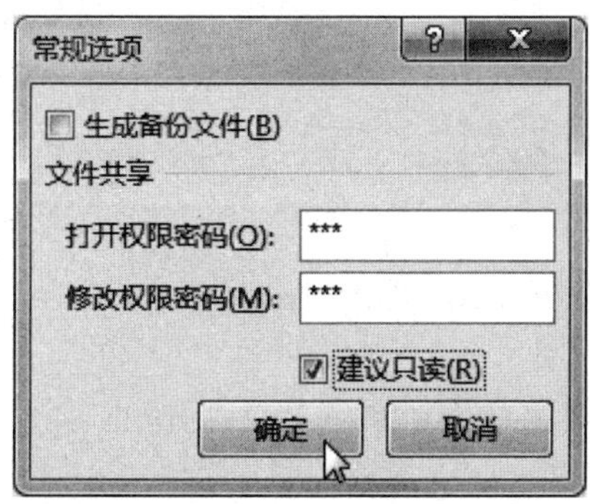

步骤03 弹出“确认密码”对话框，在“重新输入密码”文本框中再重新输入一遍密码，单击“确定”按钮。

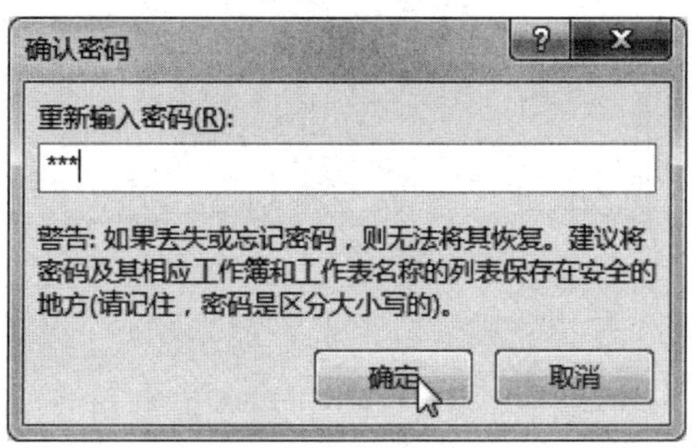

步骤04 再次弹出一个“确认密码”对话框，在“重新输入修改权限密码”的文本框中重新输入密码，点击“确定”按钮。

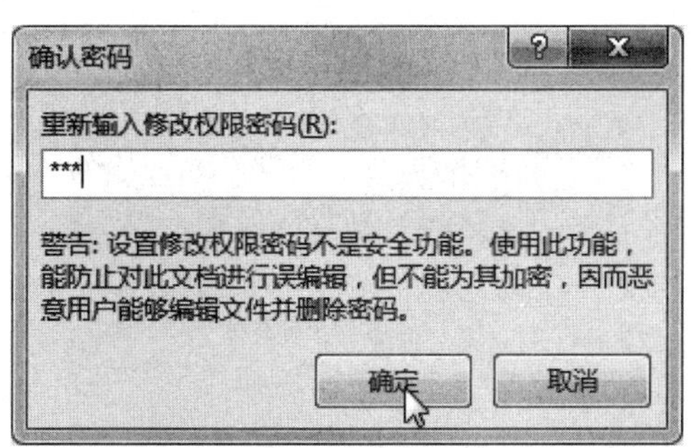

步骤05 返回“另存为”对话框，单击“保存”按钮，在弹出的“确认另存为”对话框中点击“是”按钮。

步骤06 再次打开该工作簿，系统会自动弹出“密码”对话框，用户输入设置好的密码后，单击“确定”按钮，系统会另外再弹出“密码”对话框，用户再次输入相同的密码，点击“确定”按钮即可。

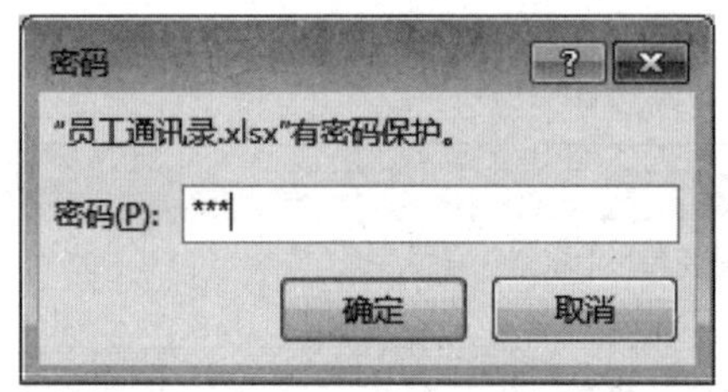

步骤07 这时会弹出一个提示对话框，提示用户是否用“只读”方式打开。这时需要点击“否”按钮，用户就可以继续编辑此工作簿了。

取消保护工作簿

1. 取消对工作簿结构的保护

步骤01 将工作簿切换到“审阅”选项卡，单击“更改”选项组中的“保护工作簿”按钮。

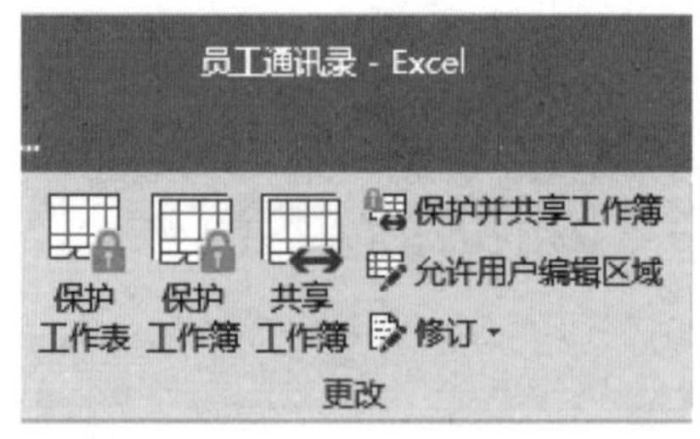

步骤02 弹出“撤销工作簿保护”对话框，用户可以在对话框中输入密码，单击“确定”按钮便可以撤销。

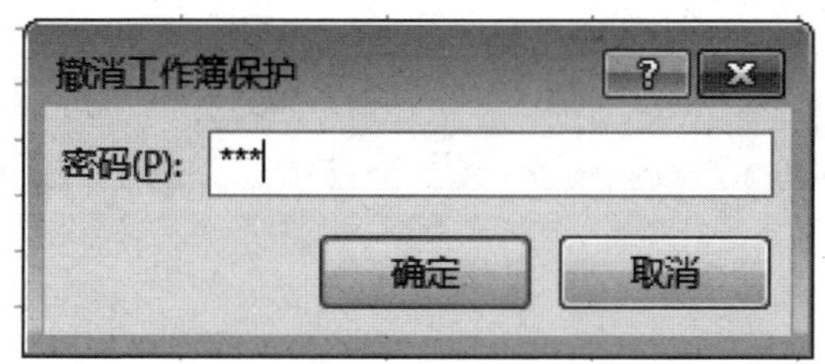

2. 取消对工作簿的保护

步骤01 切换到“文件”选项卡，单击列表中的“另存为”选项，双击“这台电脑”选项，弹出“另存为”对话框，单击右下角的“工具”按钮，从弹出的下拉列表中选择“常规”选项，会弹出一个“常规选项”对话框，将“打开权限密码”和“修改权限密码”中的密码删除，不勾选“建议只读”复选框。单击“确定”按钮，返回“另存为”对话框，单击“保存”按钮。

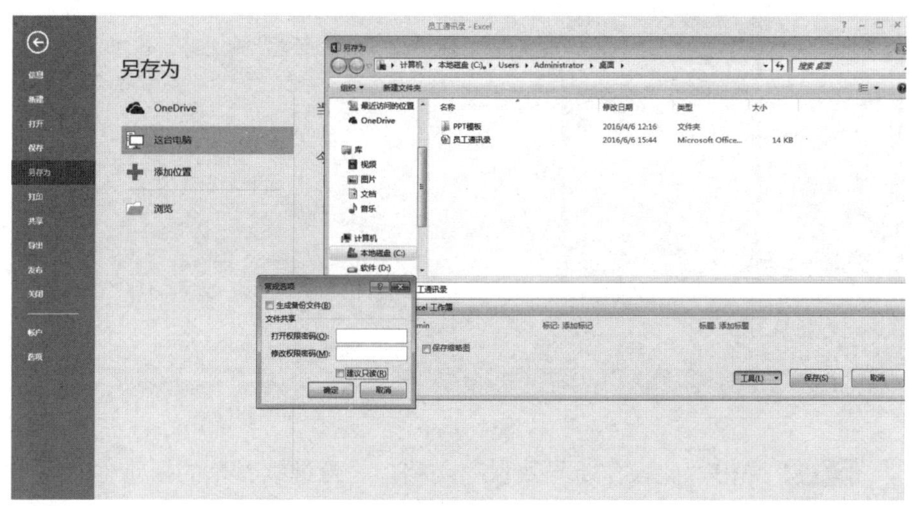

步骤02 弹出“确认另存为”提示框，单击“是”按钮，用户之前对工作簿所设置的保护功能即被撤销。

共享工作簿

用户如果想实现对多个用户信息的录入，可以选择“共享工作簿”的模式。具体操作方法如下。

步骤01 将工作簿切换到“审阅”选项卡，单击“更改”选项组中的“共享工作簿”按钮，会弹出一个“共享工作簿”对话框，切换到“编辑”选项卡，勾选“允许多用户同时编辑，同时允许工作簿合并”复选框，单击“确定”按钮。

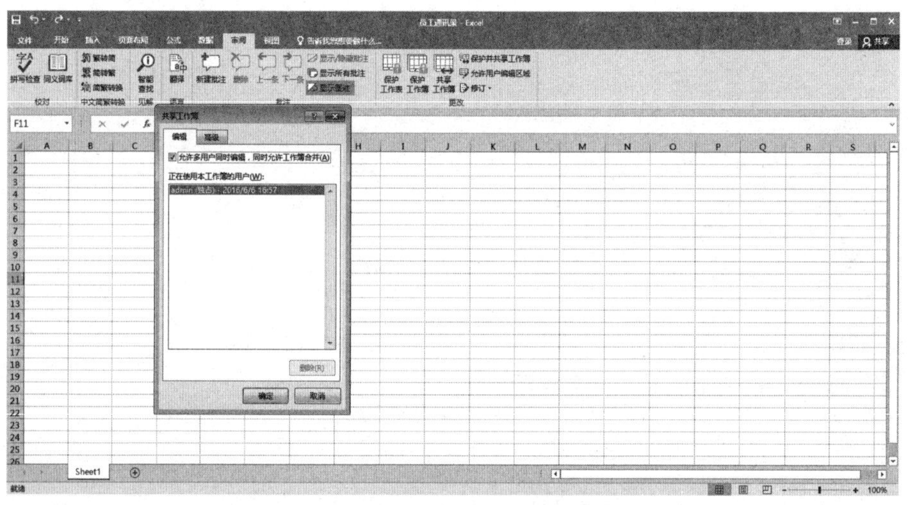

步骤02 弹出“此操作将导致保存文档。是否继续？”的提示框，单击“确定”按钮即可完成对当前工作簿的共享。

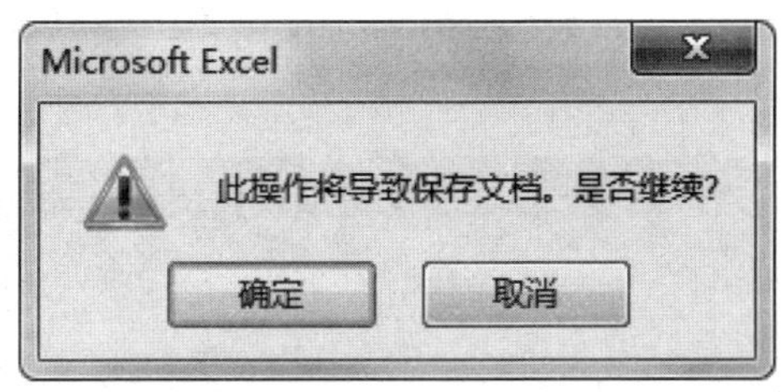

小提示：用户如果想取消共享工作簿，只需要在“共享工作簿”对话框里“编辑”选项卡中取消选中“允许多用户同时编辑，同时允许工作簿合并”复选框就可以了。

5.1.2　输入通讯录表格内容

创建工作簿之后，用户就可以在工作簿中输入文本内容了。下面我们以员工通讯录为例，详细讲解Excel表格的文本内容输入流程。

输入表头文字

将光标放在需要输入文字的单元格内，直接输入即可。

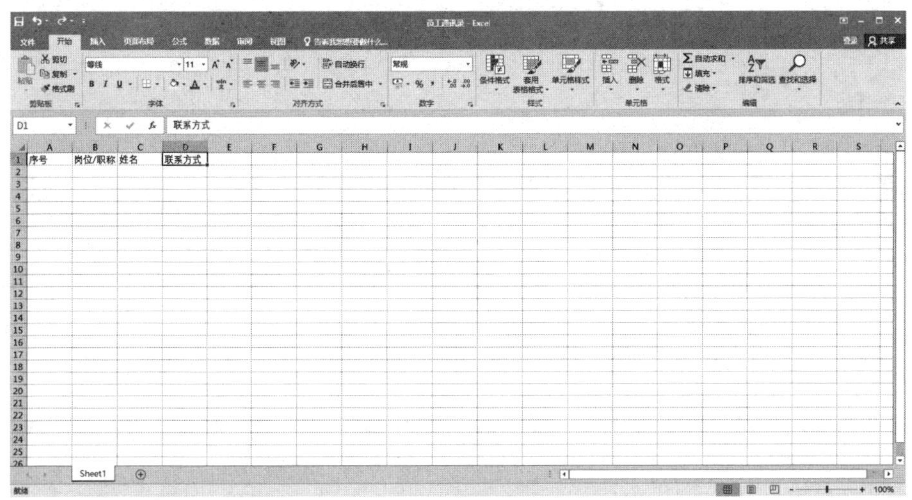

根据内容调整列宽

选中B列，将光标移至B列和C列之间的分隔线上，按住鼠标左键，向右拖动到合适位置时，释放鼠标即可。结果如下图所示。

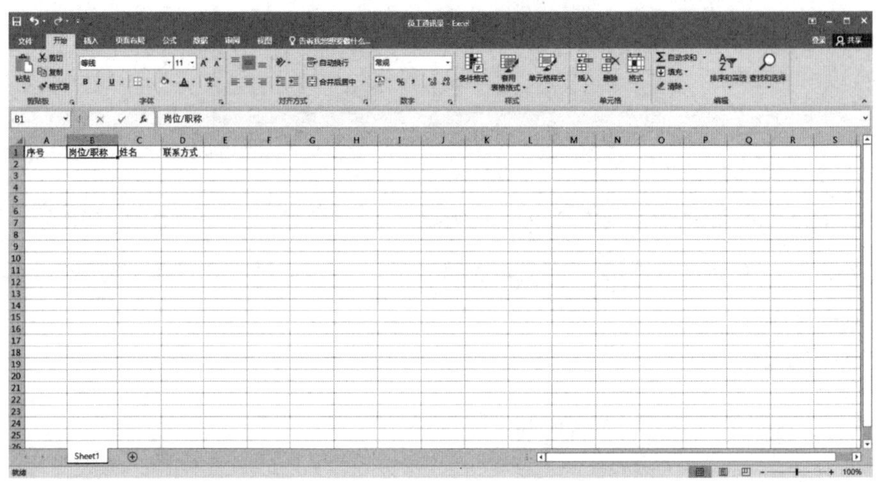

输入单元格内容

（1）直接输入。选中需要输入内容的单元格，将光标放在单元格内，直接输入即可。

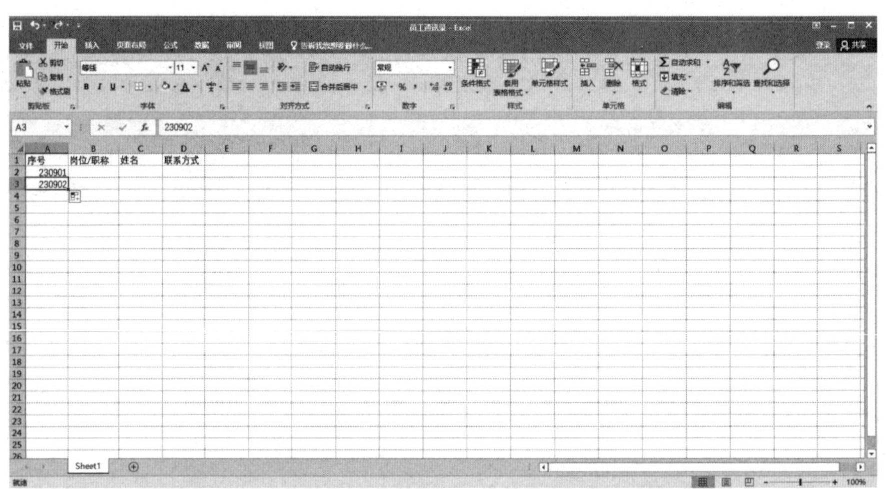

（2）控制点输入法。填充序列数据时，如果逐个输入会比较麻烦，大家可以用Excel 2016的数据填充功能来快速输入。我们以A列单元格的填充为例来进行讲解。

步骤01 选中A1和A2单元格，将光标移至A3单元格的右下角，待光标转换成十字形状。

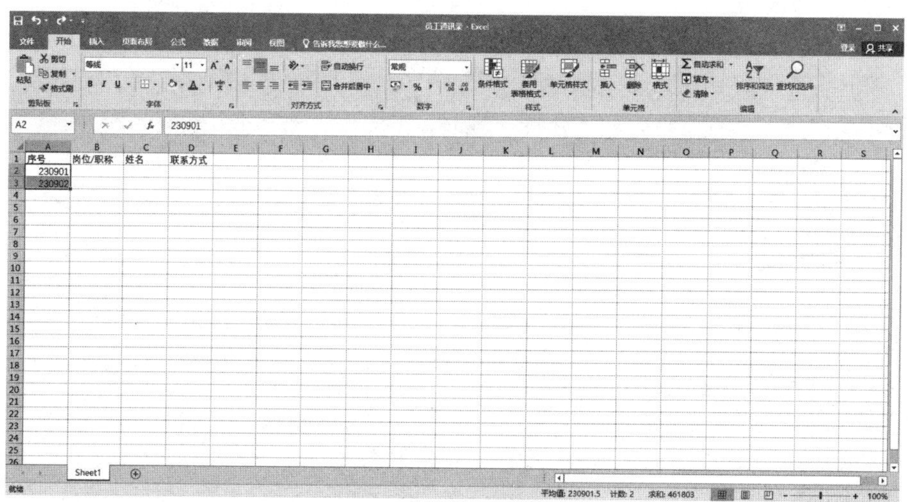

步骤02 按住鼠标左键，拖动该控制点至本列第15行，释放鼠标，系统会自动完成数据的填充。

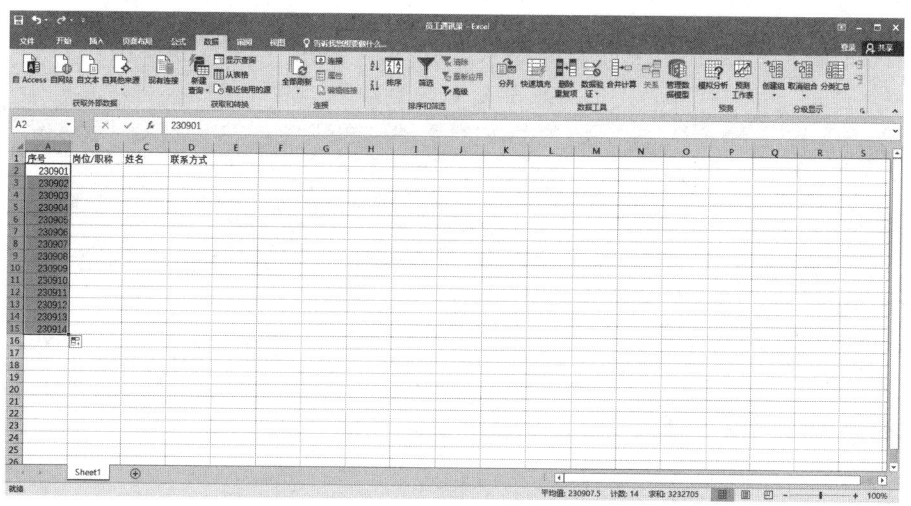

（3）复制单元格输入法。如果要输入的内容相同，我们可以采用复制单元格输入法来快速输入。我们以B列内容的填充为例来进行讲解。

步骤01 在B2单元格中输入内容“人力资源部”，然后将光标移至单元格右下角，按住鼠标左键不放，拖动该角点至相应位置后释放鼠标，此时，系统将自动填充相应的内容。

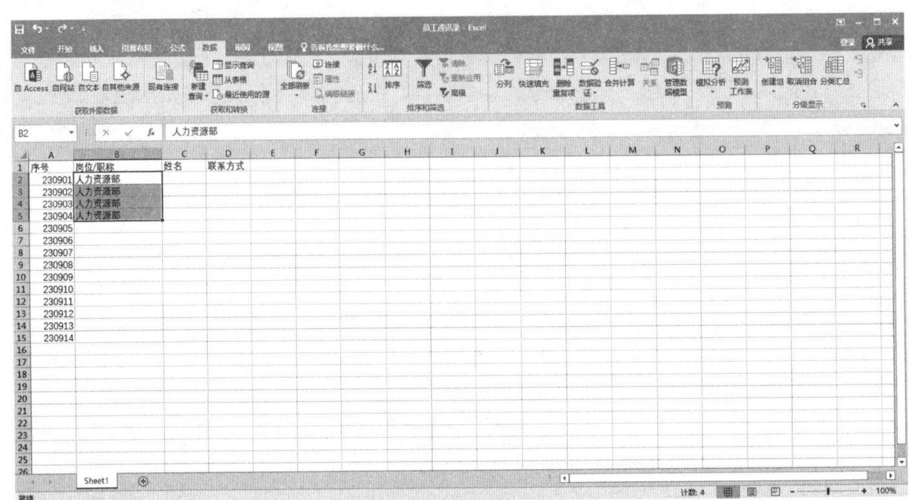

序号	岗位/职称	姓名	联系方式
230901	人力资源部		
230902	人力资源部		
230903	人力资源部		
230904	人力资源部		
230905			
230906			
230907			
230908			
230909			
230910			
230911			
230912			
230913			
230914			

步骤02 我们用这种方法填充其他单元格的相应内容，会大大提升工作效率。

最后，完成C列和D列内容的输入。结果如下图所示。

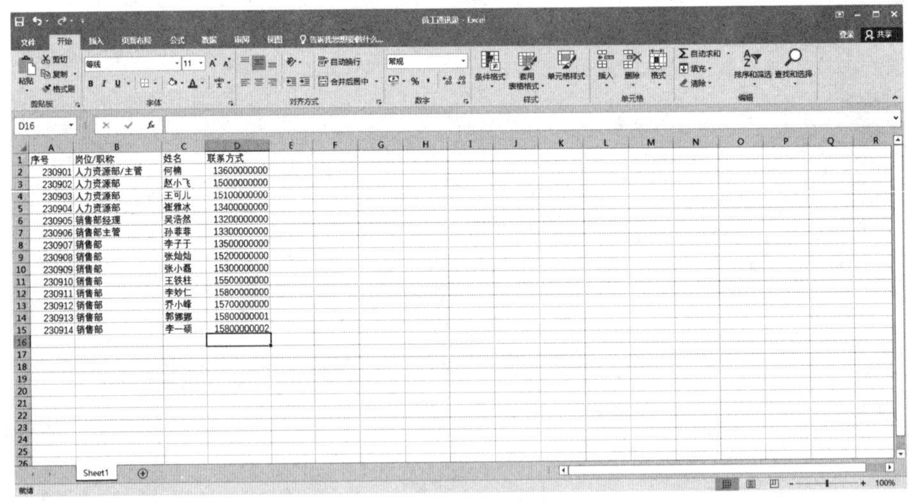

序号	岗位/职称	姓名	联系方式
230901	人力资源部/主管	何楠	13600000000
230902	人力资源部	赵小飞	15000000000
230903	人力资源部	王可儿	15100000000
230904	人力资源部	崔雅冰	13400000000
230905	销售部经理	吴浩然	13200000000
230906	销售部主管	孙菲菲	13300000000
230907	销售部	李子于	13500000000
230908	销售部	张灿灿	15200000000
230909	销售部	张小磊	15300000000
230910	销售部	王铁柱	15500000000
230911	销售部	李妙仁	15800000000
230912	销售部	乔小峰	15700000000
230913	销售部	郭娜娜	15800000001
230914	销售部	李一硕	15800000002

5.1.3　编辑Excel的基本操作

工作簿内容输入完成之后，有时我们会根据需要对工作簿内容进行编辑和调整，比如，插入或删除单元格、插入行或列、设置工作簿样式等。下面就详细介绍下编辑工作簿的一些简单流程。

插入行与列

1. 插入行

步骤01 选中工作簿首行内容，单击“开始”选项卡下“单元格”选项组中的“插入”下拉按钮，从列表中选择“插入工作表行”选项。

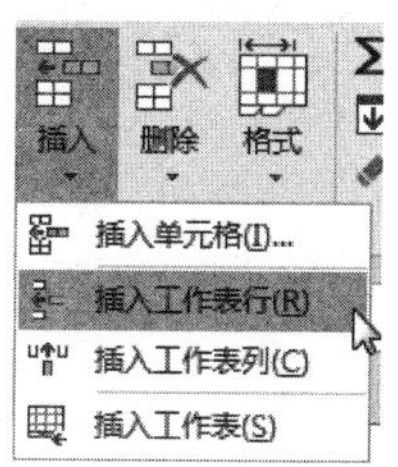

步骤02 设置完成后，被选中的单元格上方就会添加新的空白行，如下图所示的第1行。

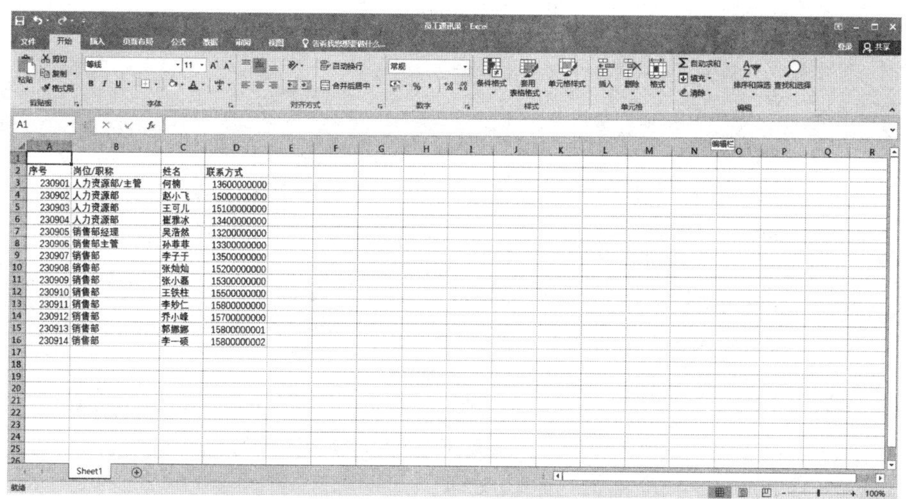

步骤03 在这个新的空白行中输入标题内容“××公司员工通讯录”。

2. 插入列

步骤01 在工作簿中，选择要插入“单元列”的位置，单击“开始”选项卡下“单元格”选项组中的“插入”下拉按钮，从列表中选择“插入工作表列”选项。

步骤02 设置完成后，在被选插入单元列的位置就会添加新的空白列，如下图所示的D列。

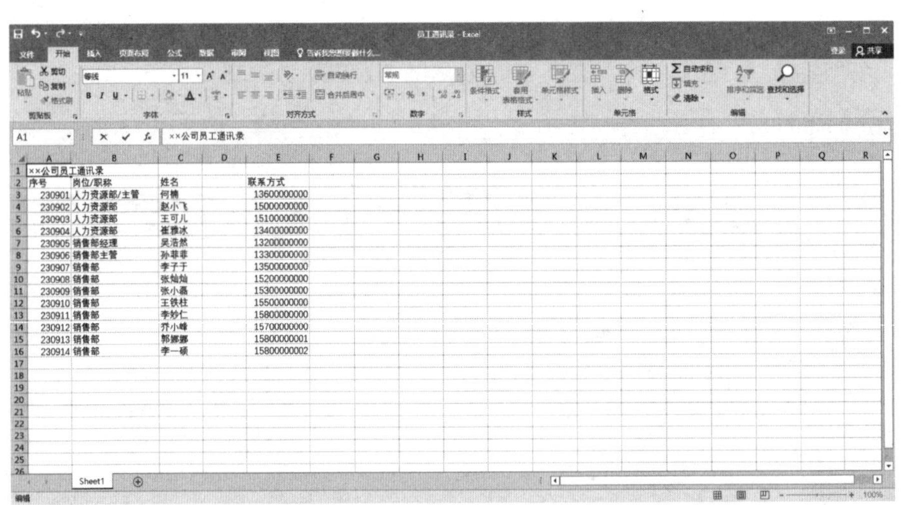

删除行与列

删除行与列的方法一样。这里以删除D列为例讲下删除列的方法。

步骤01 选中要删除的D列，点击鼠标右键，从弹出的菜单中选择“删除”选项。

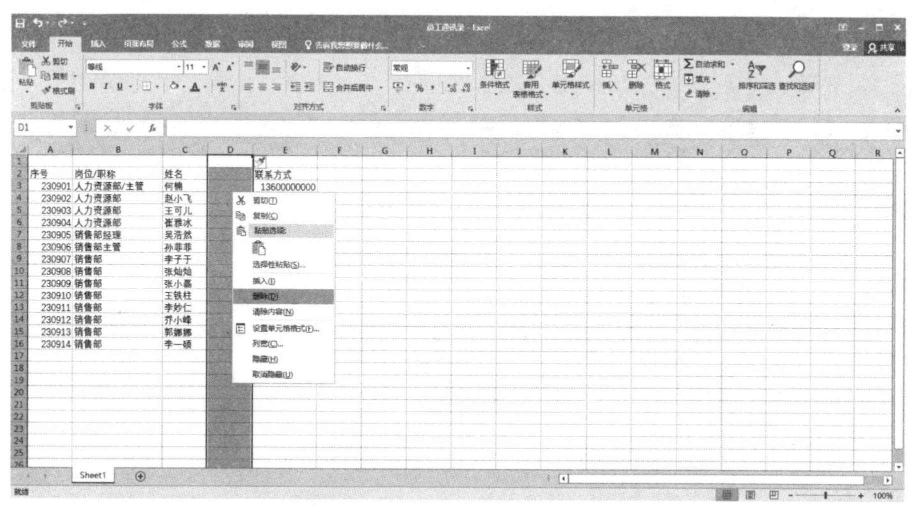

步骤02 弹出“删除”对话框，勾选“整列”单选框，点击“确定”按钮，即可删除D列。

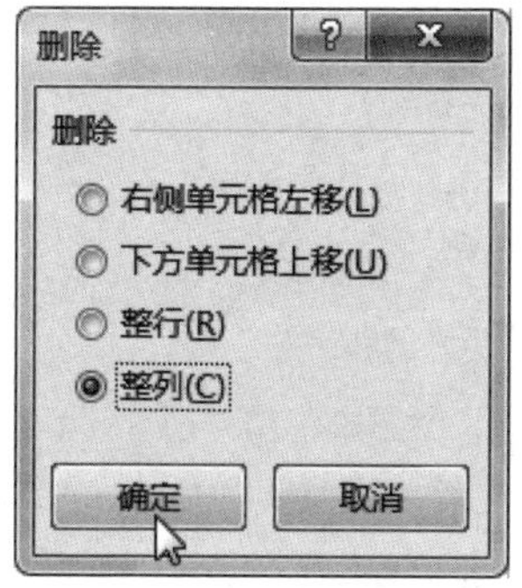

合并单元格

选中需要合并的区域，比如选中A1:D1，单击“对齐方式”选项组中的“合并后居中”按钮，合并标题行。结果如下图所示。

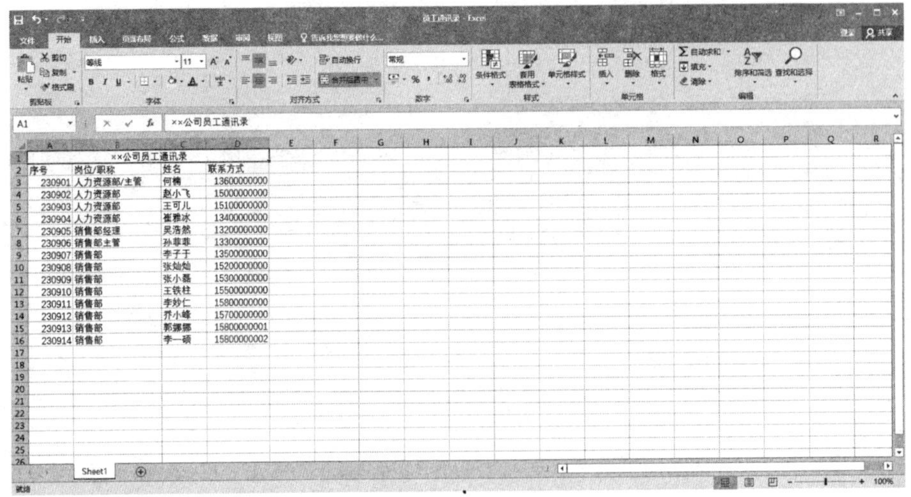

××公司员工通讯录			
序号	岗位/职称	姓名	联系方式
230901	人力资源部/主管	何楠	13600000000
230902	人力资源部	赵小飞	15000000000
230903	人力资源部	王可儿	15100000000
230904	人力资源部	崔雅冰	13400000000
230905	销售部经理	吴浩然	13200000000
230906	销售部主管	孙菲菲	13300000000
230907	销售部	李子于	13500000000
230908	销售部	张灿灿	15200000000
230909	销售部	张小磊	15300000000
230910	销售部	王铁柱	15500000000
230911	销售部	李妙仁	15800000000
230912	销售部	乔小峰	15700000000
230913	销售部	郭娜娜	15800000001
230914	销售部	李一硕	15800000002

插入或删除工作表

1. 插入工作表

在使用Excel 2016的过程中，有时需要插入新的工作表。插入工作表的方法有以下几种。

（1）使用快捷菜单插入工作表。

步骤01 打开原始Excel工作表，在工作表标签Sheet1上单击鼠标右键，从弹出的菜单中选择“插入”选项。

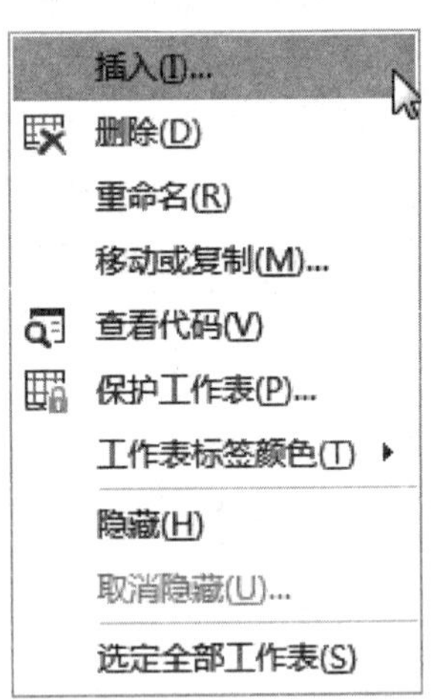

步骤02 弹出“插入”对话框，切换到“常用”选项卡，双击“工作表”图标或单击“确定”按钮。

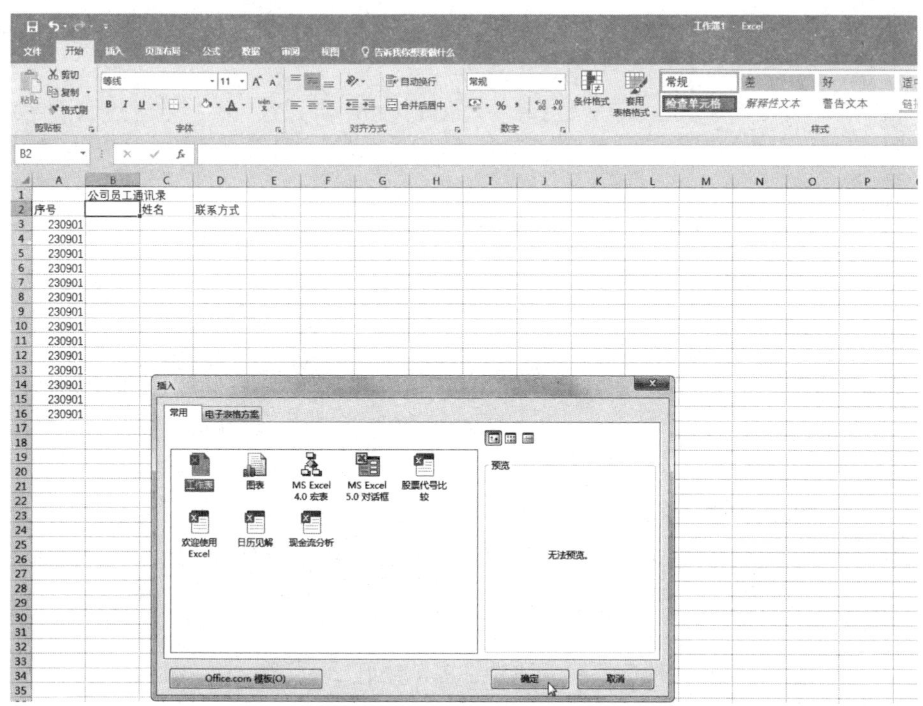

步骤03 此时在工作表Sheet1的左侧插入了名为Sheet2的新建工作表。

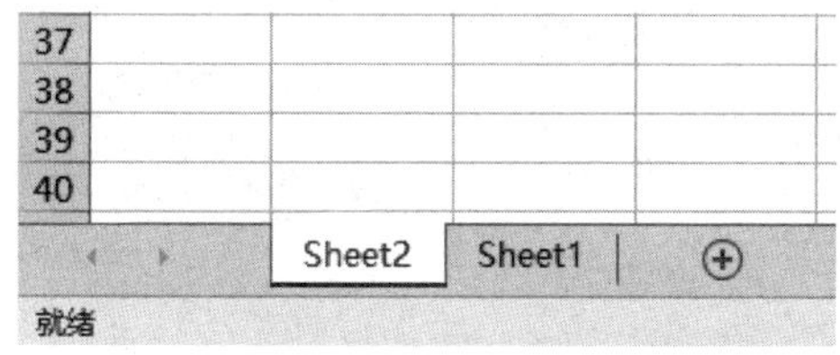

（2）使用“新工作表”按钮。在打开的Excel文件中，单击“新工作表”按钮⊕，这时在新建工作表Sheet2的右侧就会插入一个新的工作表Sheet3。

2. 删除工作表

选中需要删除的工作表标签，比如Sheet3，单击鼠标右键，从弹出的菜单中执行“删除”命令即可。

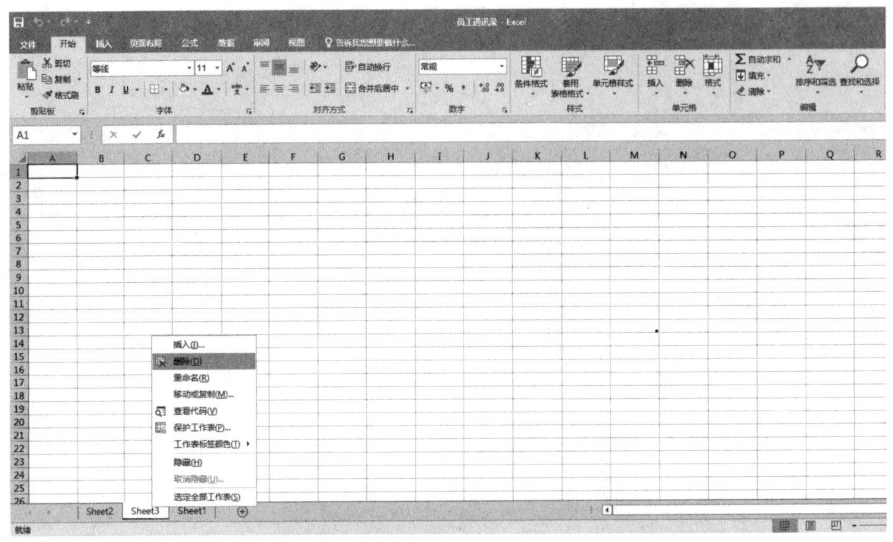

重命名工作表

在默认状态，工作表的名称为Sheet1、Sheet2、Sheet3等。用户也可根据实际需要为工作表重命名。具体做法如下。

步骤01 将鼠标光标放在需要重新命名的工作表标签上，比如Sheet1，单击鼠标右键，从弹出的菜单中选择“重命名”选项。

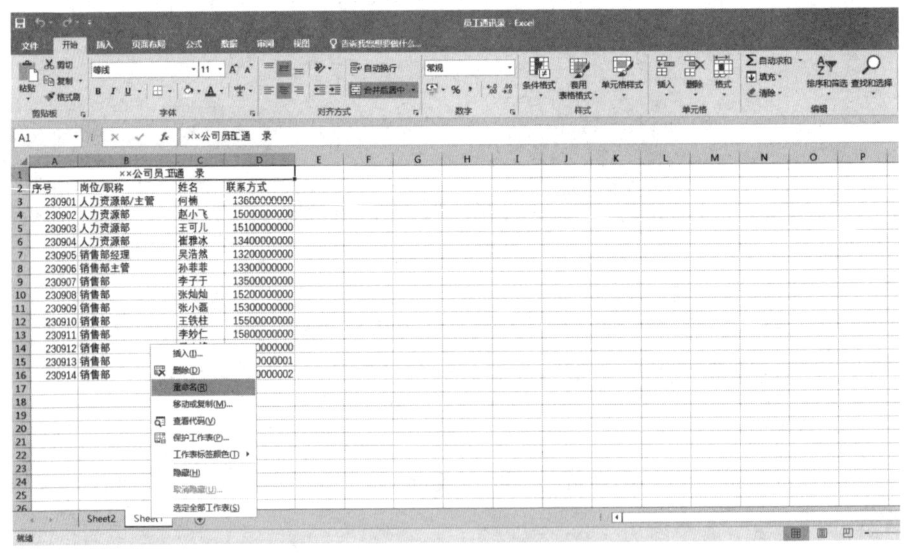

步骤02 工作表标签Sheet1便处于可编辑状态。用户可以在其中输入工作表名称，最后按Enter键即可。

5	230903	人力资源部	王可儿	15100000000		
6	230904	人力资源部	崔雅冰	13400000000		
7	230905	销售部经理	吴浩然	13200000000		
8	230906	销售部主管	孙菲菲	13300000000		
9	230907	销售部	李子于	13500000000		
10	230908	销售部	张灿灿	15200000000		
11	230909	销售部	张小磊	15300000000		
12	230910	销售部	王铁柱	15500000000		
13	230911	销售部	李妙仁	15800000000		
14	230912	销售部	乔小峰	15700000000		
15	230913	销售部	郭娜娜	15800000001		
16	230914	销售部	李一硕	15800000002		
17						
18						
19						
20						
21						
22						
23						
24						
25						
26						

Sheet2　××公司员工通讯录

就绪

移动和复制工作表

1. 同一工作簿中的移动和复制

步骤01 打开Excel工作表原始文件，在要移动的工作表标签上单击鼠标右键，从弹出的菜单中选择“移动或复制”选项。

步骤02 在弹出的“移动或复制工作表”对话框中选择要插入的位置。（如果要复制工作表，则需勾选“建立副本”复选框。）

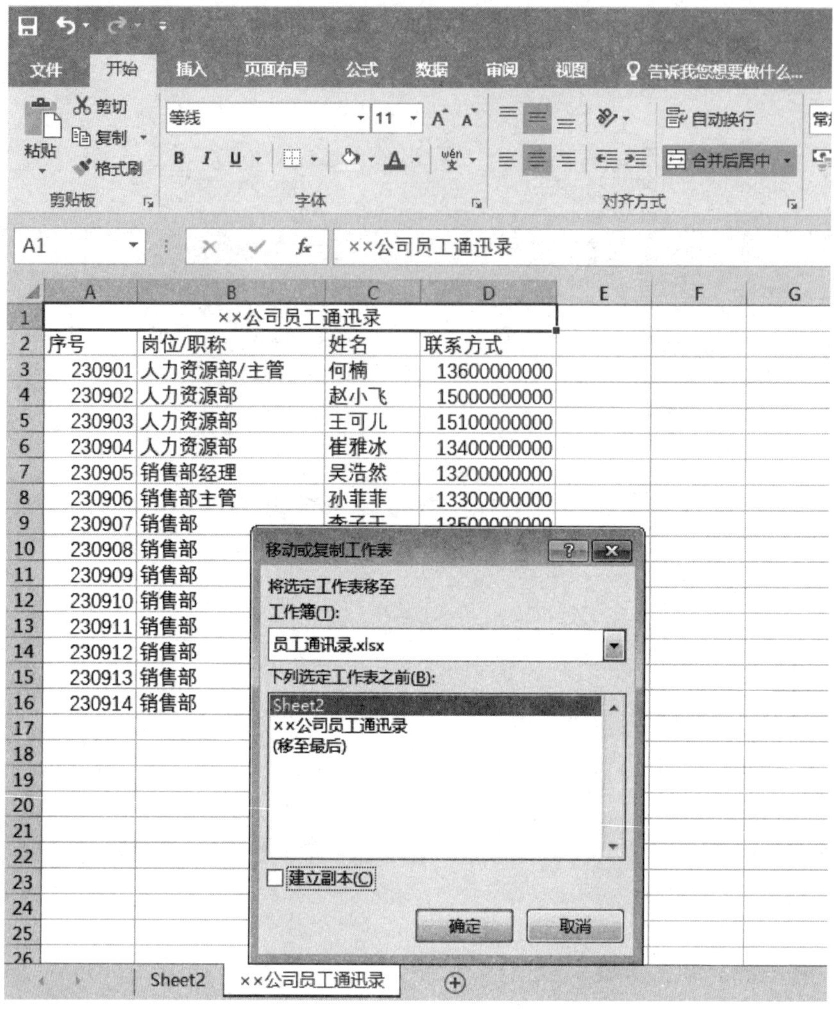

步骤03 单击“确定”按钮，工作表“××公司员工通讯录”就会被移到指定位置。（如果勾选了“建立副本”复选框，那么工作表“××公司员工通讯录”的副本就会被复制到指定位置。）

2. 不同工作簿中的移动和复制

步骤01 在工作表标签“××公司员工通讯录”上单击鼠标右键，从弹出的菜单中选择“移动或复制”选项，弹出“移动或复制工作表”的对话框，在“将选定工作表移至工作簿”下拉列表中选择要移动的目标位置，如选“(新工作簿)”。

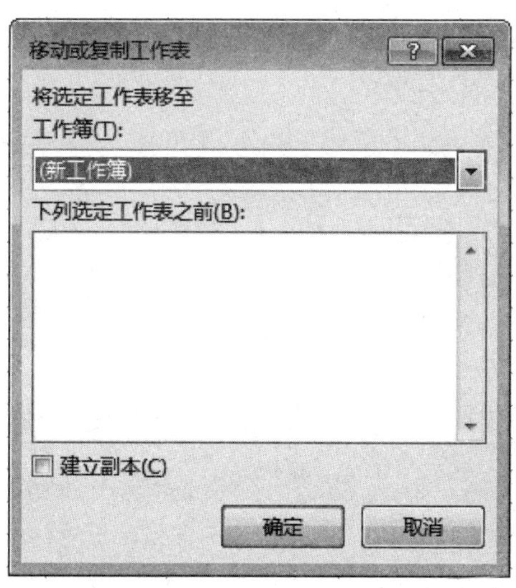

步骤02 单击“确定”按钮，此时，“××公司员工通讯录”这个工作表就被移动到了一个新的名为“工作簿1”的工作簿中。

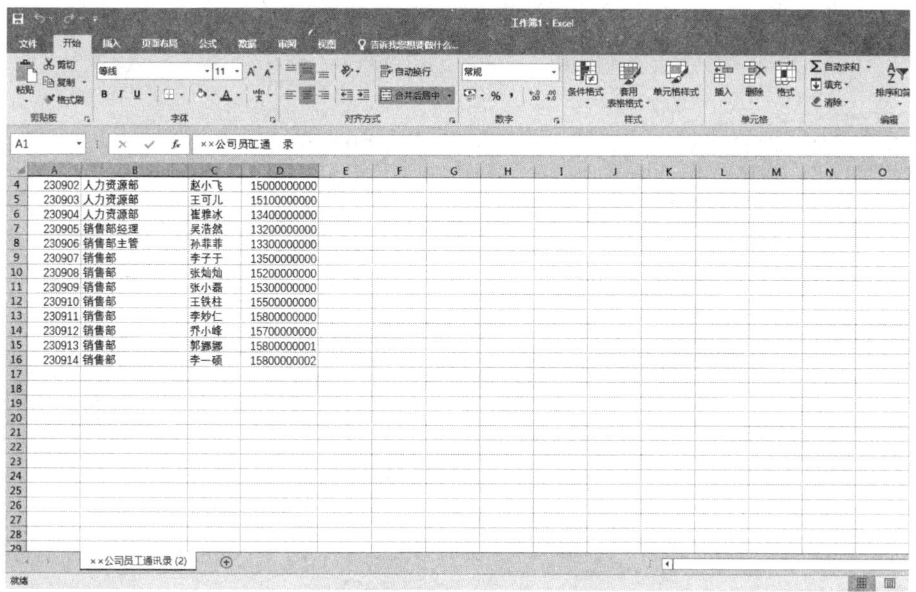

	A	B	C	D
4	230902	人力资源部	赵小飞	15000000000
5	230903	人力资源部	王可儿	15100000000
6	230904	人力资源部	崔雅冰	13400000000
7	230905	销售部经理	吴浩然	13200000000
8	230906	销售部主管	孙菲菲	13300000000
9	230907	销售部	李子于	13500000000
10	230908	销售部	张灿灿	15200000000
11	230909	销售部	张小磊	15300000000
12	230910	销售部	王铁柱	15500000000
13	230911	销售部	李妙仁	15800000000
14	230912	销售部	乔小峰	15700000000
15	230913	销售部	郭娜娜	15800000001
16	230914	销售部	李一硕	15800000002

隐藏或显示工作表

1. 隐藏工作表

有时为了防止别人查看电脑，泄露公司机密，用户可将工作表隐藏起来。操作方法如下。

步骤01 选中要隐藏的工作表标签“××公司员工通讯录”，单击鼠标右键，从弹出的菜单中点击“隐藏”选项。

步骤02 此时，工作表就被隐藏起来了，结果如下图所示。

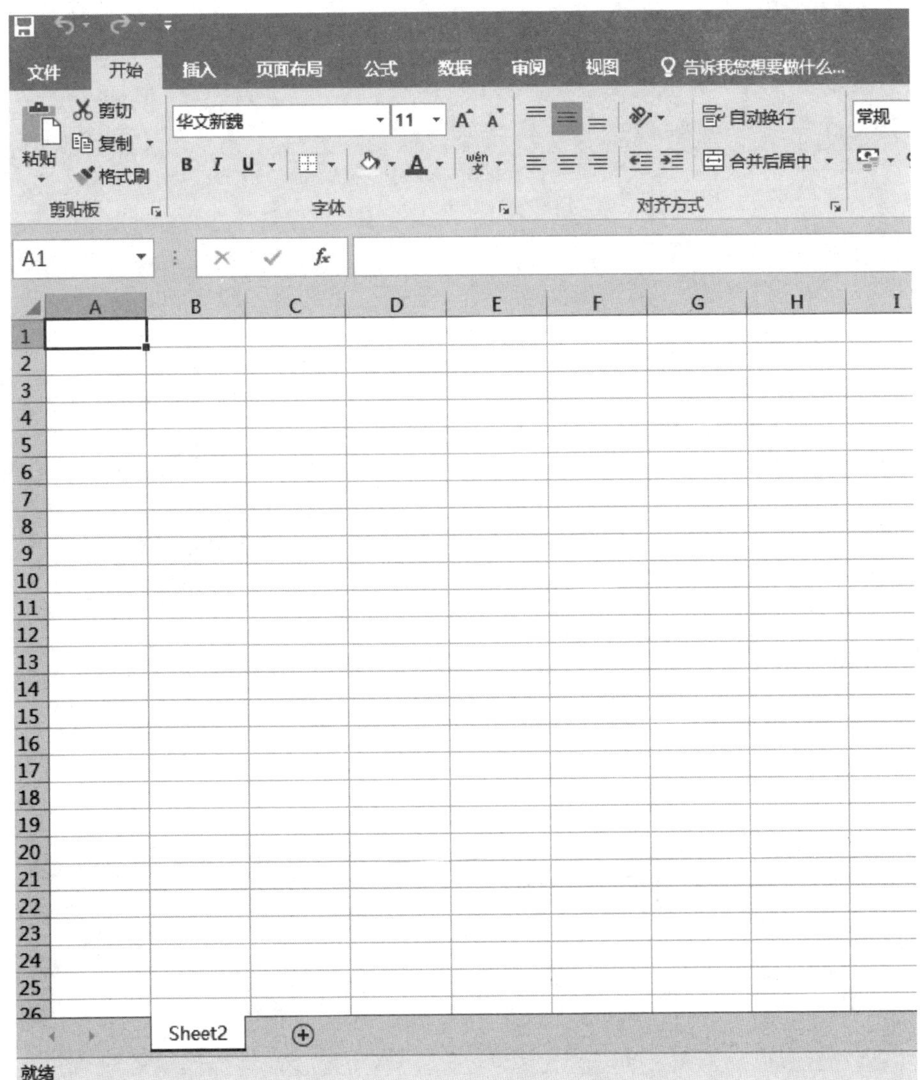

2. 显示工作表

当用户想查看某隐藏的工作表时，进行如下操作即可。

步骤01 将鼠标光标放置于任一工作表标签上，单击鼠标右键，从弹出的快捷菜单中单击“取消隐藏”选项。

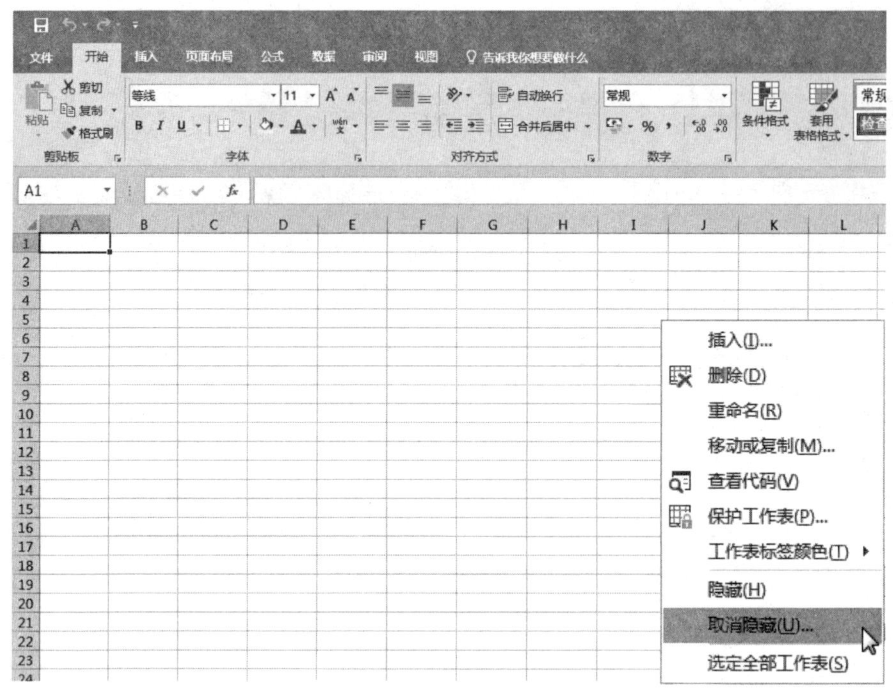

步骤02 这时会弹出一个“取消隐藏”的对话框，在“取消隐藏工作表”列表框中选择要取消隐藏的工作表，单击“确定”按钮，隐藏的工作表就会显示出来。

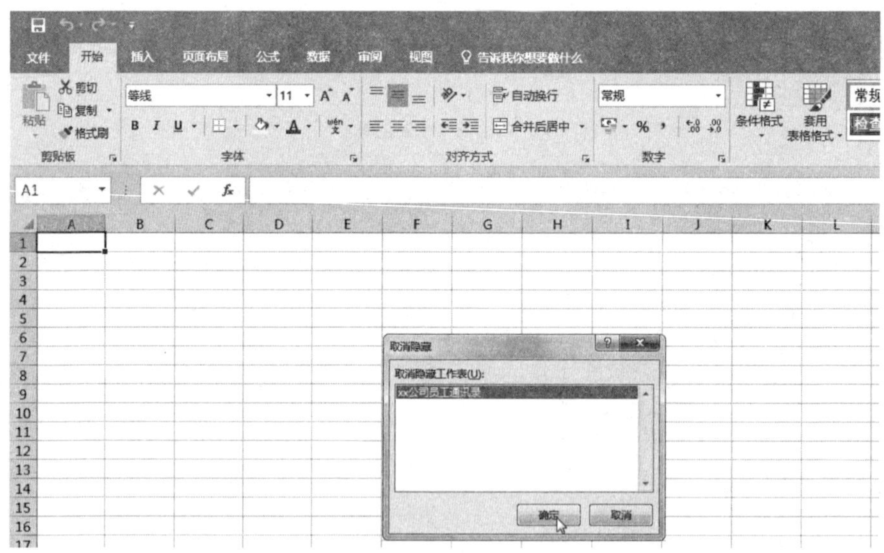

5.1.4 查找和替换工作表的文本内容

用户使用Excel中的查找和替换功能，能快速高效地查找或替换某单元格内容。下面就来介绍如何查找和替换工作表的文本内容。

查找工作表内容

步骤01 单击“开始”选项卡下“编辑”选项组中的“查找和选择”下拉按钮，在下拉列表中选择单击“查找”选项。

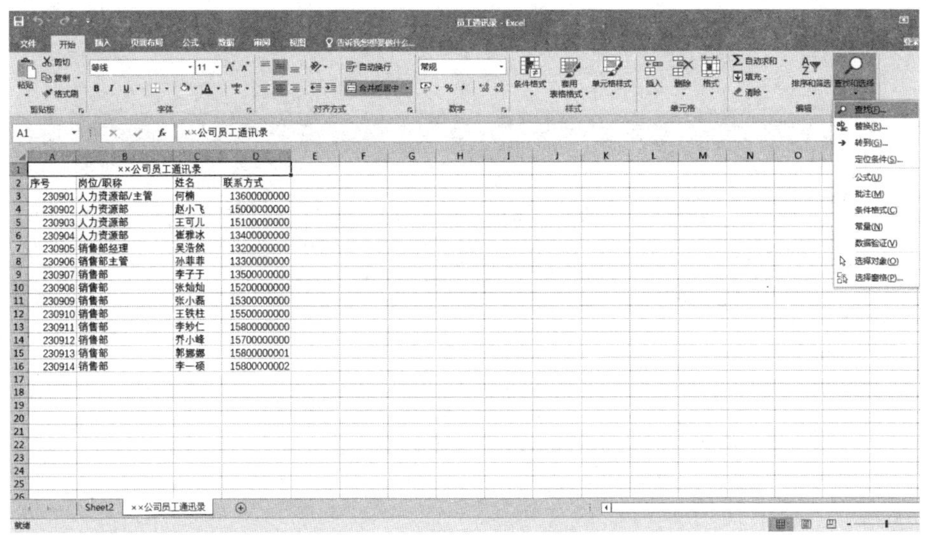

步骤02 弹出“查找和替换”对话框，在“查找内容”的文本框中输入要查找的内容。比如，我们要查找“王铁柱”的联系方式，可以在“查找内容”文本框中输入关键词“王铁柱”。

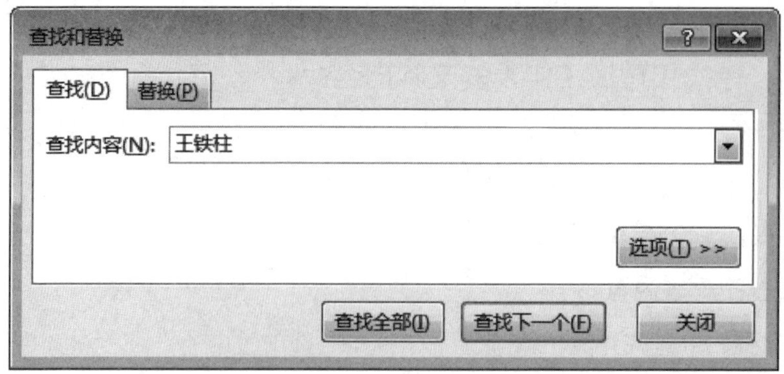

步骤03 单击“查找全部”按钮，系统会自动搜索相关内容，最终结果如下图所示。

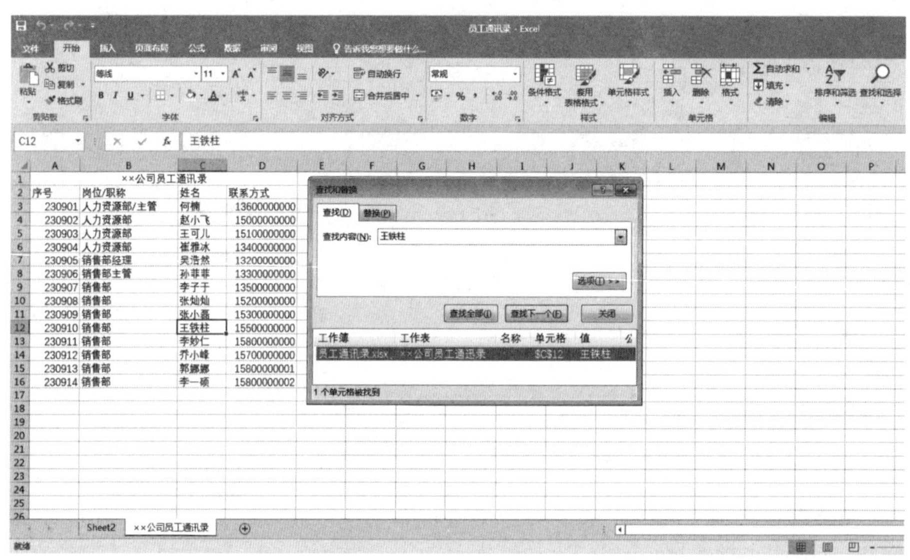

替换工作表内容

步骤01 单击“开始”选项卡下“编辑”选项组中的“查找和选择”按钮，在下拉列表中单击“替换”选项，会弹出“查找和替换”对话框，切换到“替换”选项卡，在“查找内容”文本框中输入要替换的内容，在“替换为”文本框中输入替换后的内容。

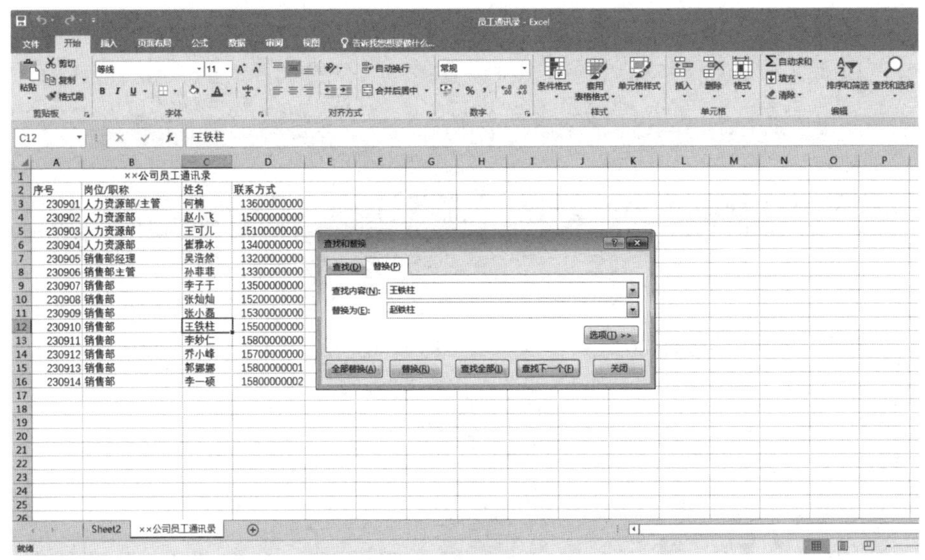

步骤02 点击“全部替换”按钮，系统会自动按照设置替换文本内容，并自动弹出“替换结果”框，单击“确定”按钮即可完成全部操作。

5.2 公司采购信息表

公司采购部门或负责采购的人员，每次都会对采购任务和成果进行详细记录。这样做，一方面能使公司里的一部分财务支出情况更清晰，另一方面也有利于对比历次供货商的供货价格，从而达到选择合适卖家的目的。下面就为大家介绍公司采购信息表的制作方法。

5.2.1 输入与编辑数据

我们创建一个“公司采购信息表（办公用品）”工作表之后，还需要在表格中输入详细的文字和数字信息。下面就说说在工作表中输入数据的几种方式。

输入文本型数据

所谓文本型数据，也就是指字符或数字与字符的组合。这一点我们在前面的小节里已经介绍过，这里不再重复。输入文本型数据后，如下图所示。

办公用品采购信息表							
					采购日期：		
序号	办公用品名称	规格	数量	单价	金额	品牌	供货商
W001	铅笔	2B	1盒			真彩	A商店
W002	碳素笔	0.38mm	2盒			真彩	A商店
W003	橡皮	0.7mm	1盒			真彩	A商店
W004	尺子	50.cm	3把			晨光	A商店
W005	打印纸	A4	1箱			晨光	A商店
W006	传真纸	400*400	1包			晨光	A商店
W007	活页本	A5	30本			真彩	A商店
W008	大透明胶	800*800	10卷			真彩	B超市
W009	封箱胶	800*800	10卷			真彩	B超市
W010	书立	220*220	10对			晨光	B超市
W011	涂改修正带	5mm*12m	20个			晨光	B超市

输入常规数值

数值型数据是Excel中使用最多的数据类型。

数字型数据可以是整数、小数或科学计数（如8.12E+11）。在数值中可以出现的数字符号有负号（－）、百分号（%）、指数符号（E）及美元符号（$）等。

在单元格中输入数值型数据后按Enter键，系统会自动将数值的对齐方式设置为“右对齐”。

输入货币型数据

所谓货币型数据，就是在金额前面有货币等符号的数据。我们以“公司采购信息表（办公用品）”为例来介绍输入方法。

步骤01 在“金额”和“单价”单元列表中输入常规数字，然后选中所要编辑的区域，切换到“开始”选项卡，单击“数字”选项组右下角的“对话框启动器”按钮。

步骤02 弹出“设置单元格格式”对话框，切换到“数字”选项卡，在左侧分类列表框中选择“货币”选项，在右侧“小数位数”微调框中输入“2”，在“货币符号”下拉列表中选择“人民币”符号，然后在“负数”列表框中选择合适的负数形式。

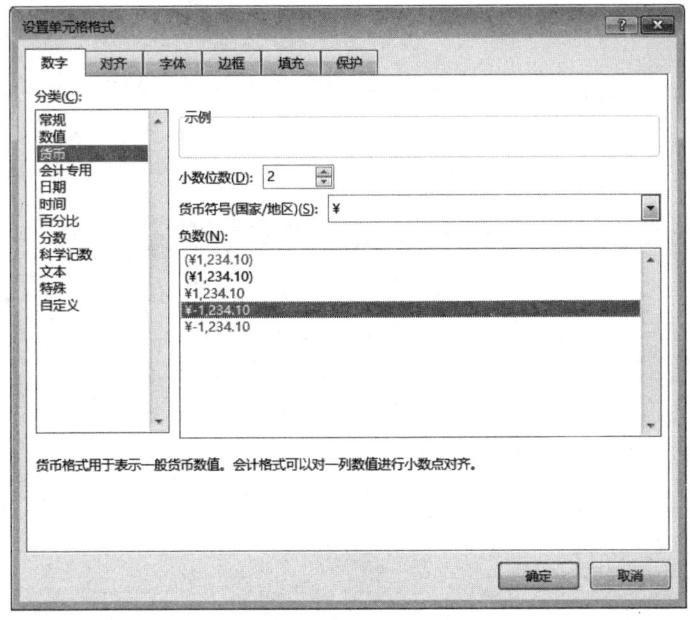

步骤03 设置完成后，单击“确定”按钮，“单价”和“金额”的单元列表中就会输入货币型数字。

序号	办公用品名称	规格	数量	单价	金额	品牌	供货商
W001	铅笔	2B	1盒	¥1.00	¥25.00	真彩	A商店
W002	碳素笔	0.38mm	2盒	¥3.00	¥50.00	真彩	A商店
W003	橡皮	0.7mm	1盒	¥1.00	¥10.00	真彩	A商店
W004	尺子	50.cm	3把	¥10.00	¥30.00	晨光	A商店
W005	打印纸	A4	1箱	¥15.00	¥90.00	晨光	A商店
W006	传真纸	400*400	1包	¥12.00	¥12.00	晨光	A商店
W007	活页本	A5	30本	¥5.00	¥150.00	真彩	A商店
W008	大透明胶	800*800	10卷	¥3.00	¥30.00	真彩	B超市
W009	封箱胶	800*800	10卷	¥2.50	¥25.00	真彩	B超市
W010	书立	220*220	10对	¥20.00	¥200.00	晨光	B超市
W011	涂改修正带	5mm*12m	20个	¥6.00	¥120.00	晨光	B超市

输入日期型数据

工作表中经常需要插入一些日期型数据，具体方法如下。

（1）采用默认日期格式。选中需要输入日期的单元格，比如输入日期“2016-8-6”，输入完成后，按下Enter键，日期格式就会变为“2016/8/6”，这是Excel的默认日期格式。

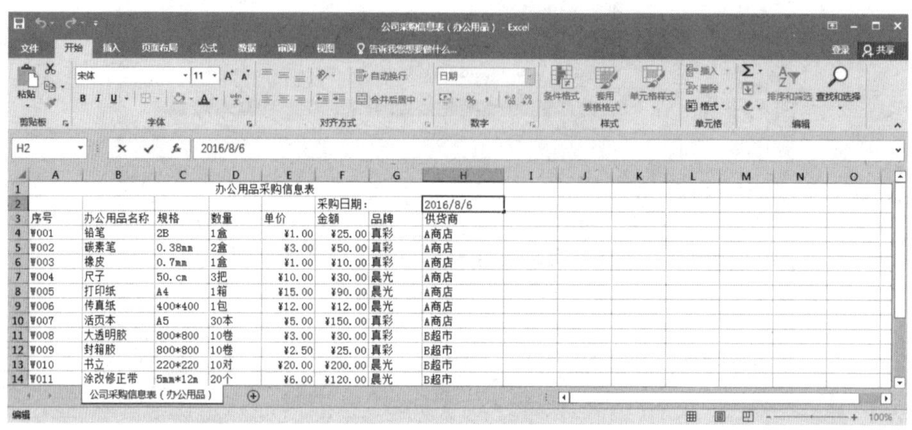

	A	B	C	D	E	F	G	H
1				办公用品采购信息表				
2						采购日期：		2016/8/6
3	序号	办公用品名称	规格	数量	单价	金额	品牌	供货商
4	W001	铅笔	2B	1盒	¥1.00	¥25.00	真彩	A商店
5	W002	碳素笔	0.38mm	2盒	¥3.00	¥50.00	真彩	A商店
6	W003	橡皮	0.7mm	1盒	¥1.00	¥10.00	真彩	A商店
7	W004	尺子	50.cm	3把	¥10.00	¥30.00	晨光	A商店
8	W005	打印纸	A4	1箱	¥15.00	¥90.00	晨光	A商店
9	W006	传真纸	400*400	1包	¥12.00	¥12.00	晨光	A商店
10	W007	活页本	A5	30本	¥5.00	¥150.00	真彩	A商店
11	W008	大透明胶	800*800	10卷	¥3.00	¥30.00	真彩	B超市
12	W009	封箱胶	800*800	10卷	¥2.50	¥25.00	真彩	B超市
13	W010	书立	220*220	10对	¥20.00	¥200.00	晨光	B超市
14	W011	涂改修正带	5mm*12m	20个	¥6.00	¥120.00	晨光	B超市

（2）自己设置日期格式。用户也可以根据需要来重新设置日期格式。

步骤01 切换到“开始”选项卡，单击“数字”选项组右下角的“对话框启动器”按钮，弹出“设置单元格格式”对话框，切换到“数字”选项卡，在“分类”列表框中选择“日期”格式，在“类型”列表框中选择需要的样式。

步骤02 设置完成后，单击右下角的“确定”按钮，日期就会自动变成当日日期。

办公用品采购信息表							
					采购日期：		2016年8月6日
序号	办公用品名称	规格	数量	单价	金额	品牌	供货商
W001	铅笔	2B	1盒	¥1.00	¥25.00	真彩	A商店
W002	碳素笔	0.38mm	2盒	¥3.00	¥50.00	真彩	A商店
W003	橡皮	0.7mm	1盒	¥1.00	¥10.00	真彩	A商店
W004	尺子	50.cm	3把	¥10.00	¥30.00	晨光	A商店
W005	打印纸	A4	1箱	¥15.00	¥90.00	晨光	A商店
W006	传真纸	400*400	1包	¥12.00	¥12.00	晨光	A商店
W007	活页本	A5	30本	¥5.00	¥150.00	真彩	A商店
W008	大透明胶	800*800	10卷	¥3.00	¥30.00	真彩	B超市
W009	封箱胶	800*800	10卷	¥2.50	¥25.00	真彩	B超市
W010	书立	220*220	10对	¥20.00	¥200.00	晨光	B超市
W011	涂改修正带	5mm*12m	20个	¥6.00	¥120.00	晨光	B超市

删除工作表数据

1. 逐个删除

如果输入的数据不正确，用户可以直接选中要删除数据的单元格，按下BackSpace键或Delete键即可。

2. 批量删除

如果需要批量删除，可以这样操作：选中要删除数据的单元格区域，切换到“开始”选项卡，单击“编辑”选项组中的“清除”下拉按钮，然后选择“全部清除”选项，或根据需要选择应该删除的部分内容、批注、超链接等。

办公用品采购信息表							
					采购日期:		2016年8月6日
序号	办公用品名称	规格	数量	单价	金额	品牌	供货商
W001	铅笔	2B	1盒	¥1.00	¥25.00	真彩	A商店
W002	碳素笔	0.38mm	2盒	¥3.00	¥50.00	真彩	A商店
W003	橡皮	0.7mm	1盒	¥1.00	¥10.00	真彩	A商店
W004	尺子	50.cm	3把	¥10.00	¥30.00	晨光	
W005	打印纸	A4	1箱	¥15.00	¥90.00	晨光	
W006	传真纸	400*400	1包	¥12.00	¥12.00	晨光	
W007	活页本	A5	30本	¥5.00	¥150.00	真彩	
W008	大透明胶	800*800	10卷	¥3.00	¥30.00	真彩	
W009	封箱胶	800*800	10卷	¥2.50	¥25.00	真彩	
W010	书立	220*220	10对	¥20.00	¥200.00	晨光	
W011	涂改修正带	5mm*12m	20个	¥6.00	¥120.00	晨光	

5.2.2 添加批注

当需要在某一单元格中添加与该单元格相关联的附加信息，或者对单元格的内容进行解释备注时，可以为单元格添加批注。下面就来讲解下这部分内容。

插入批注

Excel 2016能进行插入批注的操作，用户可以根据需要进行各种批注的插入，完善工作表。

步骤01 选择需要添加批注的单元格，切换到“审阅”选项卡，单击“批注”选项组中的“新建批注”按钮。

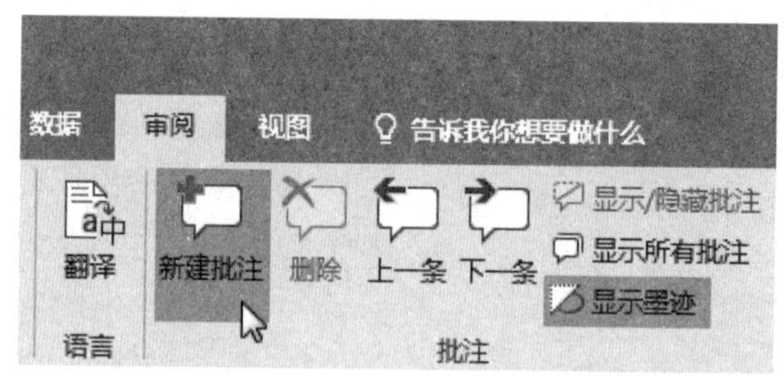

步骤02 此时会弹出一个批注文本框，用户只需在其中输入要说明的内容即可。

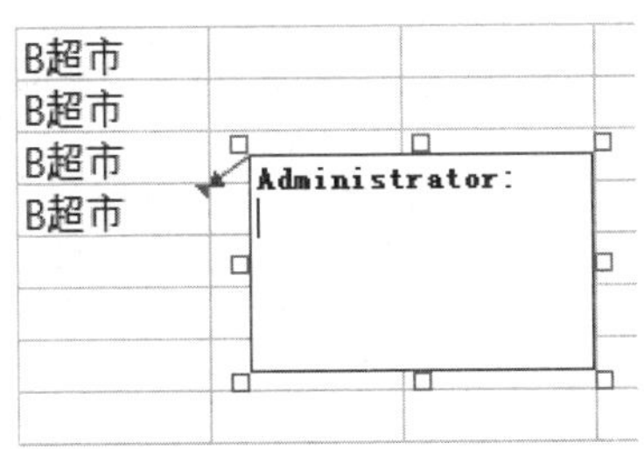

编辑批注

1. 显示或隐藏批注

选中含有批注的单元格，单击“批注”选项组中的“显示/隐藏批注”按钮，即可显示或隐藏批注。

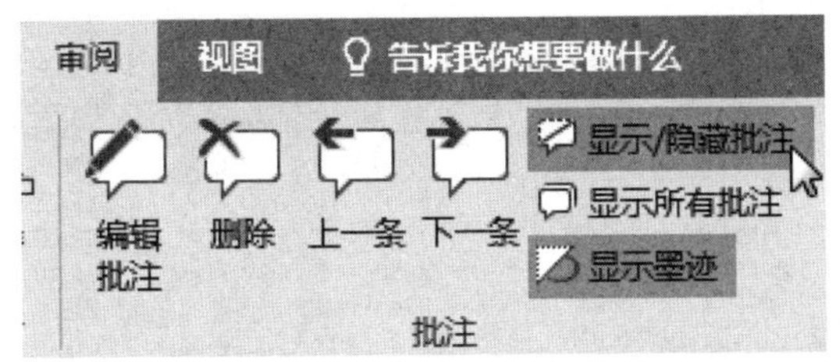

2. 编辑或删除批注

如果需要编辑批注内容，可以直接将光标放在批注文本框内，对文字进行编辑即可。

如果要删除批注，则可以选中需要删除的批注，直接单击“批注”选项组中的“删除”按钮即可。

5.2.3 美化工作表

Excel工作表做完之后，用户可根据需要对工作表进行美化。具体包括：设置单元格样式、套用表格样式、添加图标和设置工作表边框底纹等。下面我们以“公司采购信息表（办公用品）”工作表为例，来详细讲解美化工作表的具体操作方法。

设置工作表字体格式

用户可根据需要对工作表的字体进行设置。在设置字体的时候，首先选中需要编辑的区域，然后切换至“开始”选项卡，在“字体”选项组中对相应的文字部分进行设置。比如工作表“公司采购信息表（办公用品）”中对标题的设置。

办公用品采购信息表

采购日期：2016年8月6日

序号	办公用品名称	规格	数量	单价	金额	品牌	供货商
W001	铅笔	2B	1盒	¥1.00	¥25.00	真彩	A商店
W002	碳素笔	0.38mm	2盒	¥3.00	¥50.00	真彩	A商店
W003	橡皮	0.7mm	1盒	¥1.00	¥10.00	真彩	A商店
W004	尺子	50.cm	3把	¥10.00	¥30.00	晨光	A商店
W005	打印纸	A4	1箱	¥15.00	¥90.00	晨光	A商店
W006	传真纸	400*400	1包	¥12.00	¥12.00	晨光	A商店
W007	活页本	A5	30本	¥5.00	¥150.00	真彩	A商店
W008	大透明胶	800*800	10卷	¥3.00	¥30.00	真彩	B超市
W009	封箱胶	800*800	10卷	¥2.50	¥25.00	真彩	B超市
W010	书立	220*220	10对	¥20.00	¥200.00	晨光	B超市
W011	涂改修正带	5mm*12m	20个	¥6.00	¥120.00	晨光	B超市
总计							

设置单元格样式

打开Excel工作表，选中需要更改样式的工作表区域，将工作表切换至“开始”选项卡，单击“样式”选项组中的“单元格样式”的下拉按钮，在弹出的下拉列表中的“数据和模型”组中，用户可根据需要选择合适的样式。

好、差和适中

常规　差　好　适中

数据和模型

超链接　计算　检查单元格　解释性文本　警告文本　链接单元格

输出　输入　已访问的超　注释

标题

标题　标题 1　标题 2　标题 3　标题 4　汇总

主题单元格样式

20% - 着色 1　20% - 着色 2　20% - 着色 3　20% - 着色 4　20% - 着色 5　20% - 着色 6

40% - 着色 1　40% - 着色 2　40% - 着色 3　40% - 着色 4　40% - 着色 5　40% - 着色 6

60% - 着色 1　60% - 着色 2　60% - 着色 3　60% - 着色 4　60% - 着色 5　60% - 着色 6

着色 1　着色 2　着色 3　着色 4　着色 5　着色 6

数字格式

百分比　货币　货币[0]　千位分隔　千位分隔[0]

新建单元格样式(N)...

合并样式(M)...

套用表格格式

Excel工作表中预设了一些常用的表格样式，用户可根据需要自动套用这些内置的样式。具体操作步骤如下。

步骤01 选中需要套用格式的表格区域，将工作表切换到“开始”选项卡，单击“样式”选项组中的“套用表格格式”按钮，在弹出的下拉列表中单击选择合适的样式。

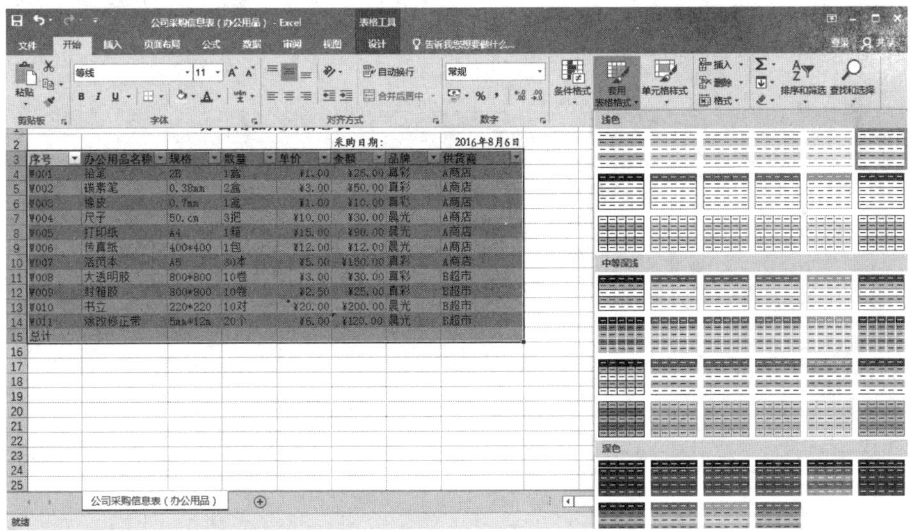

步骤02 弹出“套用表格式”对话框，单击“确定”按钮即可。

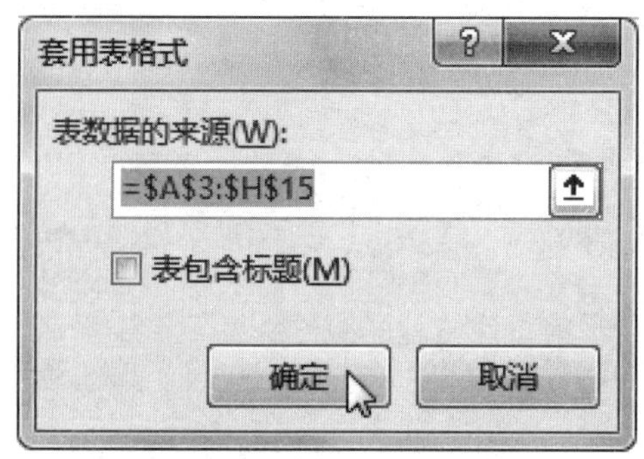

设置表格主题风格

Excel 2016提供了多种主题风格，用户可以直接套用这些主题模板来改变工作表的整体风格，也可以对工作表主题的颜色、字体、效果进行自定义。下面就对这些内容进行讲解。

1. 套用主题风格

用户将工作表切换至“页面布局”选项卡，单击“主题”选项组中的“主题”按钮，在弹出的下拉列表中选择合适的主题风格即可。

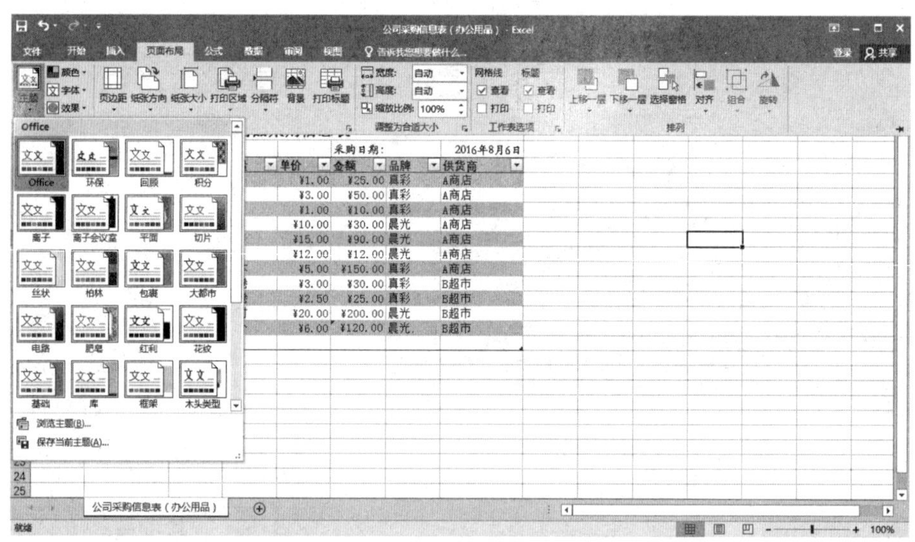

2. 自定义主题风格

步骤01 设置主题颜色。将工作表切换至“页面布局”选项卡，单击“主题”选项组中的“颜色”按钮，在弹出的下拉列表中选择合适的主题颜色即可。

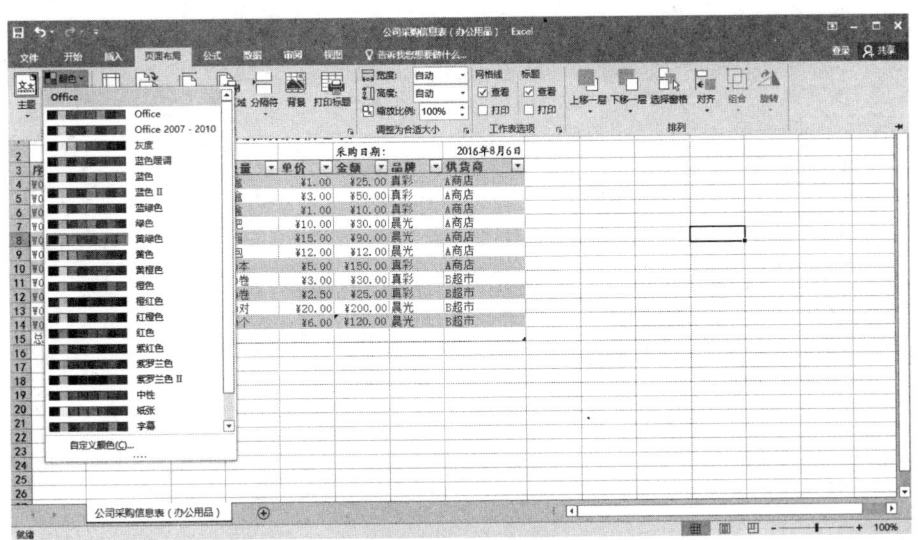

步骤02 设置主题字体。将工作表切换至“页面布局”选项卡，单击“主题”选项组中的“字体”按钮，在弹出的下拉列表中选择合适的字体即可。

步骤03 设置主题效果。将工作表切换至“页面布局”选项卡，单击“主题”选项组中的“效果”按钮，在弹出的下拉列表中选择合适的主题效果即可。

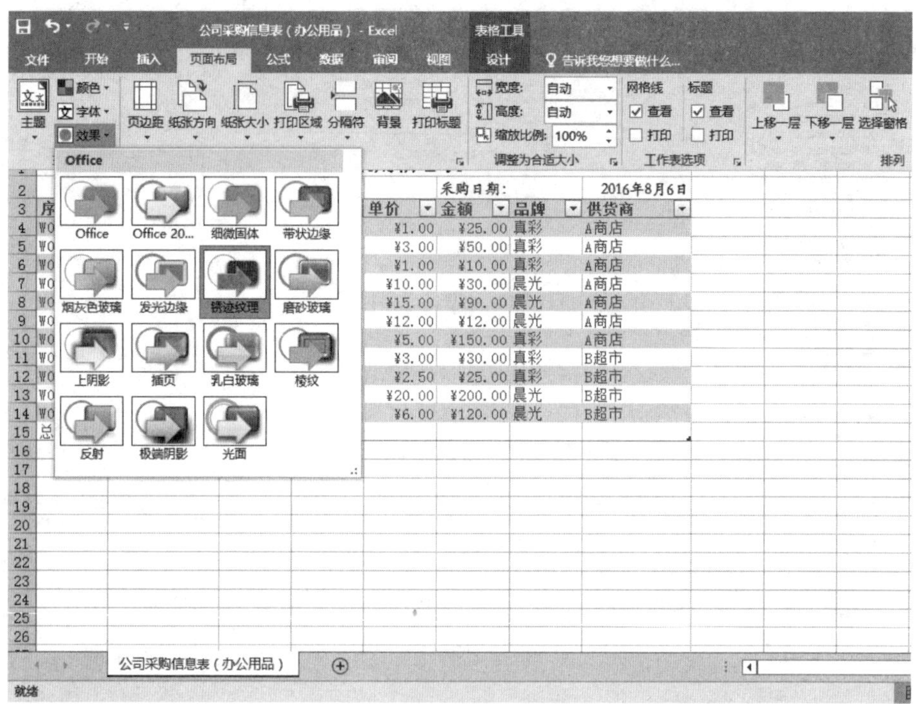

插入图片

在工作表中插入合适的图片，能使工作表看上去更生动形象。

1. 插入本地图片

步骤01 将光标放在需要插入图片的位置，单击“插入”选项卡下“插图”选项组中的“图片”按钮，弹出“插入图片”对话框，用户可以查找到合适的图片，单击“插入”按钮或双击图片即可。效果如下图。

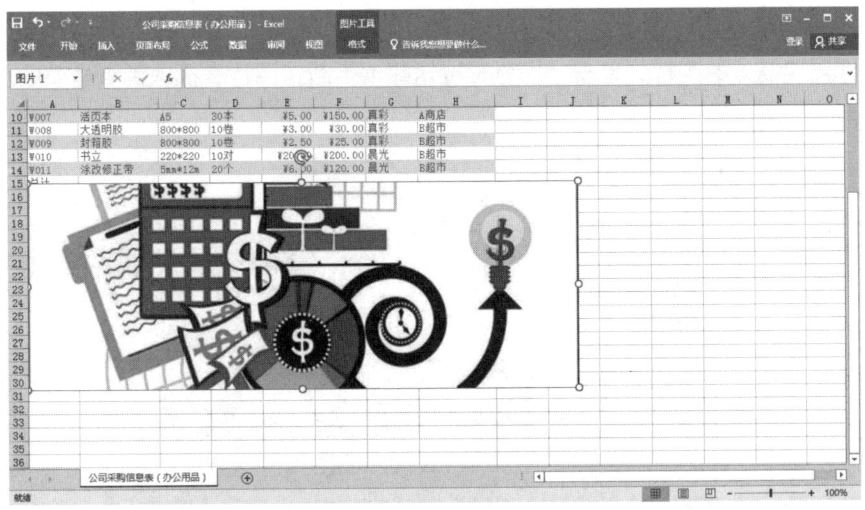

步骤02 选中图片，功能区会出现“图片工具-格式”选项卡，用户可从“图片样式”选项组中选择合适的样式美化图片。图片设计好后，用户可通过拖动鼠标来调整图片大小，以使得图片与工作表相匹配。

2. 插入联机图片

步骤01 将光标放在要插入联机图片的位置，单击“插入”选项卡下“插图”选项组中的“联机图片”按钮，弹出“插入图片”对话框，在“必应图像搜索”的搜索框中输入要搜索的图片名称，比如输入“办公用品”。

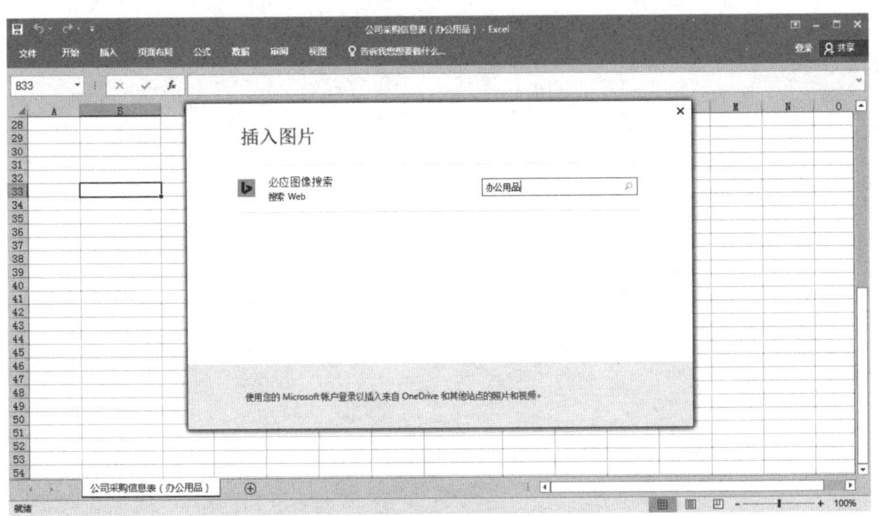

步骤02 单击“搜索”按钮，即可显示搜索到的有关“办公用品”的剪贴画。选择需要插入的图片，单击“插入”按钮即可下载该图片，插入到工作表中。

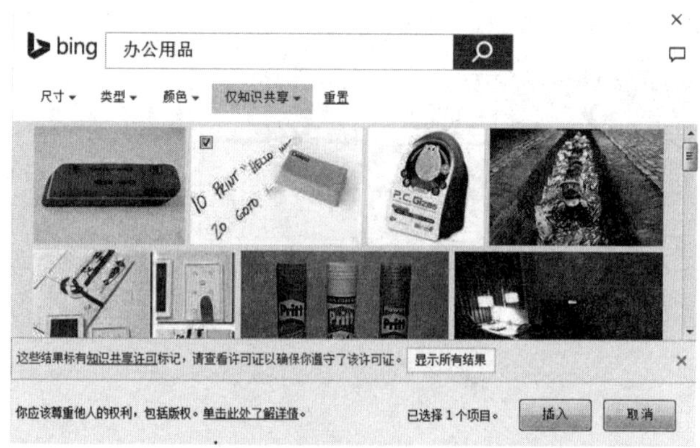

3. 插入绘制图形

用户可根据Excel 2016系统提供的形状绘制出多种图形。具体操作步骤如下。

步骤01 选择需要添加绘制图形的位置，单击“插入”选项卡下“插图”选项组中的“形状”按钮，在弹出的列表中选择合适的形状。比如，我们选择立方体形状。

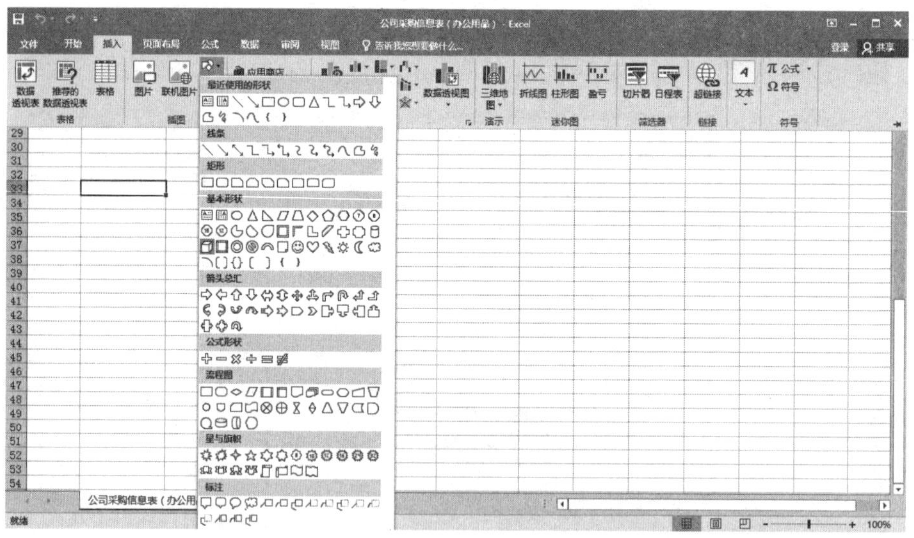

步骤02 当光标变成十字形状时，按住鼠标左键拖曳至合适位置时再释放鼠标左键，即可完成形状的绘制。

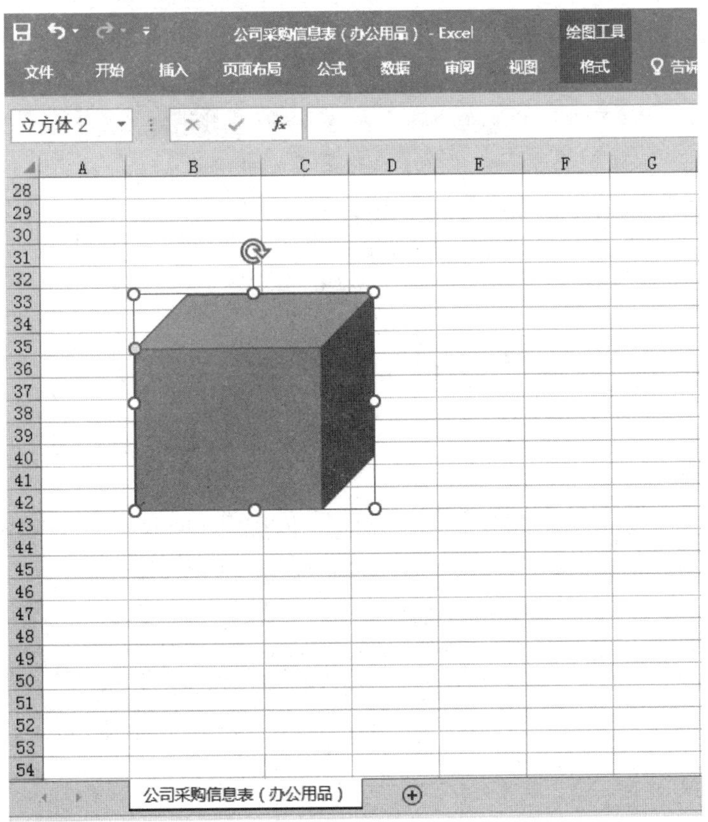

4. 插入SmartArt图形

SmartArt图形主要包括流程、列表、循环、层次结构、矩阵、关系等类型。Excel工作表中如果插入SmartArt图形，能清晰地显示出层级关系、演示过程或工作流程等信息，使得工作表不仅美观，而且更加形象。下面就介绍插入SmartArt图形的具体步骤。

步骤01 将光标放在需要插入SmartArt图形的位置，单击“插入”选项卡下“插图”选项组中的“SmartArt”按钮，弹出“选择SmartArt图形”的对话框，比如我们选择左侧的“列表”选项，在右侧的列表框中单击选择“交替六边形”选项。最后单击 “确定”按钮，便可在工作表中插入SmartArt图形。

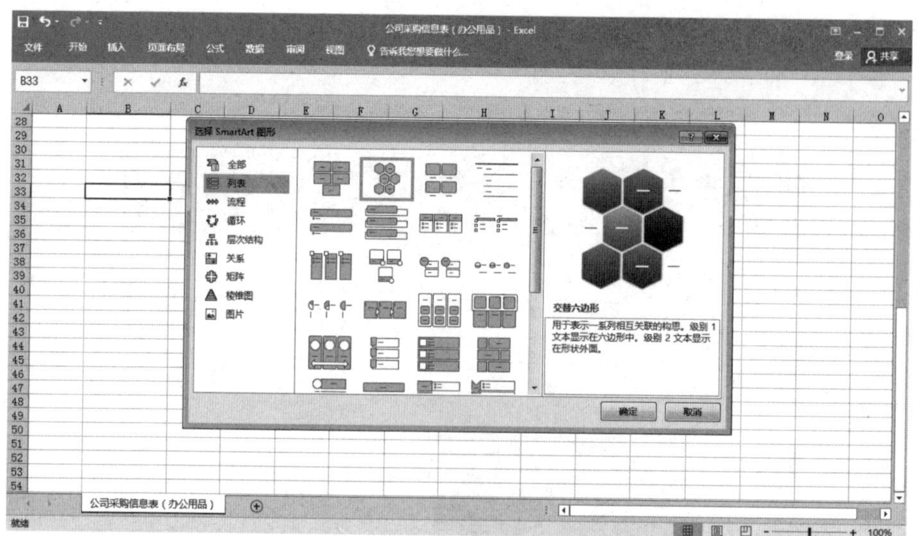

步骤02 用户如果需要添加形状，可以单击“SmartArt工具-设计”选项卡下“创建图形”选项组中的“添加形状”按钮，在弹出的下拉列表中选择合适的图形。设置好形状之后，就可以在文本框中输入内容了。

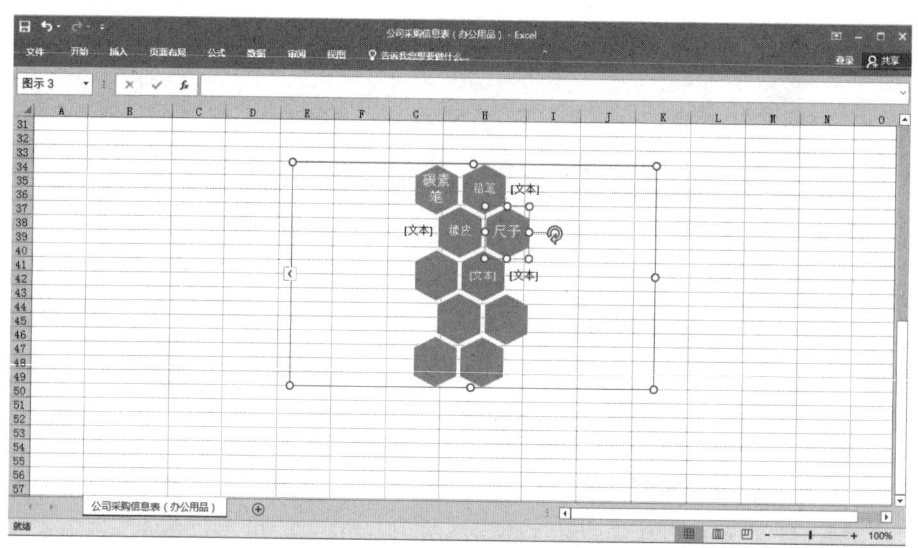

小提示：如果要删除形状，只需要选中该图，按Delete键即可。

插入图表

图表工具在数据分析中有很重要的作用，通过图表工具能够很直观地看出数据的特点。下面就对图表的插入方法进行讲解。

1. 创建图表

首先单击“插入”选项卡下“图表”选项组中的“柱形图”按钮，在弹出的下拉列表中选择适合工作表的图表类型。比如，我们单击“插入柱形图或条形图”选项，在弹出的下拉列表中选择“二维柱形图”中的一种，即可插入一个与所选工作表匹配的二维柱形图。效果见下图。

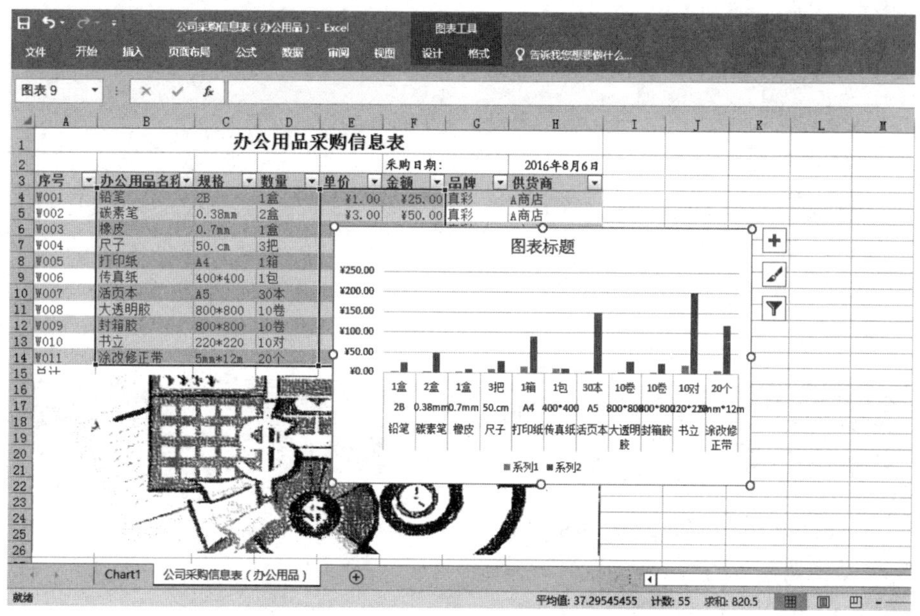

2. 更改图表

如果对已经创建的图表不太满意，可以进一步对图表进行修改。具体操作方法为：选中图表，单击“设计”选项卡下“类型”选项组中的“更改图表类型”按钮，弹出“更改图表类型”对话框，切换到“所有图表”选项卡，从列表中选择“饼图”，单击“确定”按钮即可。

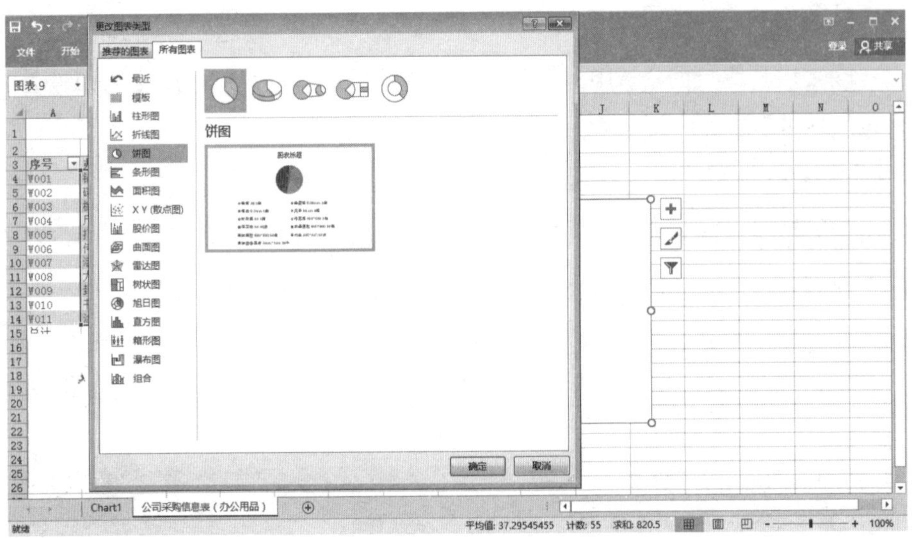

3. 美化图表

步骤01 更换图表外观。选中图表后，在“图表工具-设计”选项卡下“图表样式”选项组中，单击选择需要的图表样式，就可以更改图表的显示外观。

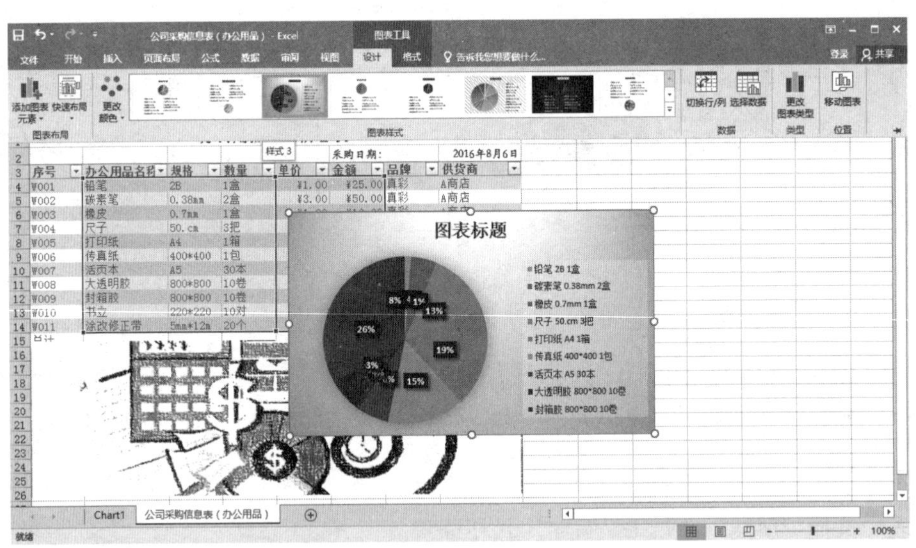

步骤02 设置图表区格式。选中图表，单击“图表工具-格式”选项卡下

"形状样式"选项组右下角的按钮，弹出"设置图表区格式"窗格，点击"图表选项"右侧的下拉按钮，然后对下拉列表中的各项分别进行设置。

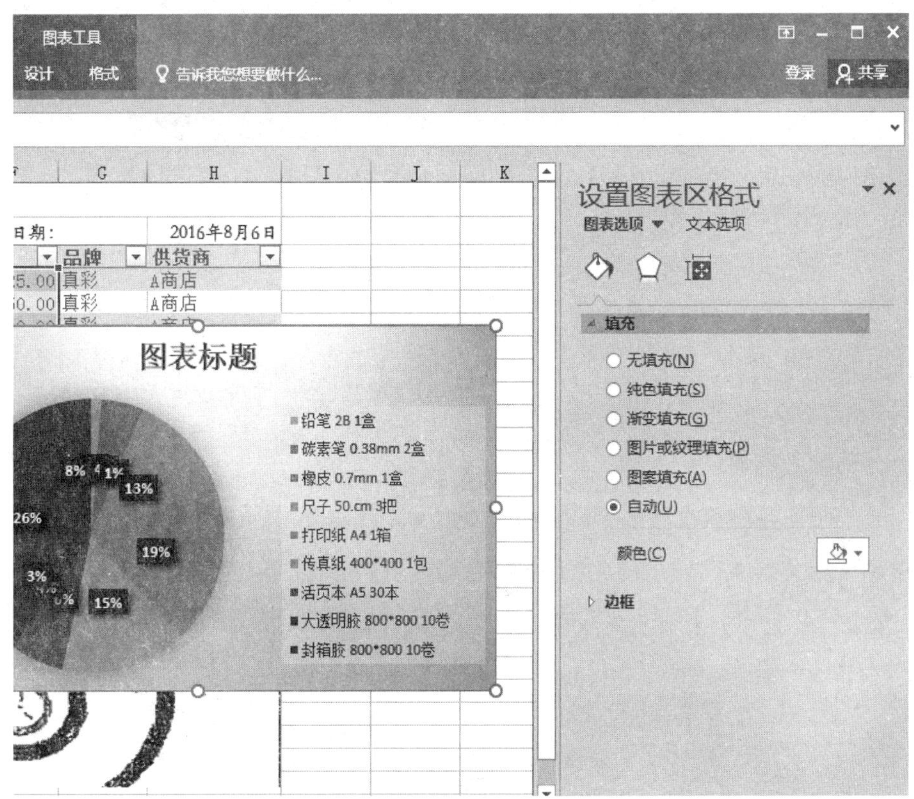

4. 插入迷你图

迷你图是一种小型图表，尺寸可以压缩到单个的单元格里，它能简明直观地显示一系列数据的变化趋势，如季节性增长或降低、经济周期等。下面我们以插入迷你柱形图为例来讲解创建迷你图的具体步骤。

步骤01 将光标放置于需要插入迷你图的单元格里，单击"插入"选项卡下"迷你图"选项组中的"柱形图"按钮，弹出"创建迷你图"对话框，单击"数据范围"文本框右侧的按钮，按住鼠标左键，选择单元格的区域B4:F14，松开鼠标后，会看到B4:F14数据源已添加到"数据范围"文本框中。

步骤02 单击“确定”按钮，即可在指定单元格中创建一个迷你柱形图。再使用填充功能创建其他迷你图即可。

添加数据条

选中需要添加数据条的单元格区域，比如我们选中F4:F14。单击“开始”选项卡下“样式”选项组中的“条件格式”按钮，从弹出的下拉列表中选择“数据条”选项，在弹出的子列表中选择需要的数据条颜色即可。

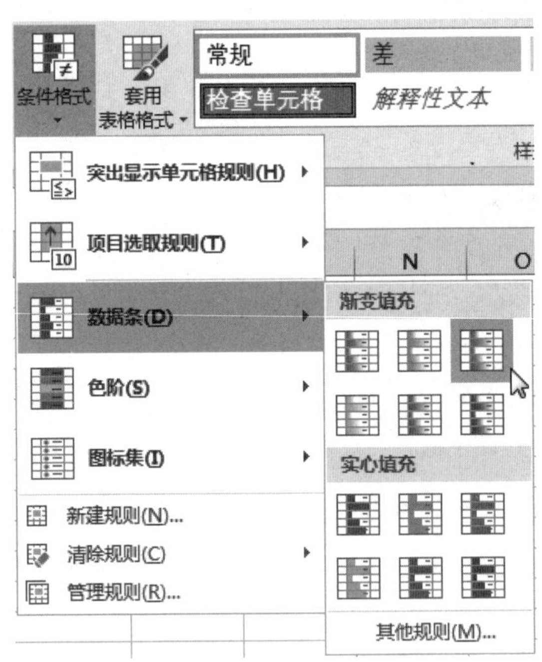

添加图标与色阶

1. 添加图标

选中需要添加图标的区域，单击“开始”选项卡下“样式”选项组中的“条件格式”按钮，从弹出的下拉列表中选择“图标集”选项，从子列表中选择需要的图标即可。

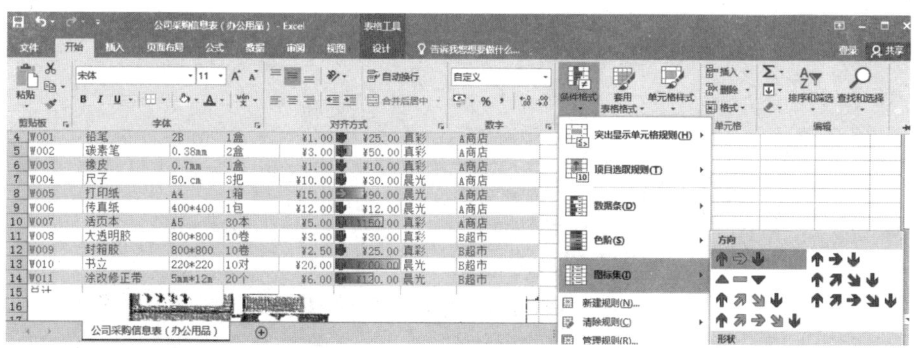

2. 添加色阶

选中需要添加色阶的区域，单击“开始”选项卡下“样式”选项组中的“条件格式”按钮，从弹出的下拉列表中选择“色阶”选项，从子列表中选择需要的色阶图即可。

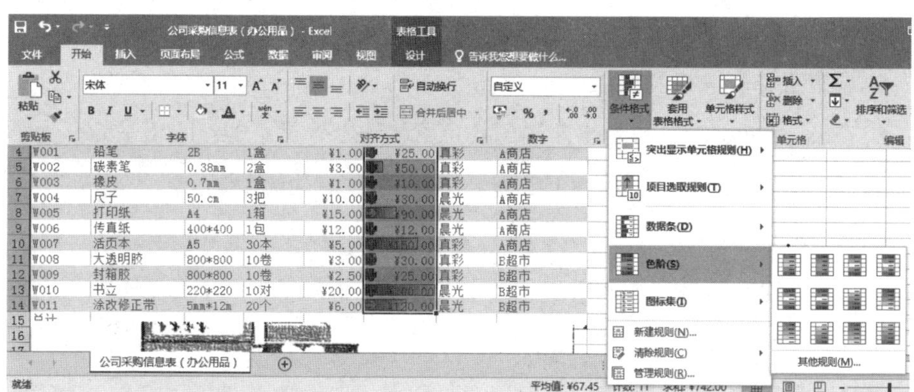

设置工作表标签颜色

当一个工作簿中有多个工作表时，可以将各个工作表标签设置成不同的颜色，从而能明显地区分不同的工作表，有助于提高工作效率。具体操作方法为：将光标放在需要改变颜色的工作表标签上，单击鼠标右键，从弹出的菜单中选择“工作表标签颜色”选项，在弹出的子列表中选择合适的颜色即可。

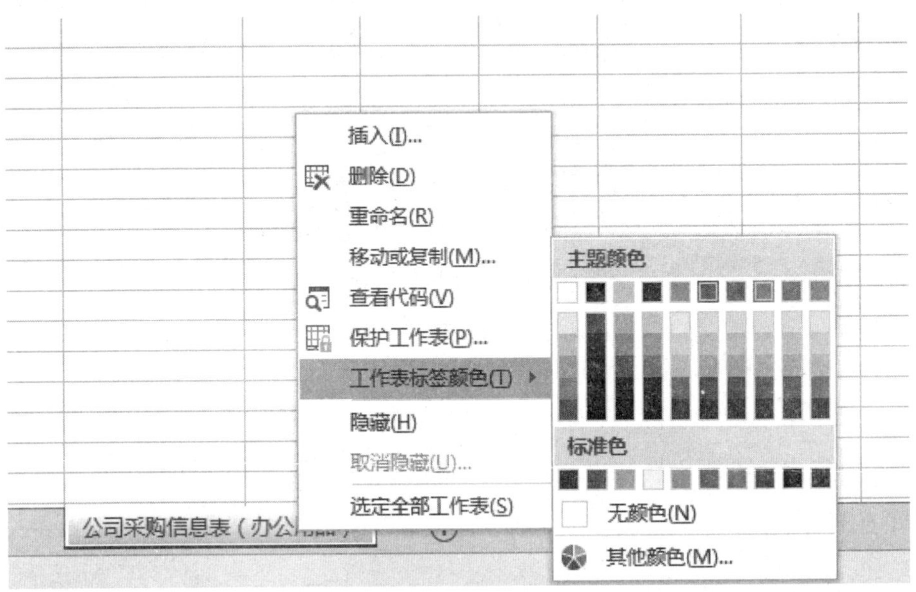

设置工作表边框和底纹

在Excel 2016中，单元格四周的灰色网格线默认是不能打印出来的。为了使表格更加完美、规范，用户可以为工作表添加边框和底纹。

1. 设置边框

选中需要改变的工作表区域，单击“开始”选项卡下“字体”选项组右下角的“对话框启动器”按钮，弹出“设置单元格格式”对话框，切换到“边框”选项卡，根据需要对工作表进行设置，最后单击“确定”按钮即可。

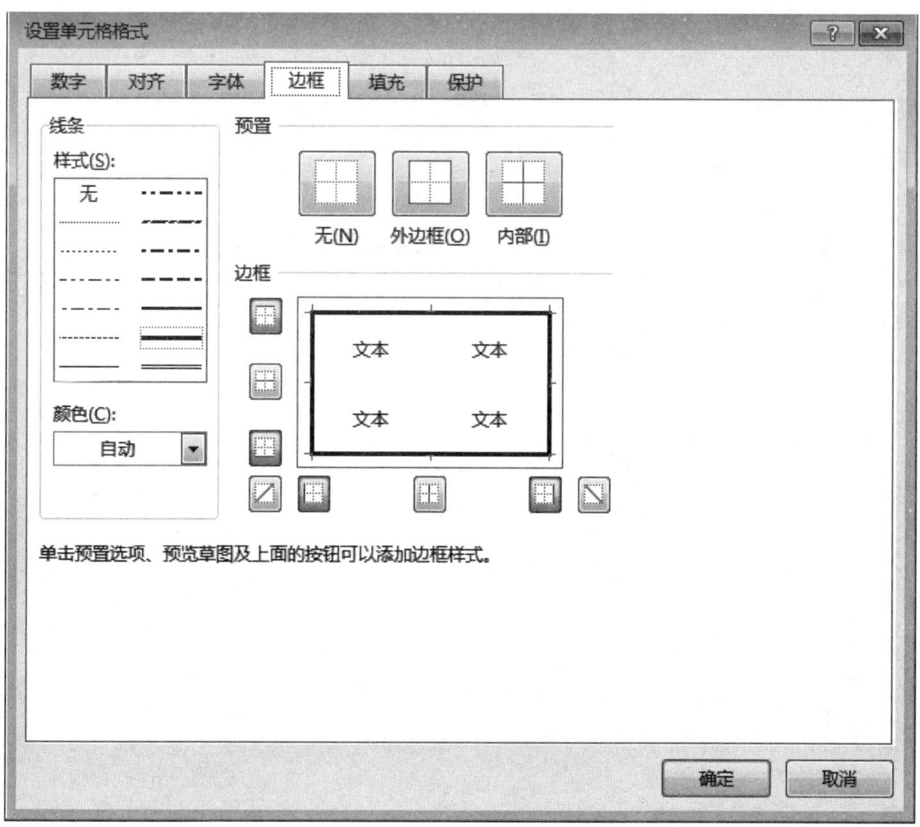

2. 设置底纹

为了使工作表中的某些数据或单元格区域更加醒目，用户可以为这些单元格或单元格区域设置底纹。首先，选中需要添加底纹的单元格区域，单击“开始”选项卡下“字体”选项组右下角的“对话框启动器”按钮，弹出“设置单元格格式”对话框，然后切换到“填充”选项卡，选择要填充的背景色，最后单击“确定”按钮即可。

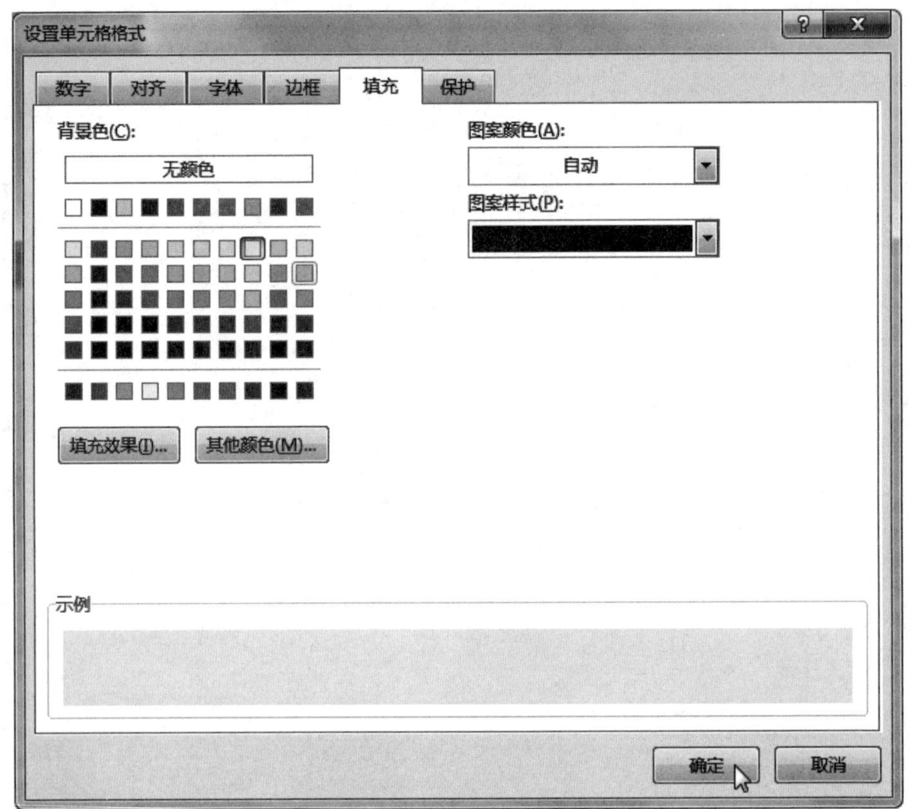

5.2.4　打印工作表

在打印工作表之前，用户可对其进行一些设置，诸如页面设置、添加页眉和页脚等，以便使打印出来的工作表更加美观。

页面设置

步骤01 将工作表切换到“页面布局”选项卡，单击“页面设置”选项组右下角的“对话框启动器”按钮，弹出“页面设置”对话框，切换到“页面”选项卡，对打印方向、纸张大小、起始页码等进行设置，设置完成后点击“确定”按钮即可。

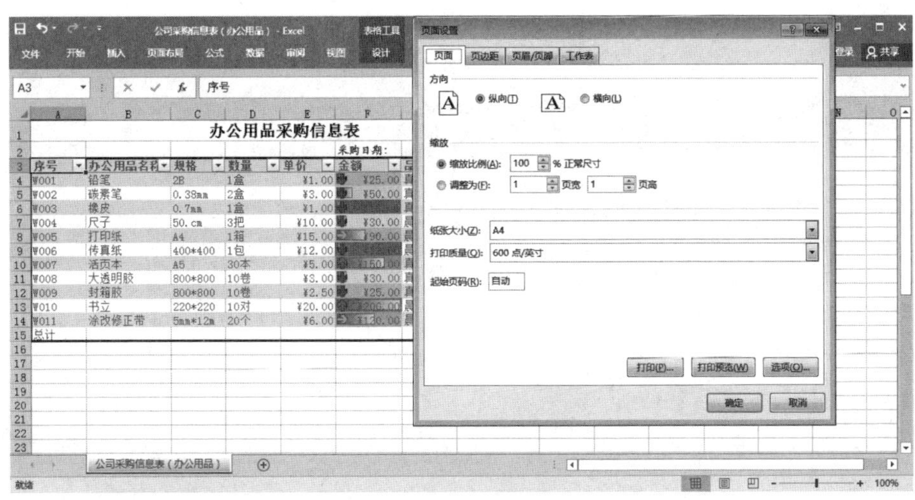

步骤02 切换至“页边距”选项卡，分别对工作表的页眉、页脚、上、下、左、右的页边距进行设置。另外，也可以根据需要，在“居中方式”下的复选框中选择合适的选项，最后点击“确定”按钮即可。

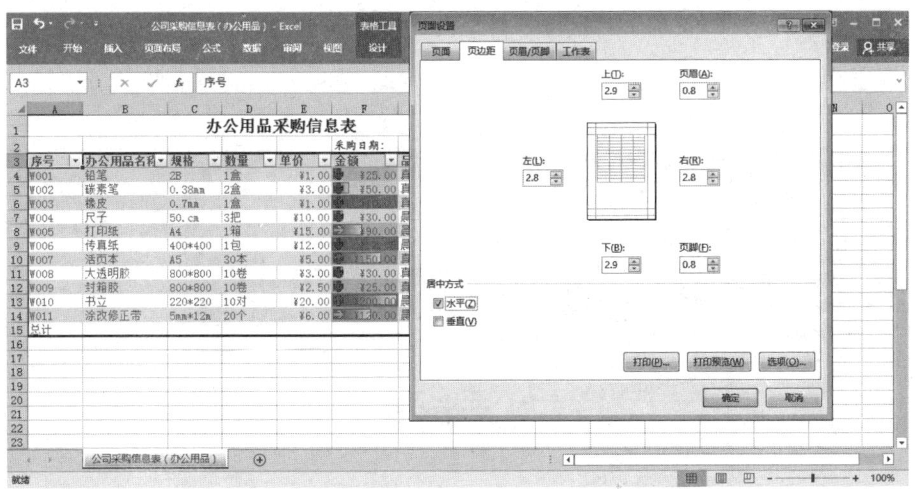

添加页眉和页脚

1. 添加页眉

步骤01 按照“页面设置”方法打开“页面设置”对话框，切换到“页眉/页脚”选项卡，单击“自定义页眉”按钮，弹出“页眉”对话框，在左边的文本框中输入“办公用品采购信息表”。

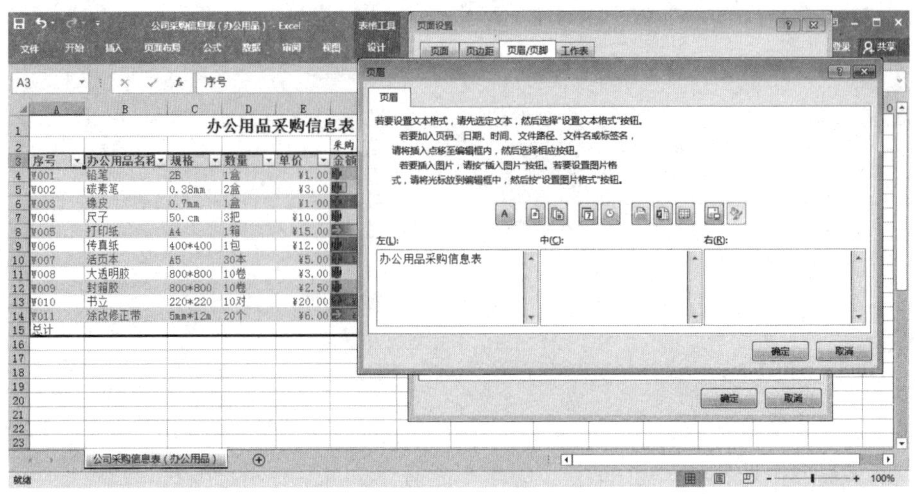

步骤02 选中输入的文本，点击“格式文本”按钮A，在弹出的“字体”对话框中，对页眉的字体、字形、大小等进行设置。设置完成后，单击“确定”按钮，返回“页眉”对话框，再单击这个页面的“确定”按钮，可看到页眉的字体已经发生了变化。

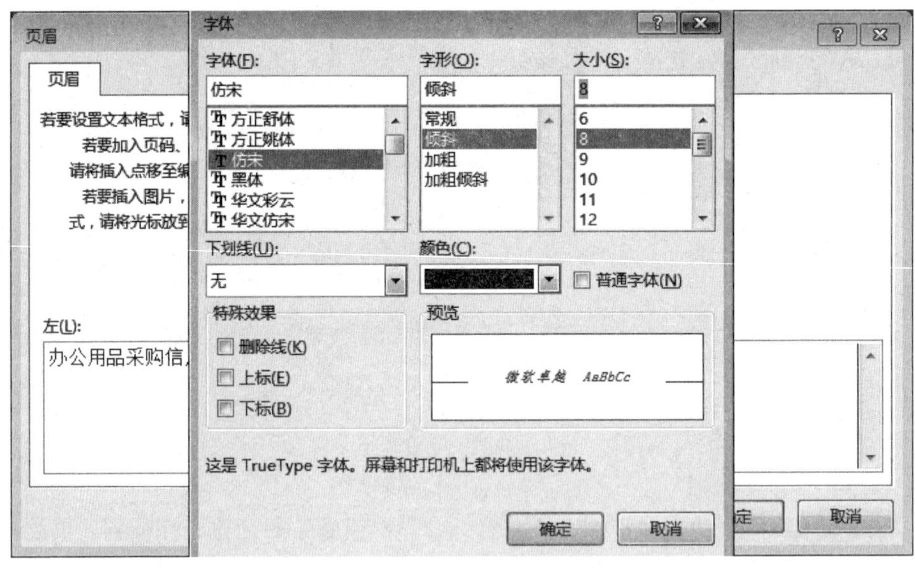

2. 添加页脚

在“页面设置”对话框中，切换到“页眉/页脚”选项卡，在“页脚”下拉列表中选择一种合适的样式，比如选择“公司采购信息表（办公用品）”，设置完毕后，单击“确定”按钮即可。

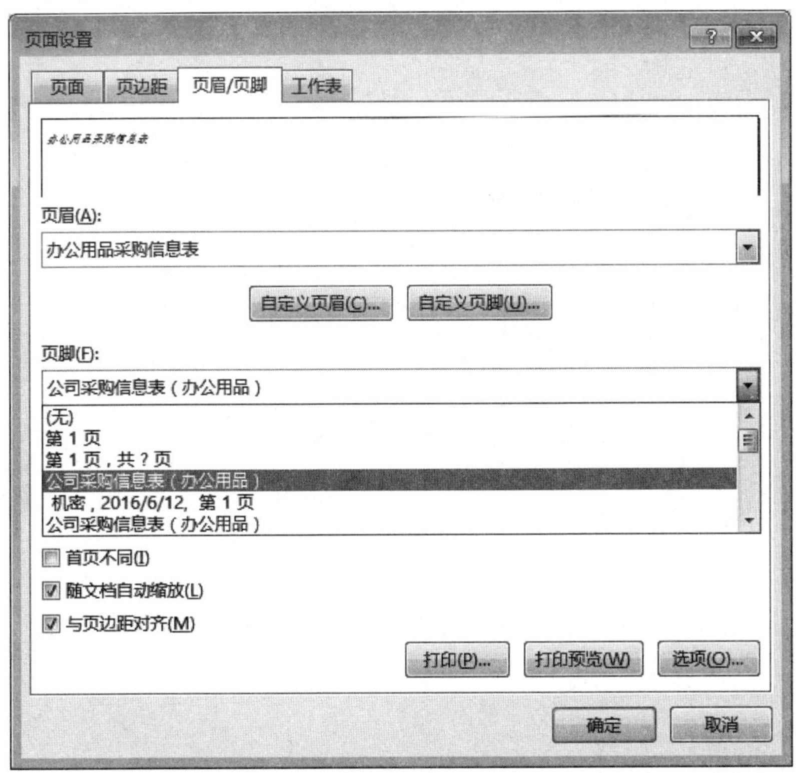

Chapter 06 排序、筛选与汇总

6.1 员工绩效考核成绩排序

员工绩效考核成绩有助于公司全面了解、评估员工的工作能力，发现优秀人才，提高员工的工作效率，建立业务精干的团队。在“员工绩效考核”Excel工作表中必然会用到排序功能，下面就对此做详细讲解。

6.1.1 单条件排序

所谓单条件排序，即设置单一条件进行排序。单条件排序可以根据一行或一列的数据对整个工作表进行升序或降序排列。

1. 升序排列

步骤01 选中单元格区域A3:F19，将工作表切换到“数据”选项卡，单击“排序和筛选”选项组中的“排序”按钮。

步骤02 弹出“排序”对话框，先勾选对话框中的“数据包含标题”复选框，然后在“主要关键字”下拉列表中选择“绩效总成绩”，在“排序依据”下拉列表中选择“数值”，在“次序”下拉列表中选择“升序”。

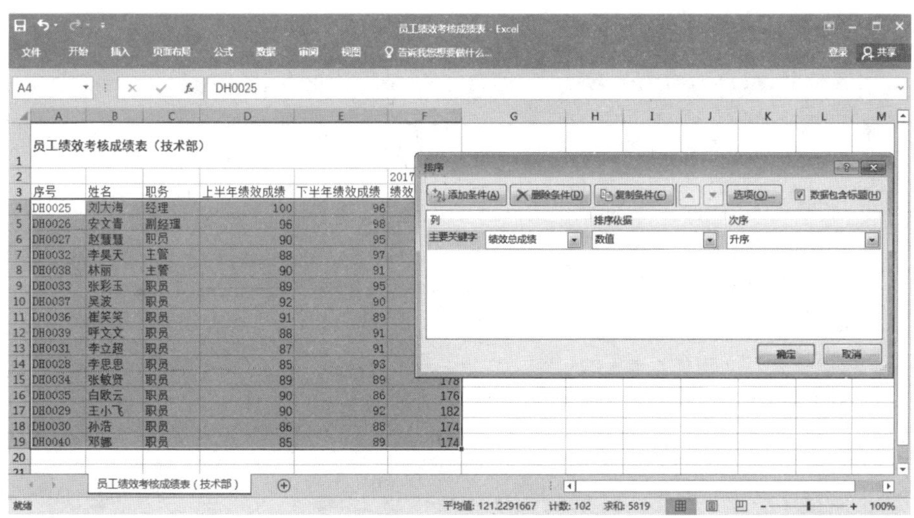

员工绩效考核成绩表（技术部）

序号	姓名	职务	上半年绩效成绩	下半年绩效成绩	绩效
DH0025	刘大海	经理	100	96	
DH0026	安文青	副经理	96	98	
DH0027	赵慧慧	职员	90	95	
DH0032	李昊天	主管	88	97	
DH0038	林丽	主管	90	91	
DH0033	张彩玉	职员	89	95	
DH0037	吴波	职员	92	90	
DH0036	崔笑笑	职员	91	89	
DH0039	呼文文	职员	88	91	
DH0031	李立超	职员	87	91	
DH0028	李思思	职员	85	93	
DH0034	张敏贤	职员	89	89	178
DH0035	白欧云	职员	90	86	176
DH0029	王小飞	职员	90	92	182
DH0030	孙浩	职员	86	88	174
DH0040	邓娜	职员	85	89	174

步骤03 单击“确定”按钮，返回工作表。此时工作表中的“绩效总成绩”已经进行了升序排列。

员工绩效考核成绩表（技术部）

2017.01.10

序号	姓名	职务	上半年绩效成绩	下半年绩效成绩	绩效总成绩
DH0030	孙浩	职员	86	88	174
DH0040	邓娜	职员	85	89	174
DH0035	白欧云	职员	90	86	176
DH0031	李立超	职员	87	91	178
DH0028	李思思	职员	85	93	178
DH0034	张敏贤	职员	89	89	178
DH0039	呼文文	职员	88	91	179
DH0036	崔笑笑	职员	91	89	180
DH0038	林丽	主管	90	91	181
DH0037	吴波	职员	92	90	182
DH0029	王小飞	职员	90	92	182
DH0033	张彩玉	职员	89	95	184
DH0027	赵慧慧	职员	90	95	185
DH0032	李昊天	主管	88	97	192
DH0026	安文青	副经理	96	98	194
DH0025	刘大海	经理	100	96	196

2. 降序排列

按照上述方法，用户只需在“排序”对话框中的“次序”下拉列表中选择“降序”，其余项的设置不变，最后单击“确定”按钮，返回工作表，此时工作表中的“绩效总成绩”就进行了降序排列。

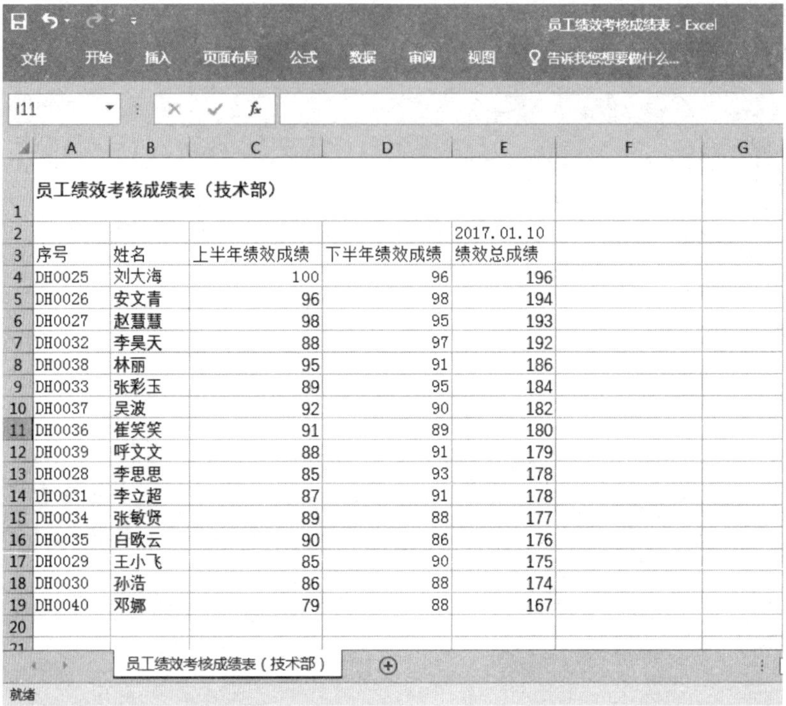

员工绩效考核成绩表（技术部）

序号	姓名	上半年绩效成绩	下半年绩效成绩	绩效总成绩
				2017.01.10
DH0025	刘大海	100	96	196
DH0026	安文青	96	98	194
DH0027	赵慧慧	98	95	193
DH0032	李昊天	88	97	192
DH0038	林丽	95	91	186
DH0033	张彩玉	89	95	184
DH0037	吴波	92	90	182
DH0036	崔笑笑	91	89	180
DH0039	呼文文	88	91	179
DH0028	李思思	85	93	178
DH0031	李立超	87	91	178
DH0034	张敏贤	89	88	177
DH0035	白欧云	90	86	176
DH0029	王小飞	85	90	175
DH0030	孙浩	86	88	174
DH0040	邓娜	79	88	167

6.1.2 多条件排序

我们以“工作绩效考核表”为例，如果想对“绩效总成绩”相同的员工进一步进行排序，比如对“序号”进行降序排列就可以使用多条件排序法。具体操作步骤如下。

步骤01 选中单元格区域A3:F19，单击“数据”选项卡下“排序和筛选”选项组中的“排序”按钮，弹出的“排序”对话框中会显示出上一次是按照绩效总成绩进行了降序排列。用户可单击“添加条件”按钮，在“次要关键字”

下拉列表中，比如我们设置选择“序号”选项，在“排序依据”下拉列表中选择“数值”，在“次序”下拉列表中仍然选择“降序”。

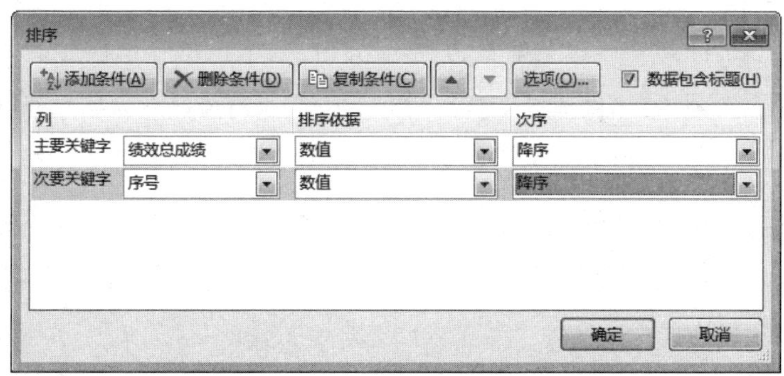

步骤02 设置完成后，单击“确定”按钮，返回工作表。我们对照之前的排序工作表，会发现在以“绩效总成绩”降序的基础上，绩效总成绩相同时，则按照“序号”进行了降序排列。

员工绩效考核成绩表（技术部）

					2017.01.10
序号	姓名	职务	上半年绩效成绩	下半年绩效成绩	绩效总成绩
DH0025	刘大海	经理	100	96	196
DH0026	安文青	副经理	96	98	194
DH0032	李昊天	主管	88	97	192
DH0027	赵慧慧	职员	90	95	185
DH0033	张彩玉	职员	89	95	184
DH0037	吴波	职员	92	90	182
DH0029	王小飞	职员	90	92	182
DH0038	林丽	主管	90	91	181
DH0036	崔笑笑	职员	91	89	180
DH0039	呼文文	职员	88	91	179
DH0034	张敏贤	职员	89	89	178
DH0031	李立超	职员	87	91	178
DH0028	李思思	职员	85	93	178
DH0035	白欧云	职员	90	86	176
DH0040	邓娜	职员	85	89	174
DH0030	孙浩	职员	86	88	174

6.1.3 自定义排序

Excel 2016具有自定义排序功能，用户可以根据需要设置自定义排序序列。比如，按照“部门名称”“学历”“职位”等进行排序时，用户就可以使用自定义排序的方式。下面就介绍具体的操作步骤。

步骤01 选中单元格区域A3:F19，单击“数据”选项卡下“排序和筛选”选项组中的“排序”按钮，弹出“排序”对话框，选中对话框右上方的“数据包含标题”复选框，然后在“次序”下拉列表中选择“自定义序列”选项。

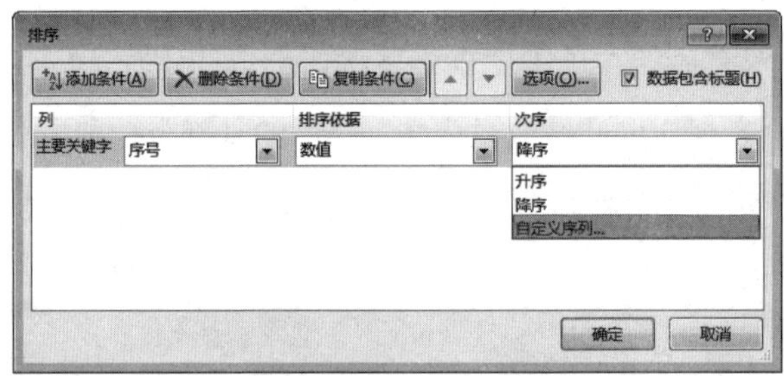

步骤02 单击“确定”按钮，弹出“自定义序列”对话框，在“输入序列”文本框中输入 “经理，副经理，主管，职员”文本，单击“添加”按钮，新定义的序列就添加到了“自定义序列”的列表框中。结果见下图。

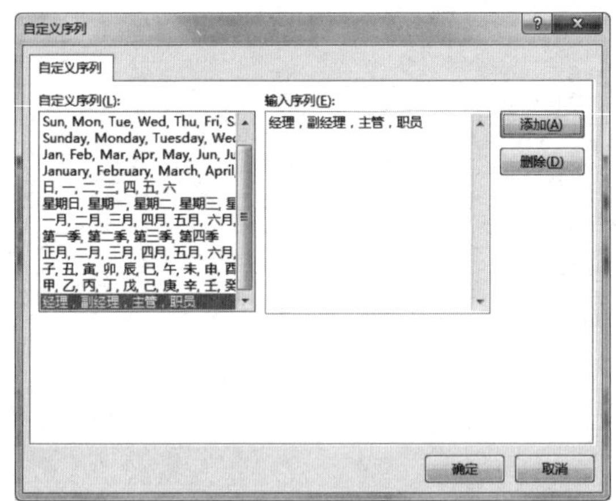

步骤03 单击“确定”按钮，返回“排序”对话框，可以发现在“次序”的文本框中显示的为自定义的序列。

步骤04 单击“确定”按钮，返回工作表，此时，工作表按照自定义的顺序进行了排序。

员工绩效考核成绩表（技术部）

序号	姓名	职务	上半年绩效成绩	下半年绩效成绩	2017.01.10 绩效总成绩
DH0025	刘大海	经理	100	96	196
DH0026	安文青	副经理	96	98	194
DH0032	李昊天	主管	88	97	192
DH0038	林丽	主管	90	91	181
DH0027	赵慧慧	职员	90	95	185
DH0033	张彩玉	职员	89	95	184
DH0037	吴波	职员	92	90	182
DH0029	王小飞	职员	90	92	182
DH0036	崔笑笑	职员	91	89	180
DH0039	呼文文	职员	88	91	179
DH0034	张敏贤	职员	89	89	178
DH0031	李立超	职员	87	91	178
DH0028	李思思	职员	85	93	178
DH0035	白欧云	职员	90	86	176
DH0040	邓娜	职员	85	89	174
DH0030	孙浩	职员	86	88	174

6.2　员工工资的筛选

公司的财务人员不仅要用Excel工作簿制作公司员工的工资单，有时候还要对工资单做一些排序、筛选或汇总等工作。这里给大家介绍一下工资单的筛选方法。

6.2.1　自动筛选

自动筛选功能能够筛选掉不符合条件的数据，只显示符合条件的数据。

1. 指定数据的筛选

步骤01 打开“员工工资表（6月份）”工作簿，选中A2:G18区域，将工作表切换至“数据”选项卡，单击“排序和筛选”选项组中的“筛选”按钮，进入“自动筛选”状态，此时标题行中各个小标题的右侧出现了下拉按钮。

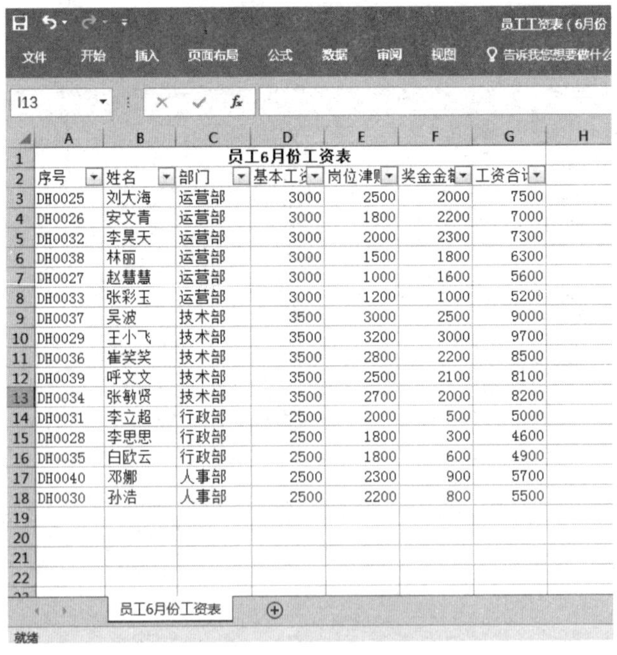

	A	B	C	D	E	F	G
1	员工6月份工资表						
2	序号	姓名	部门	基本工	岗位津	奖金金	工资合
3	DH0025	刘大海	运营部	3000	2500	2000	7500
4	DH0026	安文青	运营部	3000	1800	2200	7000
5	DH0032	李昊天	运营部	3000	2000	2300	7300
6	DH0038	林丽	运营部	3000	1500	1800	6300
7	DH0027	赵慧慧	运营部	3000	1000	1600	5600
8	DH0033	张彩玉	运营部	3000	1200	1000	5200
9	DH0037	吴波	技术部	3500	3000	2500	9000
10	DH0029	王小飞	技术部	3500	3200	3000	9700
11	DH0036	崔笑笑	技术部	3500	2800	2200	8500
12	DH0039	呼文文	技术部	3500	2500	2100	8100
13	DH0034	张敏贤	技术部	3500	2700	2000	8200
14	DH0031	李立超	行政部	2500	2000	500	5000
15	DH0028	李思思	行政部	2500	1800	300	4600
16	DH0035	白欧云	行政部	2500	1800	600	4900
17	DH0040	邓娜	人事部	2500	2300	900	5700
18	DH0030	孙浩	人事部	2500	2200	800	5500

步骤02 单击“部门”小标题右侧的下拉按钮，在弹出的下拉列表中只勾选“运营部”复选框。

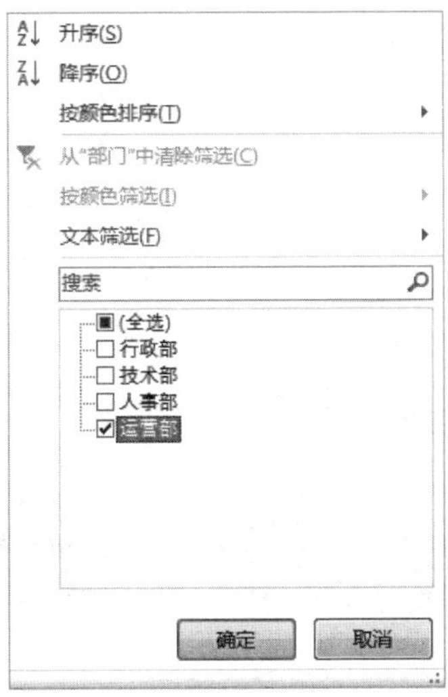

步骤03 单击“确定”按钮，此时可见工作表中只显示运营部员工的工资信息。

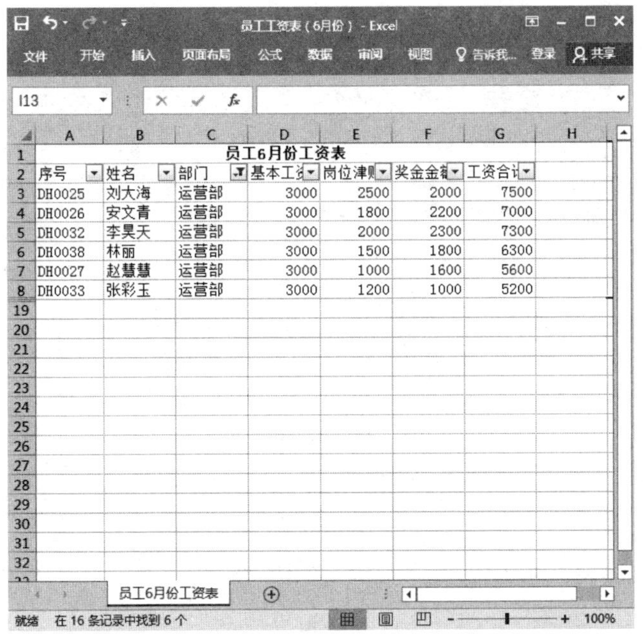

小提示：除了在“数据”选项卡下进入自动筛选模式外，大家还可以切换到“开始”选项卡，单击“编辑”选项组中的“筛选”选项。另外，大家还可使用Ctrl+Shift+L组合键进入筛选模式。

2. 指定条件的筛选

指定条件的筛选可以对数值、日期等格式进行筛选。这里以数值筛选为例，比如我们要筛选出月工资在8000元以上的员工，可以按以下方法来操作。

步骤01 按照上面提到的方法，进入筛选模式，点击小标题“工资合计”下拉按钮，在弹出的列表中单击“数字筛选”选项，其右侧会出现一个子列表。

步骤02 在子列表中点击“大于”选项，弹出“自定义自动筛选方式”对话框，设置“工资合计”的条件为大于8000。

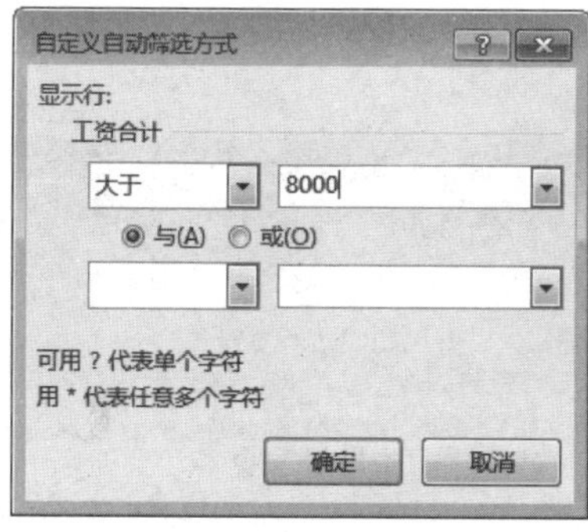

步骤03 单击“确定”按钮，返回工作表，即可查看筛选结果。

	A	B	C	D	E	F	G
1	员工6月份工资表						
2	序号	姓名	部门	基本工资	岗位津贴	奖金金额	工资合计
9	DH0037	吴波	技术部	3500	3000	2500	9000
10	DH0029	王小飞	技术部	3500	3200	3000	9700
11	DH0036	崔笑笑	技术部	3500	2800	2200	8500
12	DH0039	呼文文	技术部	3500	2500	2100	8100
13	DH0034	张敏贤	技术部	3500	2700	2000	8200

步骤04 如果筛选工资的范围为“大于或等于5000而小于或等于8000”，那么在弹出的“自定义自动筛选方式”对话框中可以像下面图中所示这样设置。

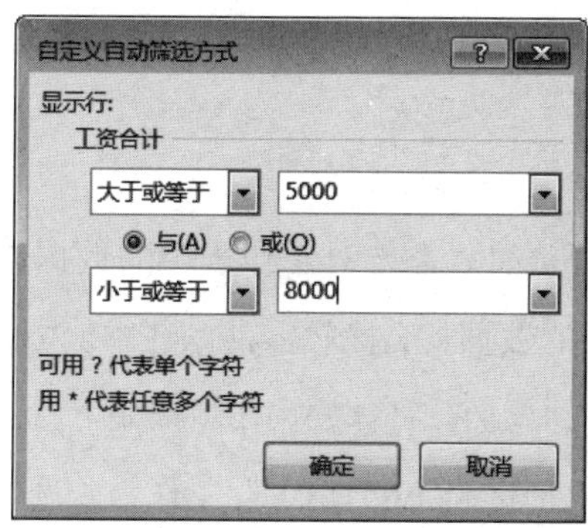

步骤05 设置完成后，单击“确定”按钮，效果如下图所示。

文件 开始 插入 页面布局 公式 数据 审阅 视图 告诉我您想要做什

G3 =D3+E3+F3

	A	B	C	D	E	F	G	H
1	员工6月份工资表							
2	序号	姓名	部门	基本工资	岗位津贴	奖金金额	工资合计	
3	DH0025	刘大海	运营部	3000	2500	2000	7500	
4	DH0026	安文青	运营部	3000	1800	2200	7000	
5	DH0032	李昊天	运营部	3000	2000	2300	7300	
6	DH0038	林丽	运营部	3000	1500	1800	6300	
7	DH0027	赵慧慧	运营部	3000	1000	1600	5600	
8	DH0033	张彩玉	运营部	3000	1200	1000	5200	
14	DH0031	李立超	行政部	2500	2000	500	5000	
17	DH0040	邓娜	人事部	2500	2300	900	5700	
18	DH0030	孙浩	人事部	2500	2200	800	5500	
19								
20								
21								
22								
23								

6.3 部门工资状况汇总

分类汇总是对某一字段的内容进行分类，并针对不同的类别统计出相应的数据结果。下面我们以工资表为例，详细讲解分类汇总的操作方法。

6.3.1 创建分类汇总

用户在创建分类汇总前，需要对工作表中的数据进行排序。如果不先排序，那么分类汇总之后的数据就会比较零乱。在本例中，我们利用分类汇总分别统计出各个部门工资的总额，具体的操作步骤如下。

步骤01 打开“员工工资表（6月份）”工作簿，选中单元格区域A2:G18，切换到“数据”选项卡，单击“排序和筛选”选项组中的“排序”按钮，在弹出的“排序”对话框中选中“数据包含标题”复选框，在“主要关键字”下拉列表中选择“部门”选项，在“排序依据”下拉列表中选择“数值”选项，在“次序”下拉列表中选择“降序”选项。

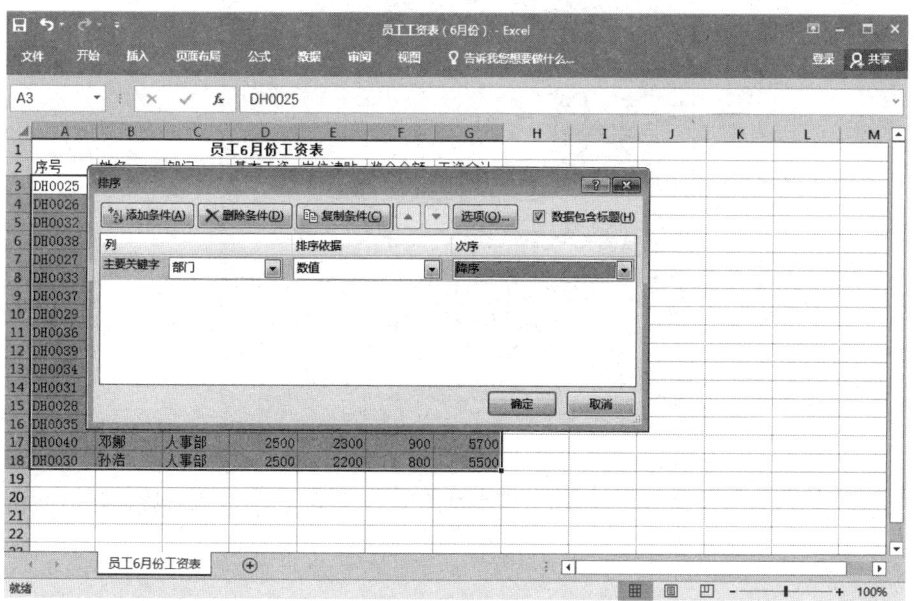

步骤02 单击“确定”按钮，返回工作表，选中工作表区域A2:G18，单击“数据”选项卡下“分级显示”选项组中的“分类汇总”按钮。

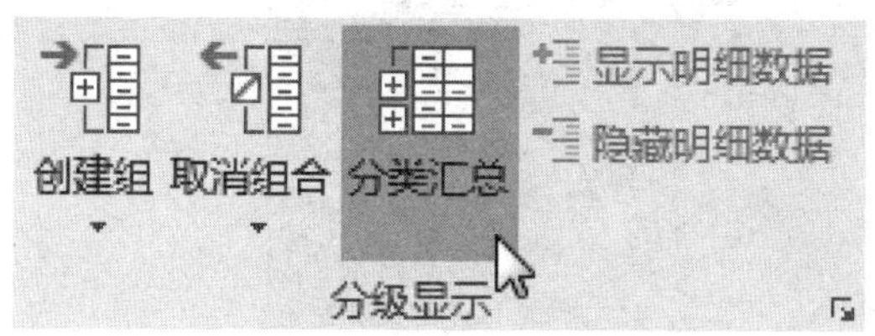

步骤03 弹出“分类汇总”对话框，在“分类汇总”对话框中，对各个下拉列表进行设置。在“分类字段”下拉列表中选择“部门”选项，在“汇总方式”下拉列表中选择“求和”选项，在“选定汇总项”列表框中勾选“工资合计”复选框，并勾选“汇总结果显示在数据下方”复选框。

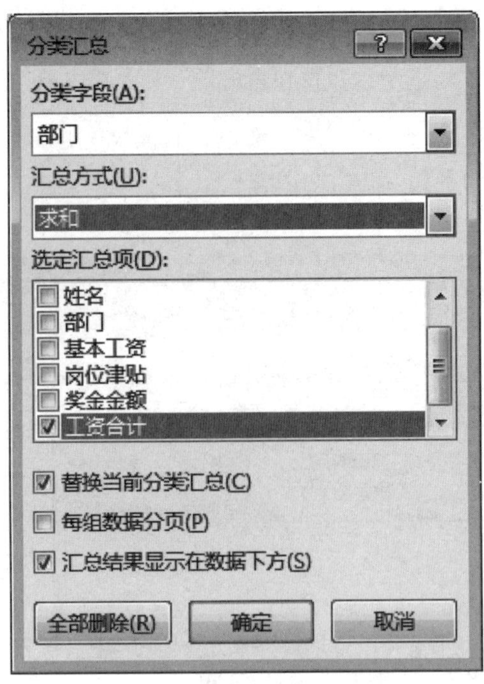

步骤04 单击“确定”按钮，返回工作表，可见工作表中的数据已经按照不同部门进行了分类，并且分别计算出了各部门工资合计的总额。

	A	B	C	D	E	F	G
1	员工6月份工资表						
2	序号	姓名	部门	基本工资	岗位津贴	奖金金额	工资合计
3	DH0025	刘大海	运营部	3000	2500	2000	7500
4	DH0026	安文青	运营部	3000	1800	2200	7000
5	DH0032	李昊天	运营部	3000	2000	2300	7300
6	DH0038	林丽	运营部	3000	1500	1800	6300
7	DH0027	赵慧慧	运营部	3000	1000	1600	5600
8	DH0033	张彩王	运营部	3000	1200	1000	5200
9			运营部 汇总				38900
10	DH0040	邓娜	人事部	2500	2300	900	5700
11	DH0030	孙浩	人事部	2500	2200	800	5500
12			人事部 汇总				11200
13	DH0037	吴波	技术部	3500	3000	2500	9000
14	DH0029	王小飞	技术部	3500	3200	3000	9700
15	DH0036	崔笑笑	技术部	3500	2800	2200	8500
16	DH0039	呼文文	技术部	3500	2500	2100	8100
17	DH0034	张敏贤	技术部	3500	2700	2000	8200
18			技术部 汇总				43500
19	DH0031	李立超	行政部	2500	2000	500	5000
20	DH0028	李思思	行政部	2500	1800	300	4600
21	DH0035	白欧云	行政部	2500	1800	600	4900
22			行政部 汇总				14500

6.3.2 多项数值汇总

在日常工作中，我们经常会遇到分类后需要统计多项数据总值的情况。此时，我们可以通过分类汇总多项数值来操作。具体操作步骤如下。

步骤01 对原始工作表进行降序或升序排列，比如我们对“员工6月份工资表”进行降序排列。完成后，选中A2:G18区域，单击“分级显示”选项组中的“分类汇总”按钮，弹出“分类汇总”对话框，在“分类字段”下拉列表中选择“部门”选项，在“汇总方式”下拉列表中选择“求和”选项，在“选定汇总项”列表框中选择两项或多项需要汇总的项目。

步骤02 单击“确定”按钮，此时工作表中的数据已经按照部门进行了分类，并且对多项数据都进行了汇总。

序号	姓名	部门	基本工资	岗位津贴	奖金金额	工资合计
DH0025	刘大海	运营部	3000	2500	2000	7500
DH0026	安文青	运营部	3000	1800	2200	7000
DH0032	李昊天	运营部	3000	2000	2300	7300
DH0038	林丽	运营部	3000	1500	1800	6300
DH0027	赵慧慧	运营部	3000	1000	1600	5600
DH0033	张彩玉	运营部	3000	1200	1000	5200
		运营部 汇总	18000	10000	10900	38900
DH0040	邓娜	人事部	2500	2300	900	5700
DH0030	孙浩	人事部	2500	2200	800	5500
		人事部 汇总	5000	4500	1700	11200
DH0037	吴波	技术部	3500	3000	2500	9000
DH0029	王小飞	技术部	3500	3200	3000	9700
DH0036	崔笑笑	技术部	3500	2800	2200	8500
DH0039	呼文文	技术部	3500	2500	2100	8100
DH0034	张敏贤	技术部	3500	2700	2000	8200
		技术部 汇总	17500	14200	11800	43500
DH0031	李立超	行政部	2500	2000	500	5000
DH0028	李思思	行政部	2500	1800	300	4600
DH0035	白欧云	行政部	2500	1800	600	4900
		行政部 汇总	7500	5600	1400	14500

6.3.3 删除分类汇总

应用分类汇总功能在统计数据方面很高效，但是如果工作表不需要分类汇总了，该如何删除呢？下面就详细讲解删除分类汇总的方法。

步骤01 将光标放在工作报表数据区域的任一单元格里，切换到“数据”选项卡，单击“分级显示”选项组中的“分类汇总”按钮，弹出“分类汇总”对话框，单击左下角的“全部删除”按钮。

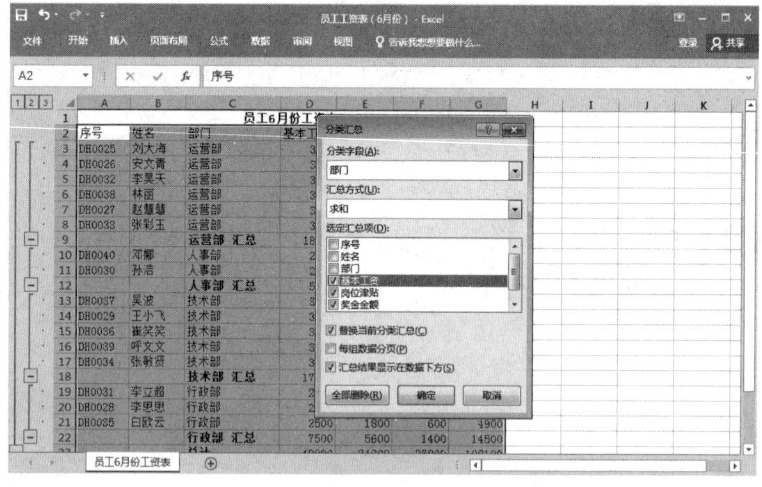

步骤02 返回工作表，此时可看到以前所创建的分类汇总已经全部删除，工作表恢复到分类汇总前的模式。

员工6月份工资表

序号	姓名	部门	基本工资	岗位津贴	奖金金额	工资合计
DH0025	刘大海	运营部	3000	2500	2000	7500
DH0026	安文青	运营部	3000	1800	2200	7000
DH0032	李昊天	运营部	3000	2000	2300	7300
DH0038	林丽	运营部	3000	1500	1800	6300
DH0027	赵慧慧	运营部	3000	1000	1600	5600
DH0033	张彩玉	运营部	3000	1200	1000	5200
DH0040	邓娜	人事部	2500	2300	900	5700
DH0030	孙浩	人事部	2500	2200	800	5500
DH0037	吴波	技术部	3500	3000	2500	9000
DH0029	王小飞	技术部	3500	3200	3000	9700
DH0036	崔笑笑	技术部	3500	2800	2200	8500
DH0039	呼文文	技术部	3500	2500	2100	8100
DH0034	张敏贤	技术部	3500	2700	2000	8200
DH0031	李立超	行政部	2500	2000	500	5000
DH0028	李思思	行政部	2500	1800	300	4600
DH0035	白欧云	行政部	2500	1800	600	4900

Chapter 07 公式与函数的应用

7.1 员工商务培训成绩统计表

快速准确地对公司的一些数据进行统计，是行政、财务、人事等人员的必备技能。而利用Excel 2016中公式和函数强大的计算功能来进行统计是最为便捷的操作途径。下面我们以“员工商务培训成绩统计表”为例，详细讲述利用公式和函数来分析统计数据的方法。

7.1.1 了解公式和函数

公式和函数是Excel工作表中重要的组成部分，为用户分析和处理工作表中的数据提供了便利。

公式的概念

公式就是一个等式，是由一组数据和运算符组成的序列，使用时必须以“=”开始，后面是数据和运算符。其中，数据可以是常数、单元格名称、单元格引用和工作表函数等。下图为应用公式的例子。

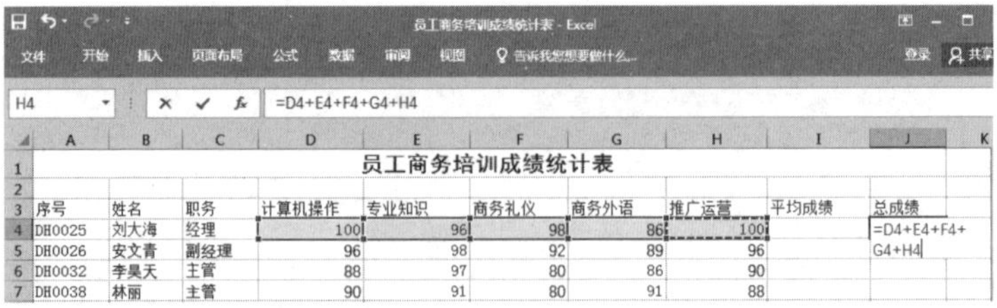

H4 =D4+E4+F4+G4+H4

	A	B	C	D	E	F	G	H	I	J
1	员工商务培训成绩统计表									
2										
3	序号	姓名	职务	计算机操作	专业知识	商务礼仪	商务外语	推广运营	平均成绩	总成绩
4	DH0025	刘大海	经理	100	96	98	86	100		=D4+E4+F4+G4+H4
5	DH0026	安文青	副经理	96	98	92	89	96		
6	DH0032	李昊天	主管	88	97	80	86	90		
7	DH0038	林丽	主管	90	91	80	91	88		

函数的概念

Excel中的函数是预定义的内置公式，必须以“=”开始，每一个函数描述都包括一个语法行，必须按语法的特定顺序进行计算。

在用函数进行计算或输入数据的时候，用户可选中工作表中需要使用函数的单元格（比如J6），将工作表切换到“公式”选项卡，单击“函数库”选项组中的“插入函数”按钮，然后在弹出的“插入函数”对话框中进行设置。

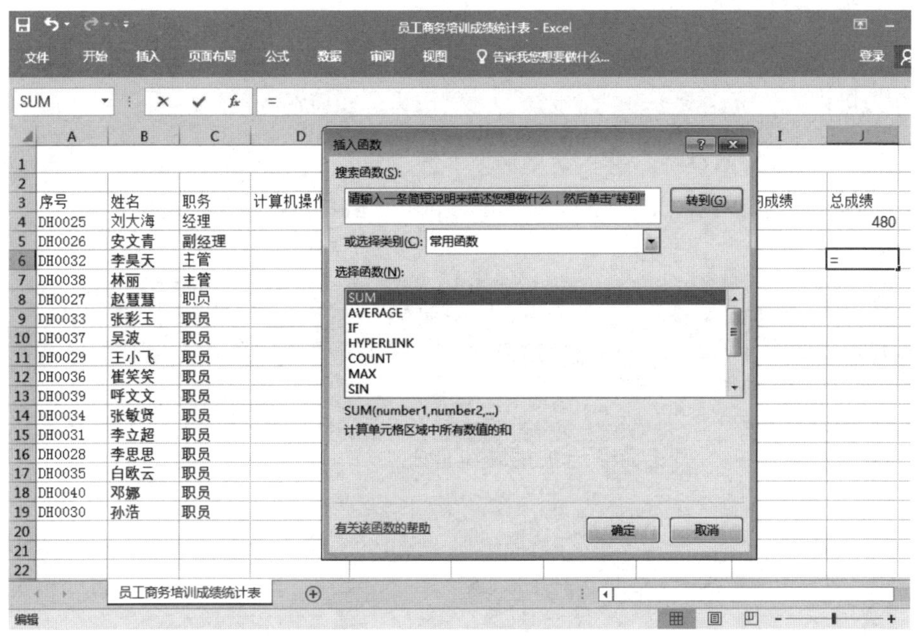

上图中，我们使用的是求和函数SUM。语法结构为SUM(number1,number2,...)。其中，SUM是函数名称，体现出函数的功能，名称后面紧跟括号，括号里面是用半角逗号分隔开来的参数。

Excel函数从来源的角度可分为内置函数和扩展函数两大类。前者只要启动了Excel，用户就可以使用它们；而后者需要通过“工具→加载宏”中的指令来加载使用。

7.1.2 输入和编辑公式

在使用公式进行运算前，我们需要在相应的单元格内输入公式。在用公式进行运算的时候，也会涉及公式的修改、复制、显示或隐藏等问题，这就涉及公式的编辑问题了。这里就详细介绍下公式的输入和编辑方法。

输入公式

在单元格中输入公式的方法可分为手动输入和单击输入。我们以求“员工商务培训成绩统计表”的“总成绩”为例来讲解如何输入公式。

（1）手动输入。先选定需要输入公式的单元格J5，键入“=”，并输入“96+98+92+89+96”，按下Enter键后，J5单元格内会自动显示运算结果。

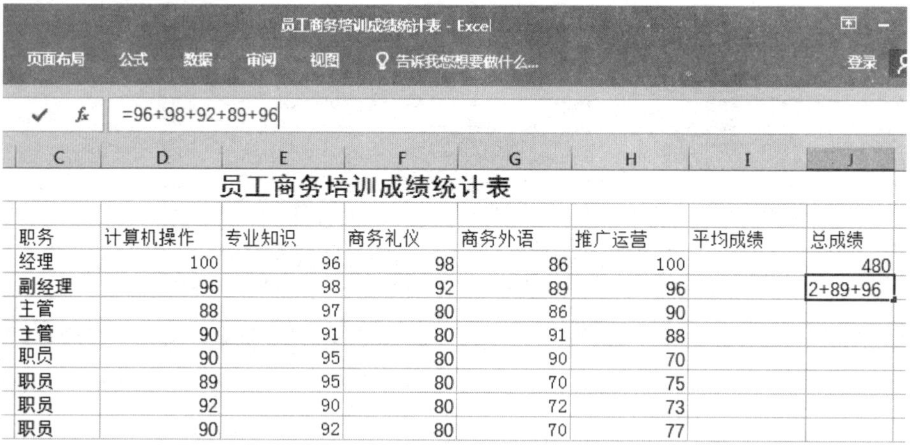

员工商务培训成绩统计表 - Excel

页面布局 公式 数据 审阅 视图 告诉我您想要做什么... 登录

=96+98+92+89+96

C	D	E	F	G	H	I	J
	员工商务培训成绩统计表						
职务	计算机操作	专业知识	商务礼仪	商务外语	推广运营	平均成绩	总成绩
经理	100	96	98	86	100		480
副经理	96	98	92	89	96		2+89+96
主管	88	97	80	86	90		
主管	90	91	80	91	88		
职员	90	95	80	90	70		
职员	89	95	80	70	75		
职员	92	90	80	72	73		
职员	90	92	80	70	77		

（2）单击输入。先在需要输入公式的单元格J5中键入“=”，然后用鼠标单击参与计算的单元格，这个单元格周围会显示一个活动虚框，同时单元格引用会自动输入单元格J5和编辑栏中，接着输入运算符号，再按照这种方法依次输入其他参数和运算符号。公式输入完成后，单击Enter键，J5单元格里就会显示运算结果。

员工商务培训成绩统计表 - Excel

H5　=D5+E5+F5+G5+H5

	A	B	C	D	E	F	G	H	I	J
1	员工商务培训成绩统计表									
2										
3	序号	姓名	职务	计算机操作	专业知识	商务礼仪	商务外语	推广运营	平均成绩	总成绩
4	DH0025	刘大海	经理	100	96	98	86	100		480
5	DH0026	安文青	副经理	96	98	92	89	96		=D5+E5+F5+G5+H5
6	DH0032	李昊天	主管	88	97	80	86	90		
7	DH0038	林丽	主管	90	91	80	91	88		
8	DH0027	赵慧慧	职员	90	95	80	90	70		
9	DH0033	张彩玉	职员	89	95	80	70	75		
10	DH0037	吴波	职员	92	90	80	72	73		
11	DH0029	王小飞	职员	90	92	80	70	77		
12	DH0036	崔笑笑	职员	91	89	80	81	76		
13	DH0039	呼文文	职员	88	91	80	80	78		
14	DH0034	张敏贤	职员	89	89	80	88	80		
15	DH0031	李立超	职员	87	91	80	80	83		
16	DH0028	李思思	职员	85	93	80	70	88		
17	DH0035	白欧云	职员	90	86	80	70	86		
18	DH0040	邓娜	职员	85	89	80	71	82		
19	DH0030	孙浩	职员	86	88	80	77	76		

员工商务培训成绩统计表

修改公式

在工作表中输入公式之后，有时需要根据实际需要对其进行修改。具体操作步骤为：双击需要修改公式的单元格，单元格中的公式就会处于可编辑状态，用户可根据需要对公式进行修改，修改完成后按下Enter键即可。

员工商务培训成绩统计表 - Excel

=J4=J7D5+E5+F5+G5+H5

D	E	F	G	H	I	J
员工商务培训成绩统计表						
计算机操作	专业知识	商务礼仪	商务外语	推广运营	平均成绩	总成绩
100	96	98	86	100		480
96	98	92	89	96		=J4=J7D5+E5+F5+G5+H5
88	97	80	86	90		
90	91	80	91	88		

复制公式

当需要在多个单元格重复输入同一个公式时，可以通过复制公式的方法来快速计算出相同单元格区域的数值。复制公式的方法有两种，分别是命令复制法和拖拽复制法。

（1）命令复制法。

步骤01 打开“员工商务培训成绩统计表”，在“总成绩”区域选中J4单元格并点击鼠标右键，在弹出的菜单中点击“复制”选项。

步骤02 单击鼠标左键，拖拽选中J5:J19单元格区域，松开鼠标后再单击鼠标右键，在弹出的菜单中点击“粘贴选项”中的“公式”按钮。

步骤03 返回工作表后，我们会发现J5:J19单元格区域已经复制了J4单元格的公式，并用这个公式计算出了其余每个人的总成绩。

（2）拖拽复制法。

步骤01 选中单元格J4，将光标移动至此单元格的右下角，待光标变十字形状时，长按鼠标左键并拖拽鼠标至J19单元格。

员工商务培训成绩统计表 -

页面布局 公式 数据 审阅 视图 告诉我您想要做什么...

=D4+E4+F4+G4+H4

C	D	E	F	G	H	I	J
	员工商务培训成绩统计表						
务	计算机操作	专业知识	商务礼仪	商务外语	推广运营	平均成绩	总成绩
理	100	96	98	86	100		480
经理	96	98	92	89	96		
管	88	97	80	86	90		
管	90	91	80	91	88		
员	90	95	80	90	70		
员	89	95	80	70	75		
员	92	90	80	72	73		
员	90	92	80	70	77		
员	91	89	80	81	76		
员	88	91	80	80	78		
员	89	89	80	88	80		
员	87	91	80	80	83		
员	85	93	80	70	88		
员	90	86	80	70	86		
员	85	89	80	71	82		
员	86	88	80	77	76		

步骤02 释放鼠标，此时系统会自动复制J4单元格中的公式，计算出其余单元格区域的数值。

员工商务培训成绩统计表 - Exce

文件 开始 插入 页面布局 公式 数据 审阅 视图 告诉我您想要做什么...

J4 =D4+E4+F4+G4+H4

	A	B	C	D	E	F	G	H	I	J
1				员工商务培训成绩统计表						
2										
3	序号	姓名	职务	计算机操作	专业知识	商务礼仪	商务外语	推广运营	平均成绩	总成绩
4	DH0025	刘大海	经理	100	96	98	86	100		480
5	DH0026	安文青	副经理	96	98	92	89	96		471
6	DH0032	李昊天	主管	88	97	80	86	90		441
7	DH0038	林丽	主管	90	91	80	91	88		440
8	DH0027	赵慧慧	职员	90	95	80	90	70		425
9	DH0033	张彩玉	职员	89	95	80	70	75		409
10	DH0037	吴波	职员	92	90	80	72	73		407
11	DH0029	王小飞	职员	90	92	80	70	77		409
12	DH0036	崔笑笑	职员	91	89	80	81	76		417
13	DH0039	呼文文	职员	88	91	80	80	78		417
14	DH0034	张敏贤	职员	89	89	80	88	80		426
15	DH0031	李立超	职员	87	91	80	80	83		421
16	DH0028	李思思	职员	85	93	80	70	88		416
17	DH0035	白欧云	职员	90	86	80	70	86		412
18	DH0040	邓娜	职员	85	89	80	71	82		407
19	DH0030	孙浩	职员	86	88	80	77	76		407
20										
21										
22										

显示或隐藏公式

1. 显示公式

用户如果想让工作表中的公式显示出来，以便查看，可以将工作表切换到“公式”选项卡，单击“公式审核”选项组中的“显示公式”按钮，效果如下图所示。

	E	F	G	H	I	J
1	员工商务培训成绩统计表					
2						
3	专业知识	商务礼仪	商务外语	推广运营	平均成绩	总成绩
4	96	98	86	100		=D4+E4+F4+G4+H4
5	98	92	89	96		=D5+E5+F5+G5+H5
6	97	80	86	90		=D6+E6+F6+G6+H6
7	91	80	91	88		=D7+E7+F7+G7+H7
8	95	80	90	70		=D8+E8+F8+G8+H8
9	95	80	70	75		=D9+E9+F9+G9+H9
10	90	80	72	73		=D10+E10+F10+G10
11	92	80	70	77		=D11+E11+F11+G11
12	89	80	81	76		=D12+E12+F12+G12
13	91	80	80	78		=D13+E13+F13+G13
14	89	80	88	80		=D14+E14+F14+G14
15	91	80	80	83		=D15+E15+F15+G15
16	93	80	70	88		=D16+E16+F16+G16
17	86	80	70	86		=D17+E17+F17+G17
18	89	80	71	82		=D18+E18+F18+G18
19	88	80	77	76		=D19+E19+F19+G19
20						
21						
22						

小提示：如果想取消显示公式后的效果，只需要按照上述方法重新单击“显示公式”按钮即可。

2. 隐藏公式

对于工作表中的公式，如果希望只显示计算结果，不显示公式引用位置，或者为了防止公式被更改而造成一些不必要的麻烦，可以按照以下方法来操作。

步骤01 按住Ctrl键不放，分别选中所有含有公式的单元格，点击鼠标右键，在弹出的菜单中选择“设置单元格格式”选项。

步骤02 弹出“设置单元格格式”对话框，切换到“保护”选项卡，勾选“隐藏”复选框，单击“确定”按钮。

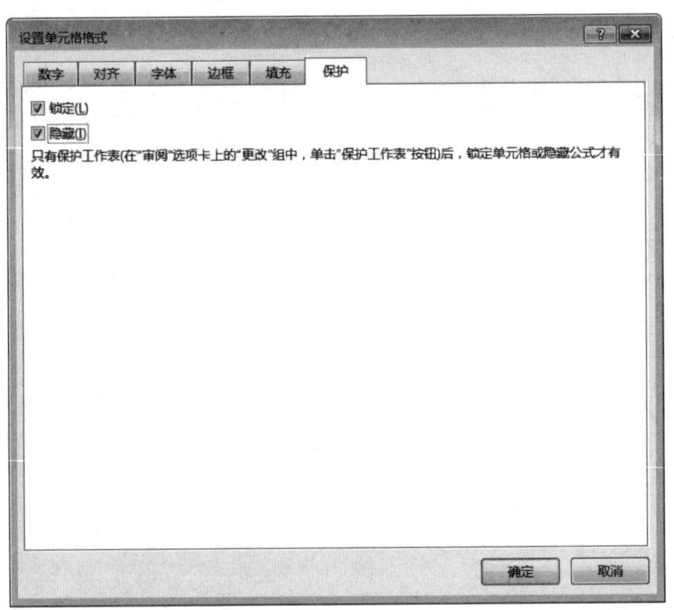

步骤03 返回工作表，切换到“审阅”选项卡，单击“更改”选项组中的“保护工作表”按钮，在弹出的“保护工作表”对话框中不设置密码，直接单击“确定”按钮。

步骤04 点击工作表中的公式区域，会发现编辑栏中不显示任何公式。

员工商务培训成绩统计表

序号	姓名	职务	计算机操作	专业知识	商务礼仪	商务外语	推广运营	平均成绩	总成绩
DH0025	刘大海	经理	100	96	98	86	100		480
DH0026	安文青	副经理	96	98	92	89	96		471
DH0032	李昊天	主管	88	97	80	86	90		441
DH0038	林丽	主管	90	91	80	91	88		440
DH0027	赵慧慧	职员	90	95	80	90	70		425
DH0033	张彩玉	职员	89	95	80	70	75		409
DH0037	吴波	职员	92	90	80	72	73		407
DH0029	王小飞	职员	90	92	80	70	77		409
DH0036	崔笑笑	职员	91	89	80	81	76		417
DH0039	呼文文	职员	88	91	80	80	78		417
DH0034	张敏贤	职员	89	89	80	88	80		426
DH0031	李立超	职员	87	91	80	80	83		421
DH0028	李思思	职员	85	93	80	70	88		416
DH0035	白欧云	职员	90	86	80	70	86		412
DH0040	邓娜	职员	85	89	80	71	82		407
DH0030	孙浩	职员	86	88	80	77	76		407

小提示：如果想要显示所有被隐藏的公式，可以选中所有隐藏公式的单元格，将工作表切换到“审阅”选项卡，单击“更改”选项组中的“撤销工作表保护”按钮，按下快捷键Ctrl+1，弹出“设置单元格格式”对话框，切换到“保护”选项卡，取消勾选“隐藏”复选框，再单击“确定”按钮即可。

7.2 部门年度销售统计明细表

公司的销售部门一般会在固定的时间里对销售情况进行归纳、分析、统计，以便于掌握产品的盈利情况，制定合理的销售运营策略等。下面给大家讲解用函数的相关知识来分析“部门年度销售统计表”的方法。

7.2.1 单元格的引用

单元格的引用是Excel中非常重要的基础概念，在使用公式时起着非常重要的作用。

相对引用

相对引用是基于包含公式的单元格，引用单元格的相对位置来说的。也就是说，如果公式所在单元格的位置发生改变，所引用的单元格位置也会因之而发生变化。如果多行或多列地复制公式，引用会自动调整。我们以“公司季度销售数据统计表”为例来做下介绍。

步骤01 将光标放于H5单元格，输入公式“=B5+C5+D5+E5+F5+G5”。

公司某产品上半年销售数据统计表

地区＼数据	1月销售额（）	2月销售额（万）	3月份销售额（万）	4月销售额（万）	5月销售额（万）	6月销售额（万）	销售总额（万）	计划销售额（万）	完
北京	30	25	31	27	33	29			
上海	29	26	26	28	29	28	=B5+C5+D5+E5+F5+G5		
广州	32	17	22	29	26	17			
深圳	30	19	29	30	25	12			
天津	22	19	22	21	24	23			
长春	25	18	21	22	26	24			
沈阳	26	22	22	23	24	15			
武汉	21	22	25	24	23	26			
太原	18	23	14	15	16	17			
南京	19	14	25	26	25	18			
重庆	20	20	16	21	18	19			
海口	11	16	20	18	19	10			
长沙	12	17	18	19	20	11			

步骤02 按下Enter键，H5单元格显示出计算结果。将鼠标光标移动至此单元格的右下角，待光标变成十字形状时，拖拽鼠标左键至H16单元格，释放鼠标，此时公式自动由H4填充到H16单元格。

公司某产品上半年销售数据统计表

数据 地区	1月销售额（万）	2月销售额（万）	3月份销售额（万）	4月销售额（万）	5月销售额（万）	6月销售额（万）	销售总额（万）	计划销售额（万）	完
北京	30	25	31	27	33	29	175		
上海	29	26	26	28	29	28	166		
广州	32	17	22	29	26	17	143		
深圳	30	19	29	30	25	12	145		
天津	22	19	22	21	24	23	131		
长春	25	18	21	22	26	24	136		
沈阳	26	22	22	23	24	15	132		
武汉	21	22	25	24	23	26	141		
太原	18	23	14	15	16	17	103		
南京	19	14	25	26	25	18	127		
重庆	20	20	16	21	18	19	114		
海口	11	16	20	18	19	10	94		
长沙	12	17	18	19	20	11	97		

步骤03 点击H列单元格不难发现，随着单元格的改变，单元格里和编辑栏中的公式也会随之发生变化。

公司某产品上半年销售数据统计表

数据 地区	1月销售额（万）	2月销售额（万）	3月份销售额（万）	4月销售额（万）	5月销售额（万）	6月销售额（万）	销售总额（万）	计划销售额（万）	完
北京	30	25	31	27	33	29	175		
上海	29	26	26	28	29	28	166		
广州	32	17	22	29	26	17	143		
深圳	30	19	29	30	25	12	145		
天津	22	19	22	21	24	23	131		
长春	25	18	21	22	26	24	136		
沈阳	26	22	22	23	24	15	132		
武汉	21	22	25	24	23	26	141		
太原	18	23	14	15	16	17	103		
南京	19	14	25	26	25	18	127		
重庆	20	20	16	21	18	19	114		
海口	11	16	20	18	19	10	94		
长沙	12	17	18	19	20	11	6+E16+F16+G16		

绝对引用

绝对引用是在指定的单元格中进行的，不会随着单元格的变化而变化。如果多行或多列地复制公式，绝对引用也不会做调整。我们仍以“公司季度销售数据统计表”为例来做下介绍。

步骤01 在“公司季度销售数据统计表”中输入完“计划销售额”项目后，需要计算“完成率”。用户需选中J4单元格，在这个单元格里输入公式“=H4/$I$4”，按下Enter键即可得出计算结果。

公司季度销售数据统计表 - Excel

=H4/$I$4

公司某产品上半年销售数据统计表

（万）	2月销售额（万）	3月份销售额（万）	4月销售额（万）	5月销售额（万）	6月销售额（万）	销售总额（万）	计划销售额（万）	完成率
30	25	31	27	33	29	175	160	1.09375
29	26	26	28	29	28	166	160	
32	17	22	29	26	17	143	120	
30	19	29	30	25	12	145	120	
22	19	22	21	24	23	131	120	
25	18	21	22	26	24	136	120	
26	22	22	23	24	15	132	110	
21	22	25	24	23	26	141	110	
18	23	14	15	16	17	103	110	
19	14	25	26	25	18	127	100	
20	20	16	21	18	19	114	100	
11	16	20	18	19	10	94	100	
12	17	18	19	20	11	97	100	

步骤02 选中使用了绝对引用公式的J4单元格，将光标移至其右下角，待其变为十字形状时，按住鼠标左键不放，向下拖动到J16单元格，释放鼠标，公式自动填充到选中的单元格区域。选中J15单元格，编辑栏中的公式为“=H15/$I$4”，可见绝对单元格引用$I$4没有改变。

公司季度销售数据统计表 - Excel

局 公式 数据 审阅 视图 告诉我您想要做什么... 登录

fx =H15/$I$4

公司某产品上半年销售数据统计表

（万）	3月份销售额（万）	4月销售额（万）	5月销售额（万）	6月销售额（万）	销售总额（万）	计划销售额（万）	完成率
25	31	27	33	29	175	160	1.09375
26	26	28	29	28	166	160	1.0375
17	22	29	26	17	143	120	0.89375
19	29	30	25	12	145	120	0.90625
19	22	21	24	23	131	120	0.81875
18	21	22	26	24	136	120	0.85
22	22	23	24	15	132	110	0.825
22	25	24	23	26	141	110	0.88125
23	14	15	16	17	103	110	0.64375
14	25	26	25	18	127	100	0.79375
20	16	21	18	19	114	100	0.7125
16	20	18	19	10	94	100	0.5875
17	18	19	20	11	97	100	0.60625

小提示：Excel 2016中的公式在默认情况下，新公式使用的是相对引用。为了计算结果更为精准，我们可以将相对引用转换为绝对引用。比如，在输入绝对引用公式时，可直接在引用的列标和行号前输入绝对引用符号“$”，或在公式中选择引用的行号列标，按下F4键，就能自动切换成绝对引用。

混合引用

混合引用是既包含绝对引用又包含相对引用的混合形式。混合引用具有绝对列和相对行，或者绝对行和相对列。在复制公式时，如果需要行变列不变或者列变行不变，就可以用混合引用。我们以“公司季度销售统计表”为例来进行详细介绍。

步骤01 在工作表中加入不同档的销售奖金项，分别为“奖金3%”“奖金5%”“奖金8%”，在工作表外的单元格内写明奖金档次。在K4单元格里输入相对引用公式“=H4*C20”，选中公式中的“H4”，按3次F4键，变成了“$H4”。选中公式中的“C20”，按2次F4键，变成了“C$20”。

K4 =$H4*C$20

公司某产品上半年销售数据统计表

1月销售额（万）	2月销售额（万）	3月份销售额（万）	4月销售额（万）	5月销售额（万）	6月销售额（万）	销售总额（万）	计划销售额（万）	完成率	奖金3%（万）
30	25	31	27	33	29	175	160	1.09375	=$H4*C$20
29	26	26	28	29	28	166	160	1.0375	
32	17	22	29	26	17	143	120	0.89375	
30	19	29	30	25	12	145	120	0.90625	
22	19	22	21	24	23	131	120	0.81875	
25	18	21	22	26	24	136	120	0.85	
26	22	22	23	24	15	132	110	0.825	
21	22	25	24	23	26	141	110	0.88125	
18	23	14	15	16	17	103	110	0.64375	
19	14	25	26	25	18	127	100	0.79375	
20	20	16	21	18	19	114	100	0.7125	
11	16	20	18	19	10	94	100	0.5875	
12	17	18	19	20	11	97	100	0.60625	
奖金：	3%	5%	8%						

步骤02 按下Enter键，选中K4单元格，将光标置于K4单元格右下角，待光标变成十字形状时，按住鼠标左键向下拖拽至K16单元格，公式自动由K5单元格填充至K16单元格。选中K4:K16单元格区域，向右复制公式至M4:M16单元格区域。运用混合引用公式的结果如下图所示。

M7 =$H7*E$20

公司某产品上半年销售数据统计表

1月销售额（万）	2月销售额（万）	3月份销售额（万）	4月销售额（万）	5月销售额（万）	6月销售额（万）	销售总额（万）	计划销售额（万）	完成率	奖金3%（万）	奖金5%（万）	奖金8%（万）
30	25	31	27	33	29	175	160	1.09375	5.25	8.75	14
29	26	26	28	29	28	166	160	1.0375	4.98	8.3	13.28
32	17	22	29	26	17	143	120	0.89375	4.29	7.15	11.44
30	19	29	30	25	12	145	120	0.90625	4.35	7.25	11.6
22	19	22	21	24	23	131	120	0.81875	3.93	6.55	10.48
25	18	21	22	26	24	136	120	0.85	4.08	6.8	10.88
26	22	22	23	24	15	132	110	0.825	3.96	6.6	10.56
21	22	25	24	23	26	141	110	0.88125	4.23	7.05	11.28
18	23	14	15	16	17	103	110	0.64375	3.09	5.15	8.24
19	14	25	26	25	18	127	100	0.79375	3.81	6.35	10.16
20	20	16	21	18	19	114	100	0.7125	3.42	5.7	9.12
11	16	20	18	19	10	94	100	0.5875	2.82	4.7	7.52
12	17	18	19	20	11	97	100	0.60625	2.91	4.85	7.76
奖金：	3%	5%	8%								

小提示：在Excel中输入公式时，只要正确使用F4键，就能简单地对单元格的相对引用、绝对引用和混合引用进行切换。

按F4键一次，为绝对引用；按F4两次，为锁定行的混合引用；按F4键三次，为锁定列的混合引用；按F4四次，为相对引用。

7.2.2 名称的应用

利用函数公式进行数据统计时，有时需要引用某单元格区域或数组进行运算。此时，我们可给引用的单元格区域或数组定义一个名称，这比直接引用单元格位置更加方便、直观。

定义名称

我们以“公司季度销售统计表”为例来讲解操作步骤。

步骤01 选中H4:H16单元格区域，切换至“公式”选项卡，单击“定义的名称”选项组中的“定义名称”下拉按钮，弹出“新建名称”对话框，在“名称”文本框中输入“销售总额”。

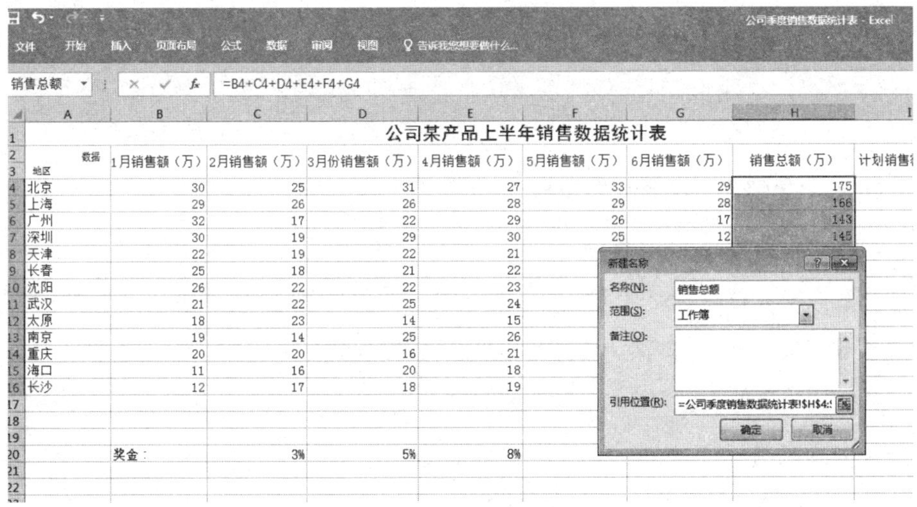

步骤02 单击“确定”按钮，返回工作表，选中H4:H16单元格区域后，会发现编辑栏左端的名称文本框中出现“销售总额”字样，表示定义名称成功。

应用名称

单元格区域的名称设置好之后，在函数和公式中就能使用名称来引用项目了。

步骤01 在N2:N3单元格中输入“销售总额排名”，在N4单元格里输入排序公式“=RANK(N4,$N$4:$N$16)”。

步骤02 按下Enter键，N4单元格中出现排名，然后将鼠标光标放置于这个单元格，待右下角出现十字形状时，按住左键，拖动鼠标选中N5:N16单元格区域，释放鼠标后，销售总额排名自动生成。

销售总额（万）	计划销售额（万）	完成率	奖金3%（万）	奖金5%（万）	奖金8%（万）	销售总额排名
175	160	1.09375	5.25	8.75	14	1
166	160	1.0375	4.98	8.3	13.28	2
143	120	0.89375	4.29	7.15	11.44	4
145	120	0.90625	4.35	7.25	11.6	3
131	120	0.81875	3.93	6.55	10.48	8
136	120	0.85	4.08	6.8	10.88	6
132	110	0.825	3.96	6.6	10.56	7
141	110	0.88125	4.23	7.05	11.28	5
103	110	0.64375	3.09	5.15	8.24	11
127	100	0.79375	3.81	6.35	10.16	9
114	100	0.7125	3.42	5.7	9.12	10
94	100	0.5875	2.82	4.7	7.52	13
97	100	0.60625	2.91	4.85	7.76	12

7.2.3 常见函数举例与应用

在人事、行政、财务工作中，经常会用函数来统计相关数据。经常使用的大多数函数是公式的简写形式，它通过参数接收数据并返回结果。下面来介绍一些常用的函数。

文本函数

文本函数是指可以在公式中处理文字串的函数。文本函数可以改变文本大小写或确定文字串的长度，可以将日期插入文字串或连接在文字串上，可以查找、提取文本中的特定字符，转换数据类型等。常用的文本函数有LEN函数、LEFT函数、RIGHT函数、MID函数、LOWER函数、PROPER函数、UPPER函数等。

1. LEN函数

LEN函数用于返回文本字符串中的字符数。LEN函数的语法结构为LEN(text)，其中，text表示要查找长度的文本，或包含文本的列。文本中的空格也作为字符来计数。

举例来说，我们在“公司季度销售统计表”下方任意表格里输入“验证字符数”，将光标放在A26单元格中，输入函数公式“=LEN(A1)”，点击Enter键，此时系统会自动计算出A1单元格里的字符数。

文件　开始　插入　页面布局　公式　数据　审阅　视图　告诉我您想要做什么...

A26　=LEN(A1)

	A	B	C	D	E	F	G
1				公司某产品上半年销售数据统计表			
2	数据	1月销售额（万）	2月销售额（万）	3月份销售额（万）	4月销售额（万）	5月销售额（万）	6月销售额
3	地区						
4	北京	30	25	31	27	33	
5	上海	29	26	26	28	29	
6	广州	32	17	22	29	26	
7	深圳	30	19	29	30	25	
8	天津	22	19	22	21	24	
9	长春	25	18	21	22	26	
10	沈阳	26	22	22	23	24	
11	武汉	21	22	25	24	23	
12	太原	18	23	14	15	16	
13	南京	19	14	25	26	25	
14	重庆	20	20	16	21	18	
15	海口	11	16	20	18	19	
16	长沙	12	17	18	19	20	
17							
18							
19							
20		奖金：	3%	5%	8%		
21							
22							
23							
24							
25	验证字符数						
26	15						
27							

2. LEFT函数、RIGHT函数、MID函数

这三个函数都用于从文本中提取部分字符。LEFT函数为从左向右提取，它的语法结构是LEFT(text,num_chars)，其中，参数text表示要从文本中提取字符的字符串，num_chars表示要提取的字符个数。RIGHT文本函数与它相反，为从右向左提取，语法结构为RIGHT(text,num_chars)，其参数意义与LEFT

函数的参数意义相同。MID函数和LEFT函数一样，也是从左向右提取部分字符，但它的起始字符可以是第一个字符，也可以是从中间字符开始提取。MID函数的语法结构为MID(text,start_num,num_chars)，其中，参数text的意义与前面两个函数的参数意义相同，star_num表示要提取的开始字符，num_chars表示要提取的字符个数。

3. LOWER函数、PROPER函数、UPPER函数

LOWER函数、PROPER函数、UPPER函数可进行大小写转换。LOWER函数的功能是将一个字符串中的所有大写字母转化为小写字母；UPPER的功能是将字符串中的所有小写字母转换成大写字母；PROPER函数是将一个字符串中的首字母转换为大写字母，其余字母转换为小写字母。我们以UPPER函数为例来讲解操作步骤。

步骤01 把A4、A5单元格中的内容分别设置为“北京beijing”“上海shanghai”，选中单元格“A5”，切换至“公式”选项卡，在“函数库”选项组中选择“插入函数”选项，弹出“插入函数”对话框，在“或选择类别”下拉列表中选择“文本”选项，在“选择函数”列表框中选择“UPPER”选项。

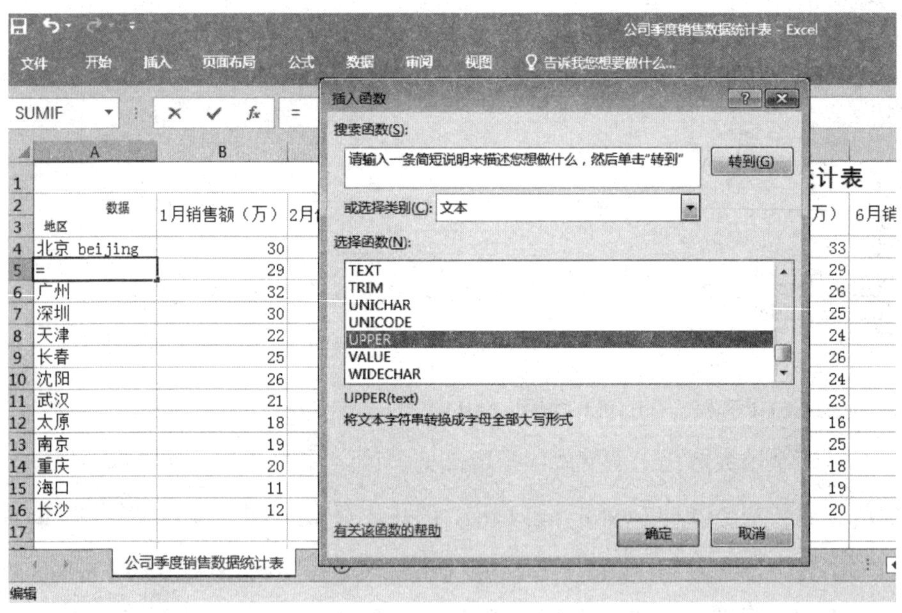

步骤02 点击“确定”按钮，弹出“函数参数”对话框，在“Text”文本框中输入参数“A5”。

步骤03 点击“确定”按钮，单元格A5中的字母就变成了大写。

	A	B	C	D
1				公司某产品
2–3	数据 地区	1月销售额（万）	2月份销售额（万）	3月份销售额（万）
4	北京 beijing	30	25	31
5	上海 SHANGHAI	29	26	26
6	广州	32	17	22
7	深圳	30	19	29
8	天津	22	19	22
9	长春	25	18	21
10	沈阳	26	22	22
11	武汉	21	22	25
12	太原	18	23	14
13	南京	19	14	25
14	重庆	20	20	16
15	海口	11	16	20
16	长沙	12	17	18
17				

财务函数

用户使用财务函数可以进行常用的财务计算，比如贷款的支付额、投资的未来值或净现值以及债券或息票的价值等。常用的财务函数有PMT函数、PV函数、QUARTERREP函数、YEARREP函数、RATE函数等。这里给大家 介绍RATE函数的用法。

RATE函数的语法结构为RATE(nper,pmt,pv,fv,type,guess)，其中，参数nper表示总投资期或总贷款期；pmt表示各期所应付给或得到的金额；pv表示一系列未来付款当前值的和；fv表示未来值或在最后一次支付后所获得的现金额；type表示数字0或1，用以指定各期付款时间为期初还是期末；guess表示估算的预期利率，如果略去预期利率，那么可假设这个参数为10%，如果函数RATE不收敛，则guess的值需要发生改变。

举例来说，我们在工作簿中输入公司贷款金额、贷款期限、年支付等款项和对应的数值，然后用函数RATE来计算其年利率。我们在C29单元格中输入函数公式“=RATE(C26,D26,B26)”，按下Enter键，就能计算出公司贷款的年利率结果。

逻辑函数

逻辑函数是根据不同条件进行不同处理的函数。Excel表格中常见的逻辑函数有AND（与）函数、OR（或）函数、NOT（非）函数、IF（条件判断）函数、IFERROR（判断对错）函数等。这里给大家简单介绍IF函数的用法。

IF函数的语法结构为IF(logical_test, value_if_true, value_if_false)，其中，参数logical_test表示逻辑判决表达式；value_if_true表示逻辑判断条件为“真”时，显示该处内容，若逻辑计算的值为真，返回此条件；value_if_ false表示逻辑判断条件为“假”时，显示该处内容，如果逻辑计算的值为假，返回此条件。

举例来说，在对员工进行半年度绩效考评时，可根据员工的半年度销售额来分配奖金。比如当销售额大于10万元时，给予奖金1万元，否则给予奖金0.5万元。

步骤01 在工作表中，输入销售员的姓名、半年度销售额和奖金，在“姓名”和“半年度销售额”中输入相应的文本和数值，将光标放置于单元格D37中，输入函数公式“=IF(C37>=10,1,0.5)”。

公司季度销售数据统计表 - Excel

文件 开始 插入 页面布局 公式 数据 审阅 视图 告诉我您想要做什么...

UPPER =IF(C37>=10,1,0.5)

	A	B	C	D	E	F
31						
32						
33						
34						
35						
36		姓名	半年度销售额（万）	奖金（万）		
37		刘大海	10	=IF(C37>=10,1,0.5)		
38		安文青	12	IF(**logical_test**, [value_if_true], [value_if_false])		
39		李昊天	9			
40		林丽	14			
41		赵慧慧	8			
42		张彩玉	18			
43		邓娜	15			
44		孙浩	6			
45		吴波	12			
46		王小飞	12			
47		崔笑笑	10			
48		呼文文	10			

公司季度销售数据统计表

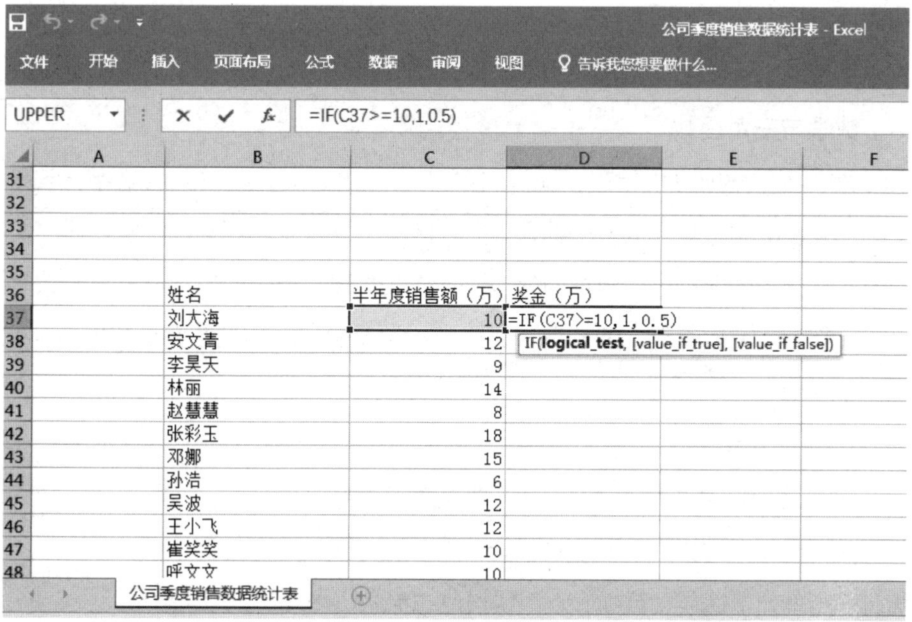

步骤02 点击Enter键，“奖金”栏D37单元格中出现了数字“1”，然后利用填充功能，填充其他单元格，效果如下图所示。

D37 =IF(C37>=10,1,0.5)

	A	B	C	D
34				
35				
36		姓名	销售额（万）	奖金（万）
37		刘大海	10	1
38		安文青	12	1
39		李昊天	9	0.5
40		林丽	14	1
41		赵慧慧	8	0.5
42		张彩玉	18	1
43		邓娜	15	1
44		孙浩	6	0.5
45		吴波	12	1
46		王小飞	12	1
47		崔笑笑	10	1
48		呼文文	10	1
49				
50				

数学与三角函数

数学与三角函数用于在Excel工作表中进行数学运算，主要是处理一些简单的计算，比如对数字取整、计算单元格区域的数值总和或其他一些计算。使用数学和三角函数可以使数据的处理更加方便快捷。常见的数学与三角函数有INT函数、SUMIF函数、ROUND函数、SUM函数等。我们在此讲解INT函数和SUMIF函数。

1. INT函数

INT函数的功能是将数值向下取整为最接近的整数。它的语法结构为INT(number)，其中，参数number表示需要进行四舍五入的数字，参数本身不能是一个单元格区域，否则会返回错误值“#VALUE”。

2. SUMIF函数

SUMIF函数是根据指定条件对指定的单元格进行求和运算。SUMTF函数的语法结构为SUMIF(range,criteria,sum_rang)。其中，参数range用于条件计算的单元格区域。criteria表示在指定的单元格区域内检索到的符合条件的单元格，数字、表达式或文本都可以是其表达形式。直接在单元格或编辑栏中输入检索条件时，需要加上双引号。sum_rang为选定的需要求和的单元格区域。

接下来，我们讲解SUMIF函数的使用方法。

步骤01 打开“公司季度销售数据统计表”，选中单元格H4，切换到“公式”选项卡，单击“函数库”选项组中的“插入函数”按钮，在弹出的“插入函数”对话框中的“或选择类别”下拉列表中选择“数学与三角函数”选项，在“选择函数”列表框中选择“SUMIF”选项，单击“确定”按钮。

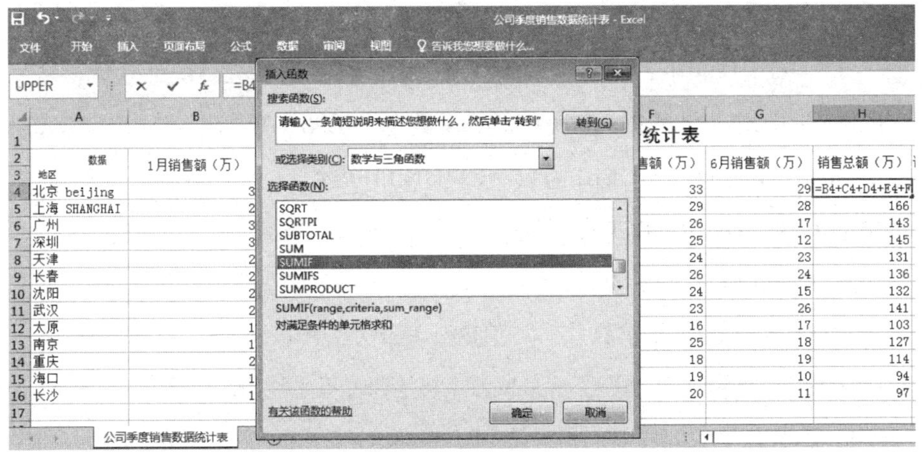

步骤02 弹出“函数参数”对话框，在“Range”文本框中输入“B4:B16”，在“Criteria”文本框中输入“‘北京’”，在“Sum_range”文本框中输入“G4:G16”。输入完成后，单击“确定”按钮即可计算出北京半年的销售总额是175。

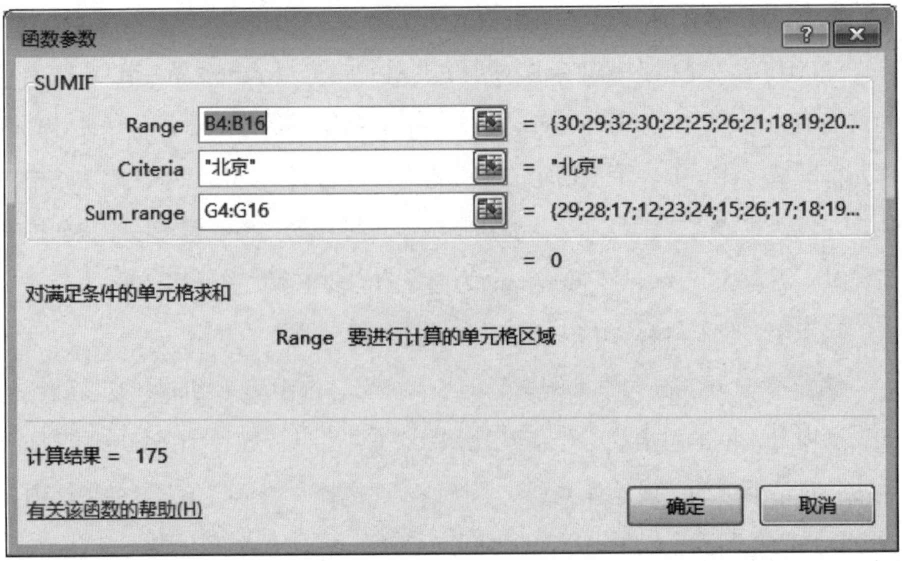

函数参数

SUMIF

Range B4:B16 = {30;29;32;30;22;25;26;21;18;19;20...

Criteria "北京" = "北京"

Sum_range G4:G16 = {29;28;17;12;23;24;15;26;17;18;19...

= 0

对满足条件的单元格求和

Range 要进行计算的单元格区域

计算结果 = 175

有关该函数的帮助(H) 确定 取消

统计函数

在Excel工作表中，用户可以通过统计函数对数据区进行统计分析，从复杂的数据中筛选有效数据。常见的统计函数有AVERAGE函数、SUBTOTAL函数、COUNTA函数、SUMIF函数、COUNTIF函数等。这里我们只简单介绍AVERAGE函数和COUNTA函数。

1. AVERAGE函数

AVERAGE函数是求算式平均值的，其语法结构为AVERAGE(number1, number2,...)，其中，number1、number2等都是要计算平均值的参数。

2. COUNTA函数

COUNTA函数是用来计算区域中不为空的单元格个数。它的语法结构为COUNTA(value1,[value2],...)。其中，参数value1为必要参数，表示要计算值的第一个参数；value2,...为可选参数，表示要计算的值的其他参数，这个范围不能超过255个参数。

我们以统计销售人员人数为例，在工作表C50单元格里输入函数公式“=COUNTA(B37:B48)”，单击Enter键，销售人数就会自动统计出来。

文件 开始 插入 页面布局 公式 数据 审阅 视图 告诉我您想要做什么...

C50 =COUNTA(B37:B48)

	A	B	C	D	E
35					
36		姓名	销售额（万）	半年度奖金（万）	
37		刘大海	10	1	
38		安文青	12	1	
39		李昊天	9	0.5	
40		林丽	14	1	
41		赵慧慧	8	0.5	
42		张彩玉	18	1	
43		邓娜	15	1	
44		孙浩	6	0.5	
45		吴波	12	1	
46		王小飞	12	1	
47		崔笑笑	10	1	
48		呼文文	10	1	
49					
50		销售人员数量	12		
51					

时间与日期函数

时间与日期函数是指在工作表中用来分析和处理时间值和日期值的函数，包括DATE函数、DATEDIF函数、 DAY函数、NOW函数、YEAR函数、HOUR函数和TIME函数等。下面来介绍几种常用的时间与日期函数。

1. DATE函数

DATE函数用于返回代表特定日期的序列号，它的语法结构为DATE(year,month,day)。

2. NOW函数

NOW函数用于计算当前系统的日期和时间，它的语法结构为NOW( )。

3. DAY函数

DAY函数的功能是返回用序列号表示某日期的天数。它的语法结构为DAY(serial_number)，参数serial_number表示要查找的天数日期。

4. WEEKDAY函数

WEEKDAY函数用于返回某日期的星期数。在默认情况下，它的值为1（星期日）~7（星期六）的整数。它的语法结构为WEEKDAY(serial_ number,return_type)。

查找和引用函数

Excel提供的查找和引用函数可以帮助用户查找和引用满足条件的数据。尤其是在数据比较多的工作表中，查找和引用函数能让单元格的操作变得更灵活。查找和引用函数一般包括AREAS函数、CHOOSE函数、LOOKUP函数、MATCH函数、OFFSET函数、ROW函数、TRANSPOS函数和VLOOKUP函数等。下面为大家介绍其中两种常见的查找和引用函数形式。

1. CHOOSE函数

CHOOSE函数的功能是从参数列表中选择并返回一个值。CHOOSE函数的语法结构为CHOOSE(index_num,value1,[value2],...)。其中，参数index_num是必要参数，用来指定所选定的值参数。value1,value2,...为必需参数，个数范围在1~254。

2. LOOKUP函数

LOOKUP函数主要用于在指定范围内查询指定的值，并返回另一个范围中对应位置的值。LOOKUP函数的语法结构为LOOKUP(lookup_value,lookup_vector,result_vector)。其中，参数lookup_value表示在单行或单列区域内的查找值，参数lookup_vector为指定的单行或单列的查找区域，参数result_vector为结果返回值的单元格区域。

其他函数

1. 工程函数

工程函数是指用工程工作表函数进行工程分析。这类函数中的大多数可分为三种类型：处理复数的函数、在不同的数字系统间进行数值转换的函数、在不同度量衡系统中进行数值转换的函数。合理地使用工程函数能够极大地简化程序。常用的工程函数有DEC2BIN函数、BIN2DEC函数、IMSUM等。

2. 数据库函数

数据库函数用于分析数据清单中的数据是否符合特定的条件。所有的数据库函数均有三个相同的参数：database、field 和 criteria。参数 database表示构成列表或数据库的单元格区域，参数 field 为需要汇总的列的标志，参数 criteria

为工作表上包含指定条件的单元格区域。

3. Web函数

Web函数可通过网页链接直接用公式获取数据，不需要编程和启动宏。常用的Web函数有ENCODEURL函数、FILTERXML函数、WEBSERVICE函数等。其中ENCODEURL函数是Excel 2016版本中新增的Web函数中的一员，它可以将包含中文字符的网址进行编码等。

Chapter 08 数据分析透视图表

8.1 产品市场走势数据分析透视图表

公司的管理层经常需要对公司特定产品的销售走势进行分析，以便于更好地指导接下去的市场营销计划和方向。在Excel 2016中，数据分析透视图表是比较常用的分析方式。下面我们来详细讲述在Excel工作表中，如何做数据分析透视图表。

8.1.1 数据透视表

数据透视表是一种交互式的表，之所以称为数据透视表，是因为可以动态地改变它们的版面布置、数据分析方式等。数据透视表可以进行某些计算，如求和与计数等。另外，如果原始数据发生改变了，则数据透视表的数据也会更新。下面我们来讲述数据透视表的制作方法。

步骤01 打开“某房产中介房产销售市场走势”工作表，选中表格中的任意单元格，切换到“插入”选项卡，单击“表格”选项组中的“数据透视表”按钮，弹出“创建数据透视表”对话框。在“请选择要分析的数据”组合框中选中“选择一个表或区域”单选项，在“表/区域”文本框中设置数据透视表的数据源，再在“选择放置数据透视表的位置”组合框中选中“新工作表”单选框。

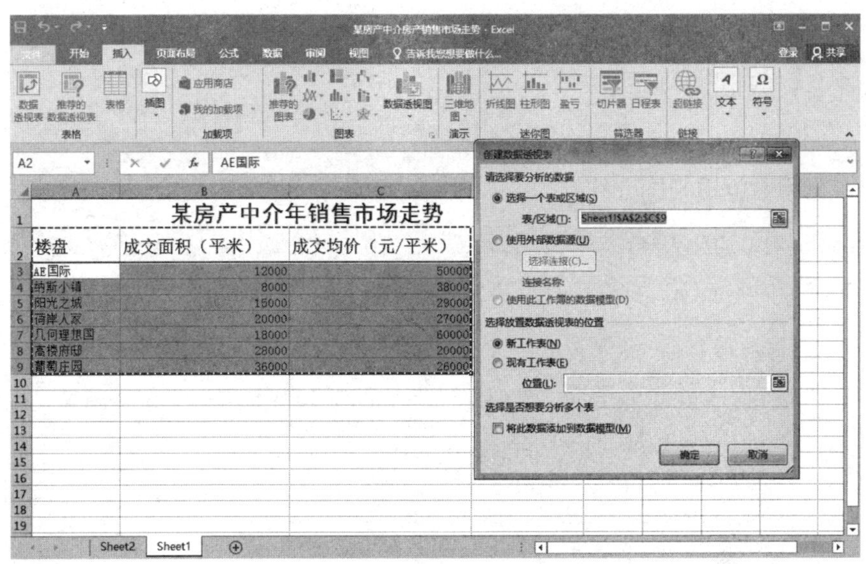

步骤02 单击“确定”按钮，弹出数据透视表的编辑界面，工作表中会出现数据透视表，其右侧是“数据透视表字段”窗格，在“选择要添加到报表的字段”下拉列表中单击选择“字段节和区域节并排”选项，然后在下面编辑界面中勾选相应复选框，再分别将字段拖拽至右侧“行”标签中，要注意顺序。添加报表字段后的效果如下图所示。

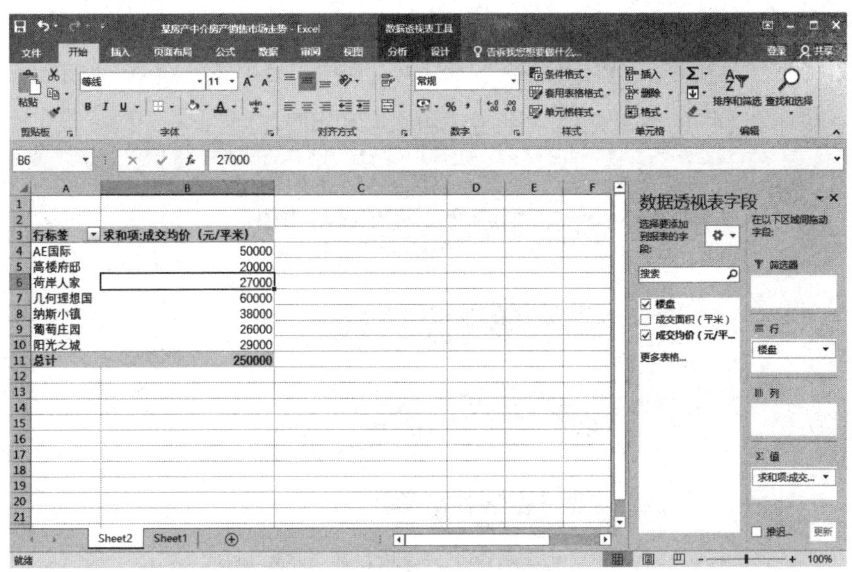

8.1.2 数据透视图

常用数据透视图介绍

在Excel 2016中有多种透视图类型，常用的有柱形图、条形图、折线图、面积图等。下面为大家介绍几种最常见的透视图。

1. 柱形图

柱形图是最常见的类型，它是由一系列的垂直条形图构成，常用来显示一段时间内的数据变化或各项之间对比情况。

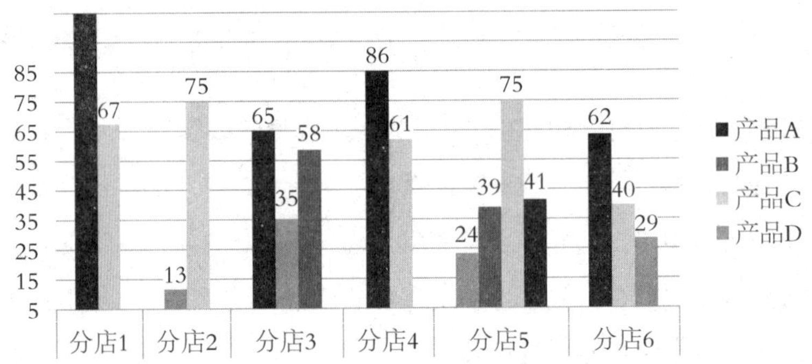

2. 条形图

条形图是由一系列的水平条形图组成，常用来显示各个项目之间的比较情况。描述条形图的要素有3个：组数、组宽度和组限。

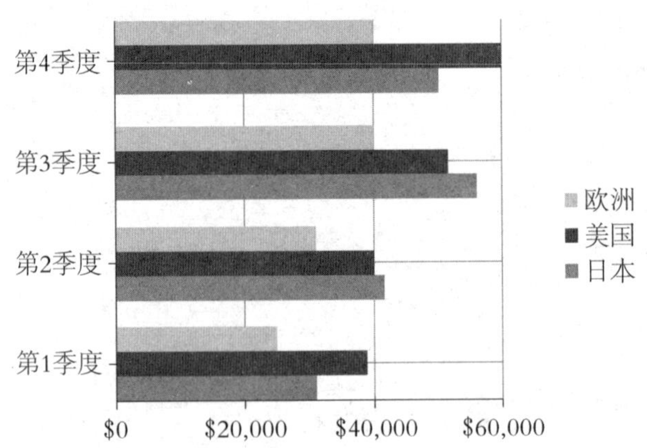

3. 折线图

折线图可以显示随时间而变化的连续数据，所以很适用于显示在相等时间间隔下数据的趋势。在折线图中，类别数据沿水平轴均匀分布，所有值数据沿垂直轴均匀分布。折线图一般在工程上应用比较多，若其中有一个数据有多种情况，可以通过几条不同的折线在折线图中表现出来。

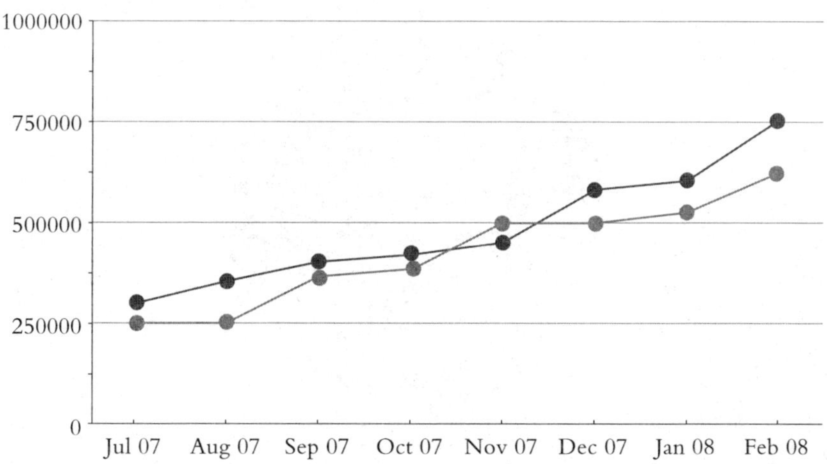

4. 面积图

面积图强调一段时间内数量或利润随时间变化而变动的幅度值。在面积图中，既可以看到单独的各部分的变动，又可以看到总体的变动。

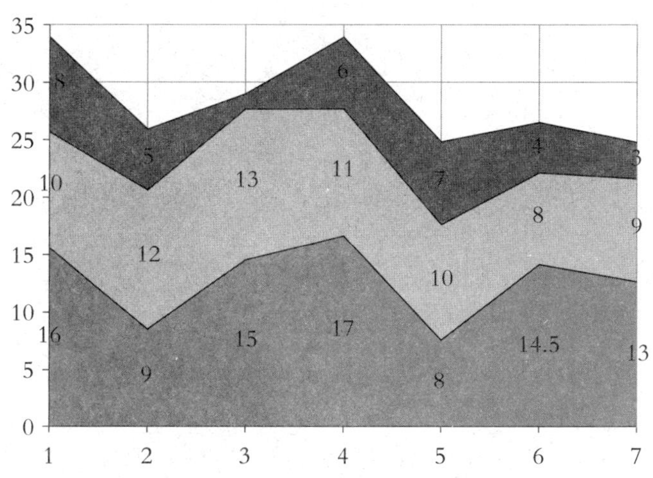

5. 饼图

在Excel工作表中，对比几个数据在其总和中所占的百分比值时，通常用饼图来表示。需要注意的是，仅排列在工作表中的一行或一列数据可绘制到饼图中。

公司产品销售分布情况

东部60%
北部13%
西部5%
南部22%

6. XY散点图

XY散点图有两个数值轴，即水平X轴和垂直Y轴。工作表中行和列的数据可合并到单一数据点并以不均匀间隔或簇显示在XY散点图中，从而形象地显示出各数值之间的关系。

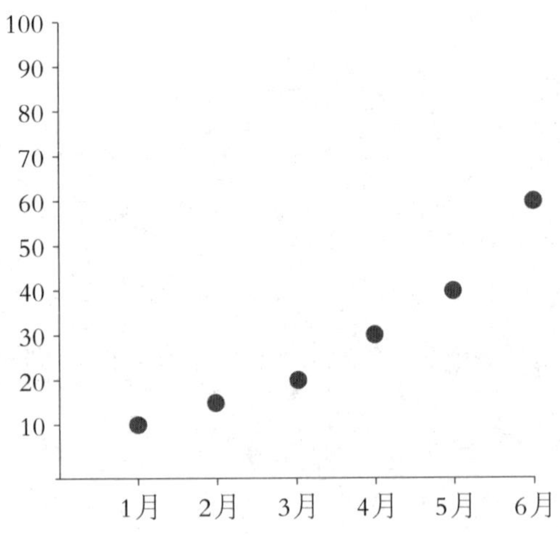

创建数据透视图

创建数据透视图的方法和创建数据透视表的类似，具体操作步骤如下。

步骤01 在8.1.1小节中创建的数据透视表中，选中任意一个单元格，单击“插入”选项卡下“图表”选项组中的“数据透视图”选项，在弹出的下拉列表中选择“数据透视图”。

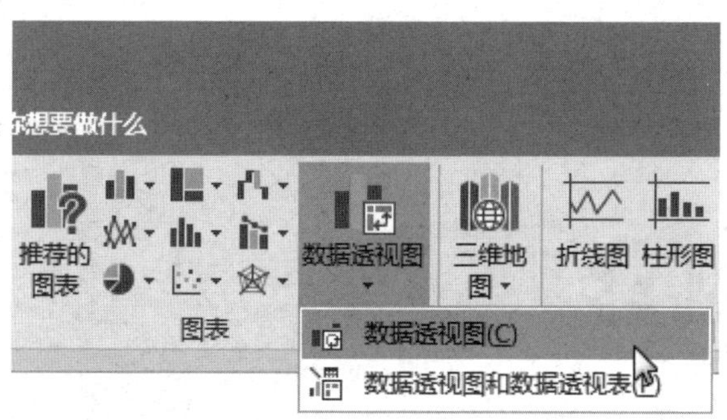

步骤02 弹出“插入图表”对话框，在左侧“所有图表”列表中选择“柱形图”选项，在右侧选择“簇状柱形图”选项。

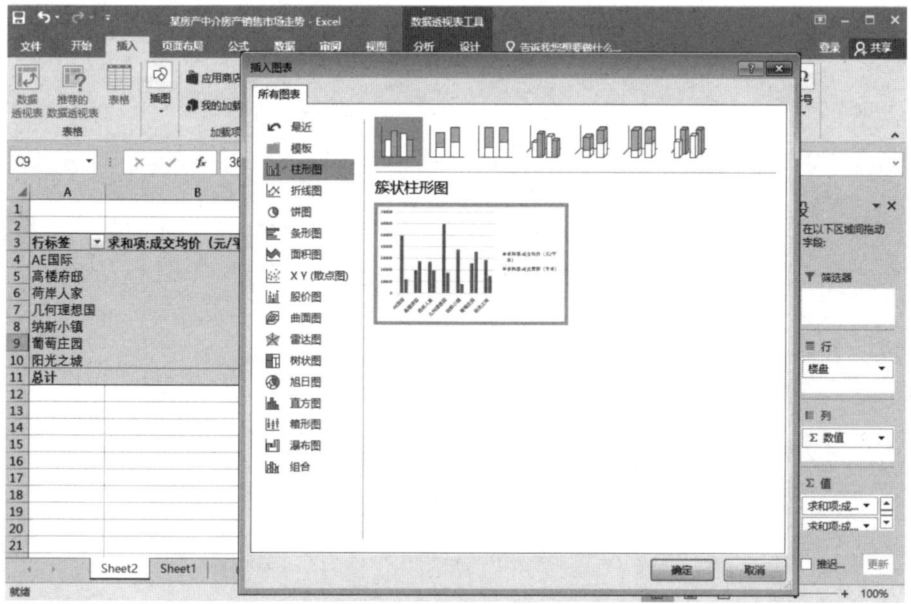

步骤03 单击“确定”按钮，即可创建一个数据透视图。

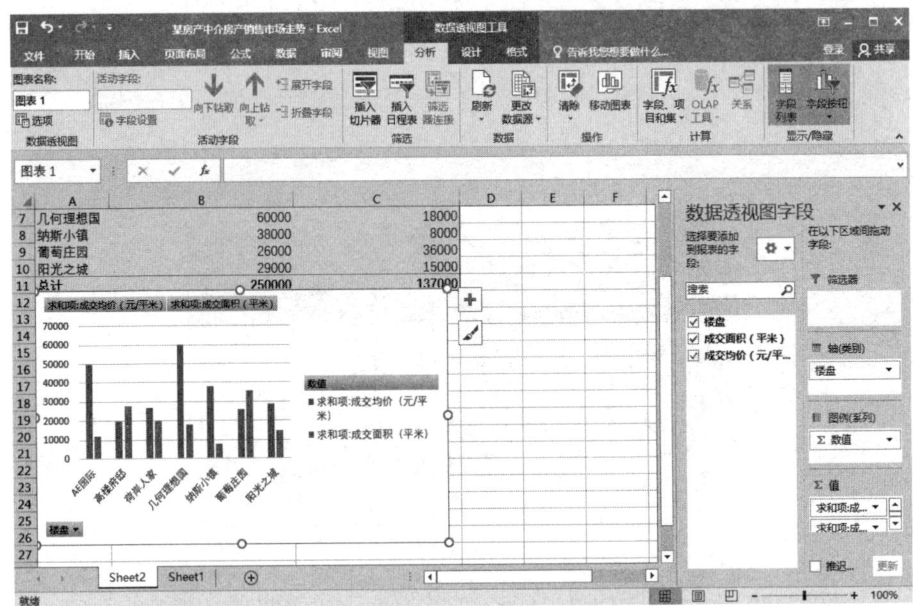

Part3

PPT办公应用篇

Chapter 09 幻灯片的编辑与设计

9.1 年终工作总结报告

临近年末，公司一般都会要求员工写年终工作总结报告。一份出色的年终工作总结报告必然会使公司管理层对你刮目相看、赏识有加，而一份有吸引力的年终总结报告是离不开PPT的。下面给大家详细介绍用PPT制作年终总结报告的方法。

9.1.1 演示稿入门知识

要想制作出出色的演示文稿，首先要学会如何创建和保存文稿。

创建演示文稿

PowerPoint 2016既可以创建空白演示文稿，又可以根据模板来创建演示文稿。

1. 创建空白演示文稿

步骤01 启动PowerPoint 2016软件，弹出PowerPoint界面。

步骤02 单击页面右侧的“空白演示文稿”选项，就能创建一个空白演示文稿。效果如下图所示。

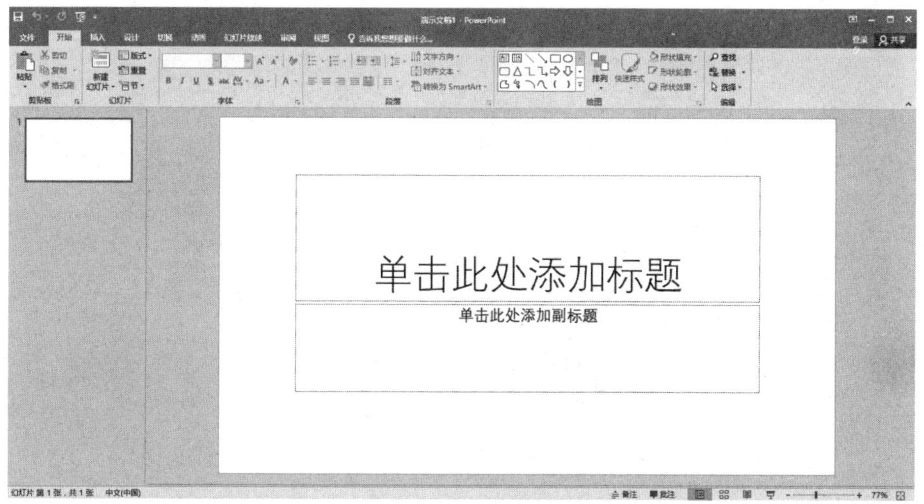

2. 创建模板演示文稿

PowerPoint 2016用户可以根据需要，采用模板来新建演示文稿。我们以“框架”模板为例来介绍下创建方法。

步骤01 点击PowerPoint页面右侧的“框架”选项。

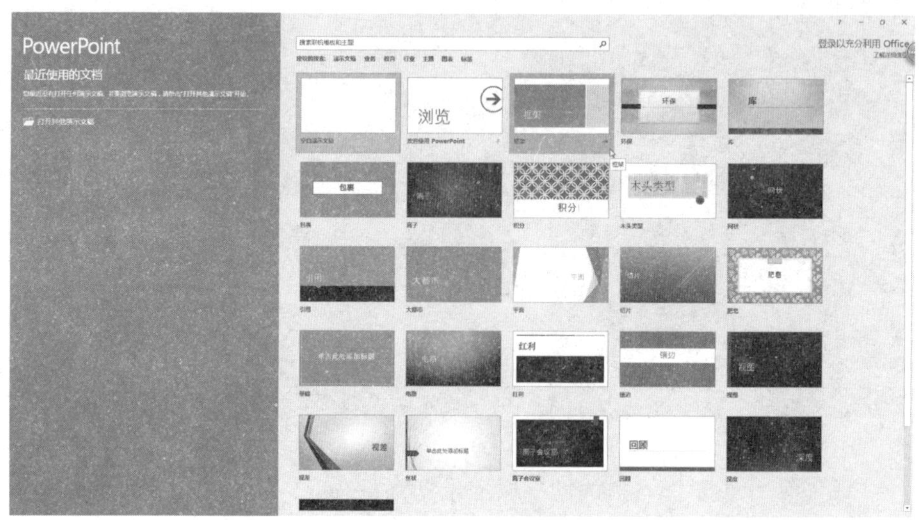

步骤02 弹出一个预览框，我们可以从右侧选择满意的样式。

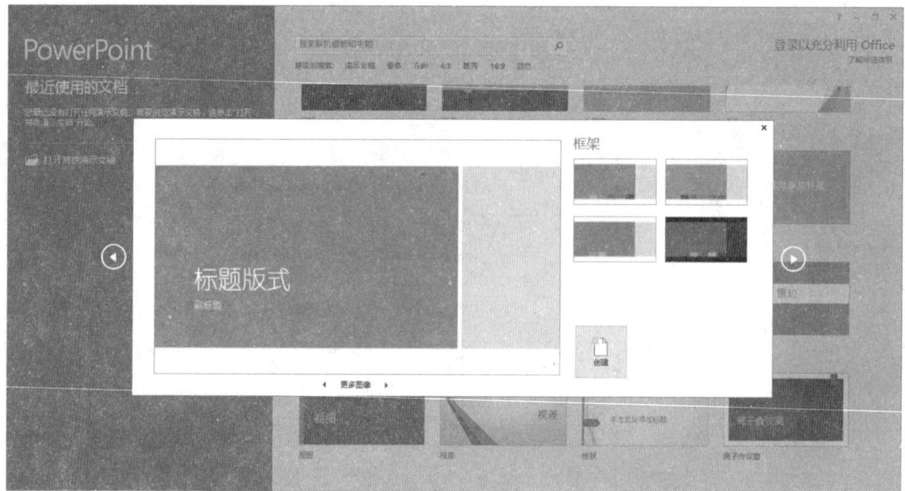

步骤03 单击"创建"按钮，即可创建模板文档。效果如下图所示。

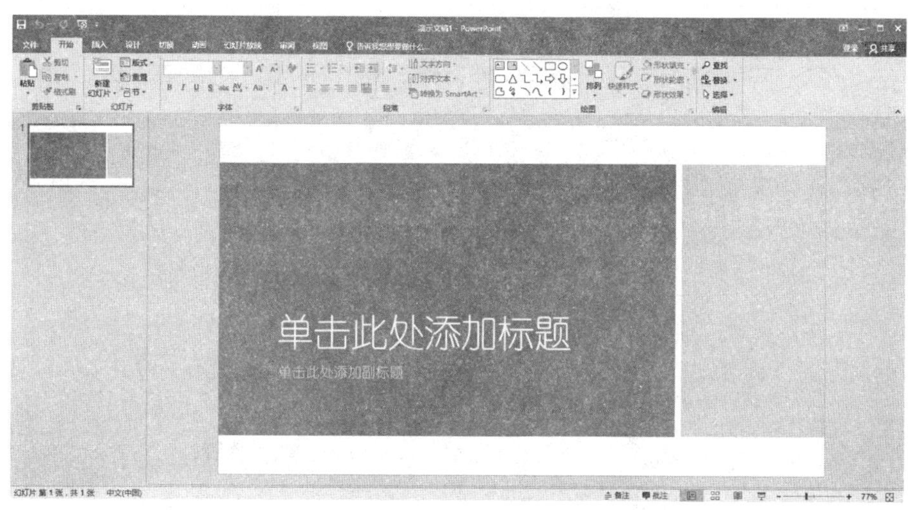

保存演示文稿

步骤01 演示文稿创建好以后，单击"文件"选项卡，在打开的左侧列表中选择"另存为"选项，在"另存为"区域双击"这台电脑"选项。

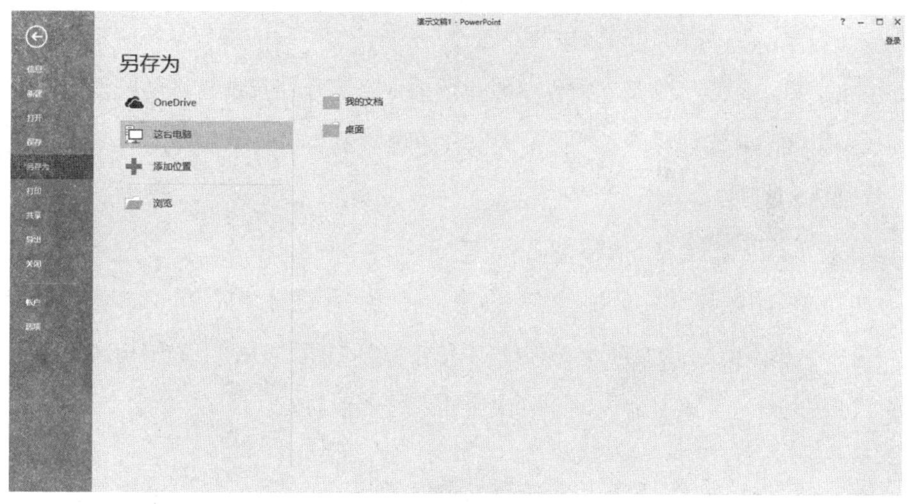

步骤02 弹出“另存为”对话框，用户选择好保存路径并设置好文件名称后单击“保存”按钮即可。

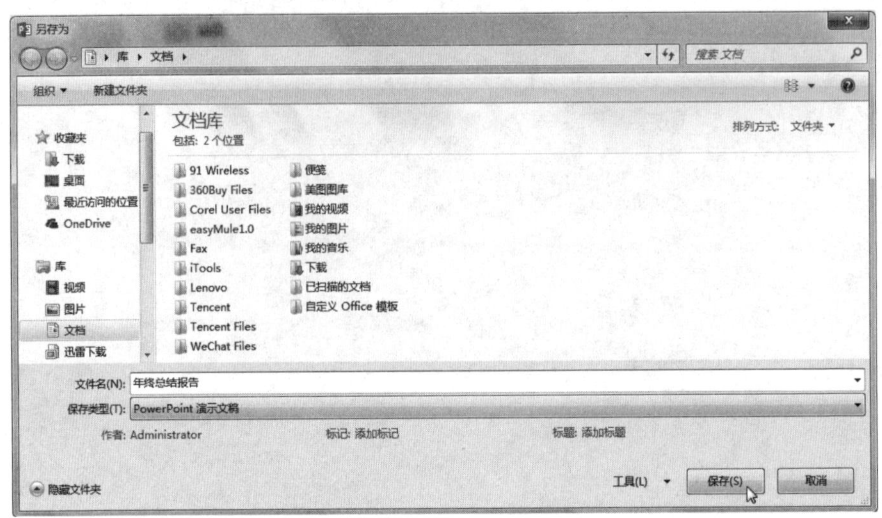

9.1.2 幻灯片的基本操作

一份演示文稿由多张幻灯片组成，可以说，幻灯片的操作是PPT办公应用的重中之重。幻灯片的基本操作一般包括插入或删除幻灯片、移动或复制幻灯片、编辑或隐藏幻灯片等。下面给大家介绍这些基本的操作方法。

插入幻灯片

插入幻灯片的方法有以下两种。

（1）利用“新建幻灯片”菜单命令。打开“年终总结报告”PPT，切换到“视图”选项卡，在幻灯片左侧窗格中单击鼠标右键，在弹出的快捷菜单中选择“新建幻灯片”菜单命令，即可快速插入一个新的幻灯片。

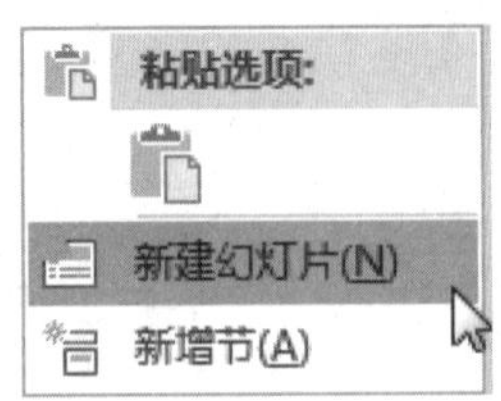

（2）利用“新建幻灯片”按钮。打开“年终总结报告”PPT，切换到“开始”选项卡，单击“幻灯片”选项组中的“新建幻灯片”按钮，弹出“框架”列表，用户可根据实际需要单击选择合适的幻灯片样式，新建的幻灯片就显示在左侧的“幻灯片”窗格中。

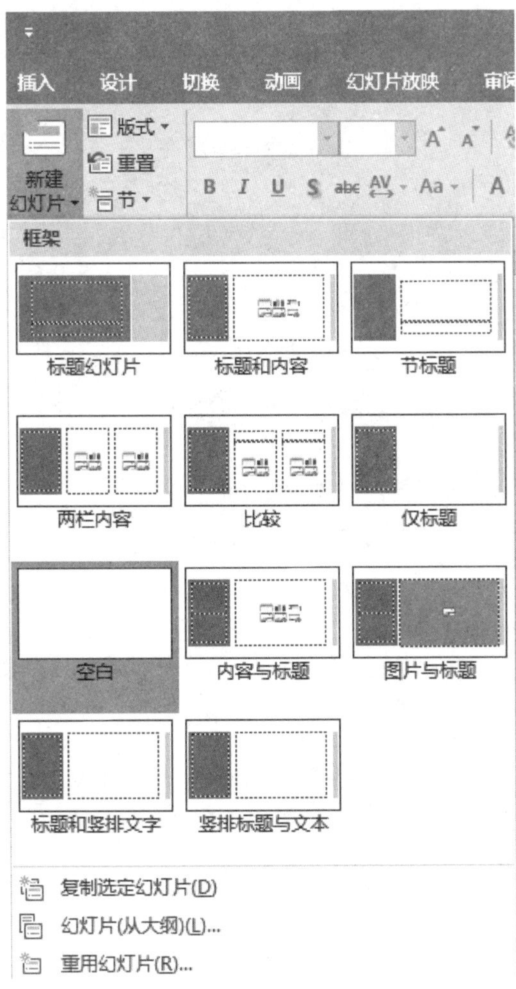

删除幻灯片

对于演示文稿中多余的幻灯片，用户也可以将其删除。操作方法为：在幻灯片左侧窗格中选中需要删除的幻灯片，单击鼠标右键，在弹出的快捷菜单中单击“删除幻灯片”命令，即可删除选中的幻灯片。

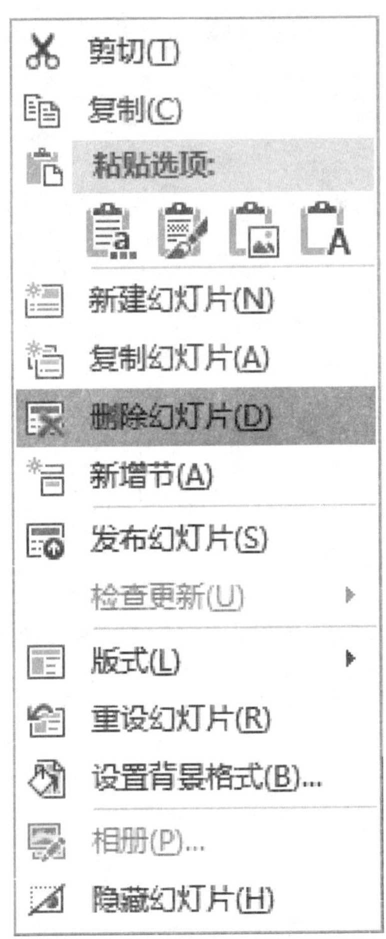

复制幻灯片

复制幻灯片的方法主要有以下两种。

（1）利用“复制”菜单命令。将光标放置于需要复制的幻灯片上，单击鼠标右键，在弹出的快捷菜单中单击“复制幻灯片”命令，就可以复制出一个新的幻灯片。

（2）利用“复制”按钮。选中需要复制的幻灯片，将幻灯片切换至“开始”选项卡，单击“剪贴板”选项组中的“复制”下拉按钮，在弹出的快捷菜单中选择“复制”命令，就可以完成复制任务。

小提示：用户还可以用快捷键Ctrl+C复制幻灯片，然后用快捷键Ctrl+V来进行粘贴即可。

移动幻灯片

用户如果想移动幻灯片，可以这样操作：单击需要移动的幻灯片，按住鼠标左键将其拖曳至目标位置后，释放鼠标即可。此外，也可以通过剪贴方式来移动幻灯片位置。

9.1.3 编辑处理幻灯片文本

创建好幻灯片之后，如何添加文本，幻灯片中的文本又该如何设计呢？下面我们来详细介绍幻灯片文本的编辑处理方法。

添加幻灯片文本

添加幻灯片文本的方法有以下两种。

（1）使用占位符添加文本。在普通视图中，幻灯片中会出现“单击此处添加标题”“单击此处添加副标题”等提示文本框，我们通常称之为“文本占位符”。在文本占位符中输入文本是最为简单便捷的输入方式，只需要单击“文本占位符”即可输入文本，文本占位符中的提示性文字会自动被输入的文本所替换。

（2）使用文本框添加文本。幻灯片中文本占位符的位置是固定的。用户如果想在幻灯片的其他位置输入文本，可以通过新建文本框来实现。下面就讲解具体的操作方法。

步骤01 将幻灯片中的文本占位符删除，切换到“插入”选项卡，单击其中的“文本框”按钮，在弹出的下拉列表中点击“横排文本框”选项。

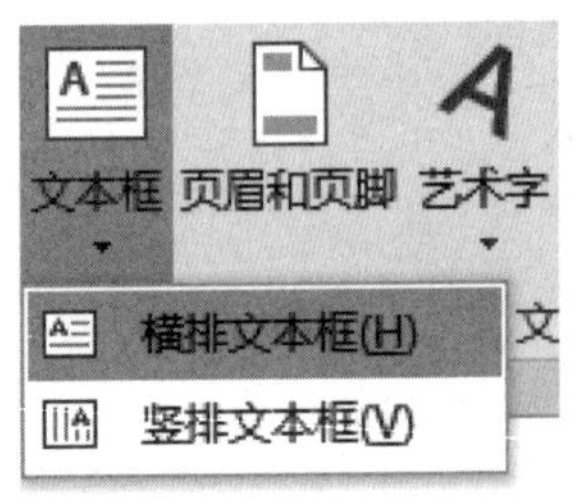

步骤02 将指针移动到幻灯片中，单击鼠标左键并按住不放，此时指针变为向下的箭头，按住鼠标拖拽至大小满意的文本框时释放即可。单击文本框就可以直接输入文本。

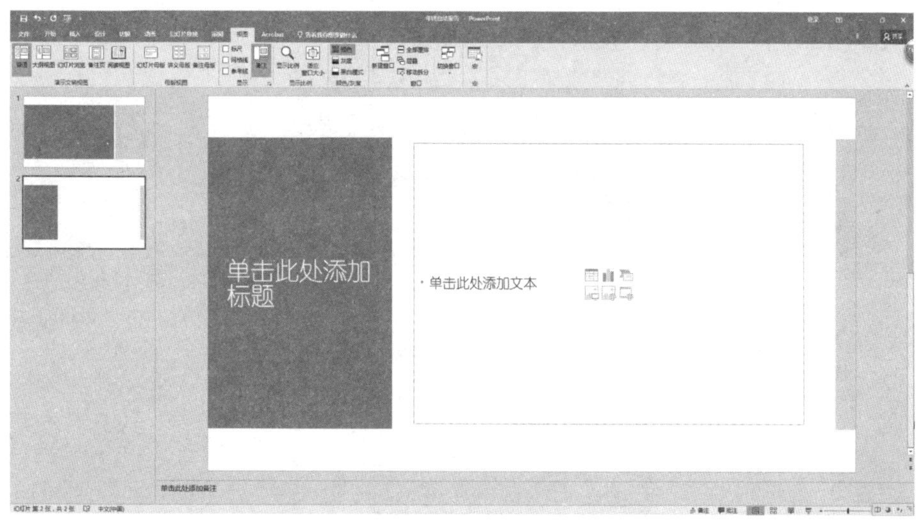

复制、粘贴幻灯片文本

复制、粘贴幻灯片文本的具体步骤如下。

步骤01 选中需要复制的文本，将文档切换到“开始”选项卡，单击“剪贴板”选项组中的“复制”按钮，在弹出的下拉列表中单击“复制”选项。

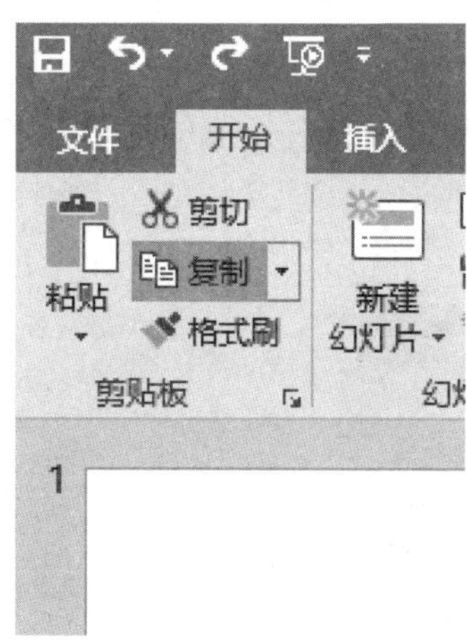

步骤02 选择要粘贴到的幻灯片页面，单击“开始”选项卡下“剪贴板”选项组中的“粘贴”按钮，在弹出的下拉列表中单击“保留源格式”选项，就可以完成文本的粘贴操作。

设置幻灯片字体格式

1. 设置字体和字号

选中需要编辑的文本内容，切换到“开始”选项卡，单击“字体”选项组中“字体”的下拉按钮，在弹出的列表框中选择合适的字体。再单击“字体”选项组中的“字号”按钮，在弹出的下拉列表中选择合适的字号。

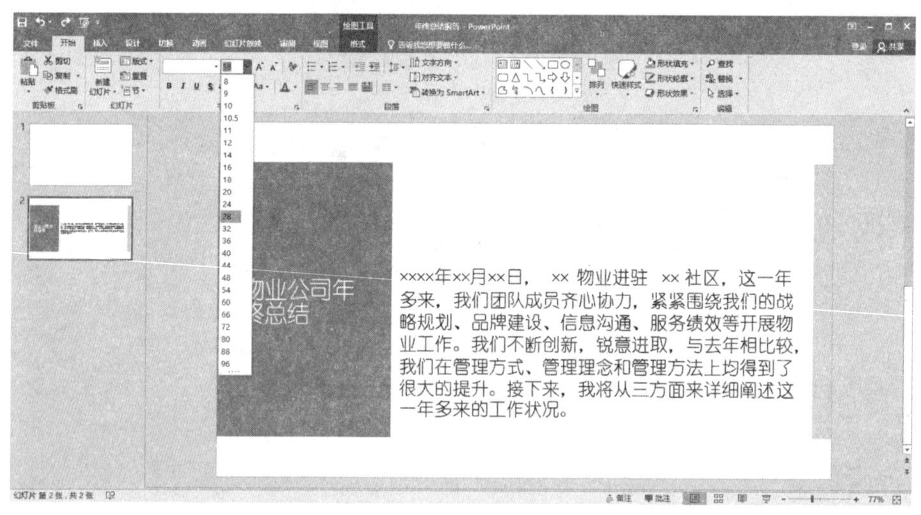

2. 设置字体颜色

单击“开始”选项卡下“字体”选项组中“字体颜色”的下拉按钮，在弹出的下拉列表中选择需要的颜色即可。

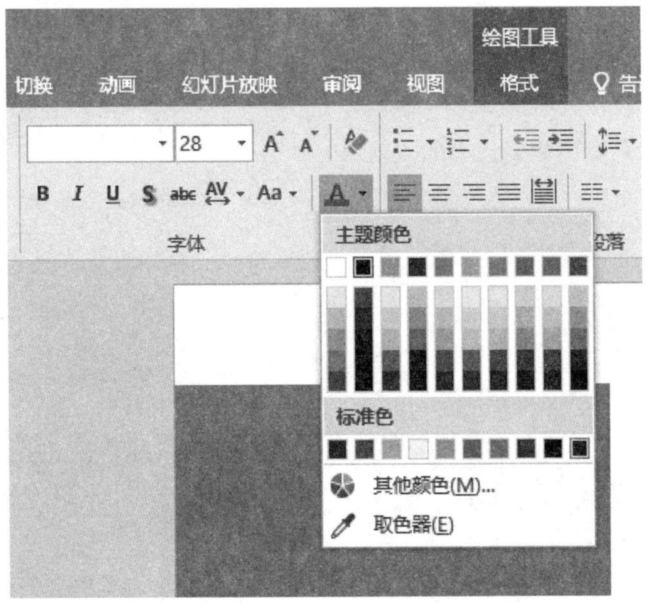

3. 使用艺术字

PowerPoint 2016提供了多种颇具装饰性的艺术字形式，用户可以在幻灯片中插入艺术字来达到锦上添花的艺术效果。插入艺术字的具体操作方法如下。

步骤01 切换至“插入”选项卡，删除之前的文本占位符，单击“文本”选项组中的“艺术字”按钮，在弹出的下拉列表中选择需要的艺术字样式，就可以在幻灯片页面中插入“请在此处放置您的文字”艺术字文本框了。

请在此放置您的文字

步骤02 删除文本框中的文字，输入要设置艺术字的文本，然后在空白位置单击即可插入艺术字。

步骤03 选中插入的艺术字，会显示“绘图工具-格式”选项卡，用户可以根据需要在“形状样式”和“艺术字样式”选项组中设置艺术字的样式。

设置幻灯片段落格式

1. 设置段落文本缩进

段落文本缩进的方式有首行缩进、文本之前缩进和悬挂缩进三种。在PowerPoint 2016中设置段落文本缩进的具体操作方法如下。

选中幻灯片中需要设置的段落，切换至“开始”选项卡，单击“段落”选项组右下角的“对话框启动器”按钮，弹出“段落”对话框，在“缩进和间距”选项卡下“缩进”区域中，单击“特殊格式”右侧的下拉按钮，在弹出的下拉列表中选择“首行缩进”选项，并将度量值设置为“2厘米”，单击“确定”按钮即可。

2. 设置段间距和行距

将幻灯片切换至“开始”选项卡，单击“段落”选项组右下角的“对话框启动器”按钮，弹出“段落”对话框，在“缩进和间距”选项卡下的“间距”区域中，在“段前”和“段后”微调框中输入具体数值，再在“行距”下拉列表中选择“1.5倍”行距，最后单击“确定”按钮即可。

3. 设置对齐方式

选中需要设置对齐方式的段落，比如，我们选择标题“物业公司年终总结”，然后切换到“开始”选项卡，单击“段落”选项组中的“居中对齐”按钮，效果图如下。

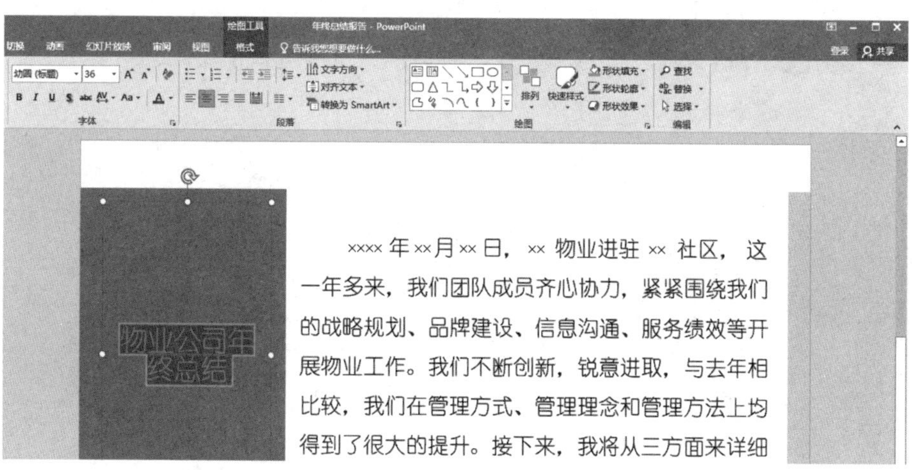

另外，用户还可以使用“段落”对话框中的其余对齐方式来设计文本，这里不再一一举例。

4. 添加项目符号或编号

在PowerPoint 2016演示文稿中添加一定的项目符号或编号，可以使内容更加生动或专业。为演示文稿添加项目符号或编号的具体操作步骤如下。

步骤01 切换到“开始”选项卡，单击“段落”选项组中“编号”按钮右侧的下拉按钮，在弹出的下拉列表中，单击“项目符号和编号”按钮。

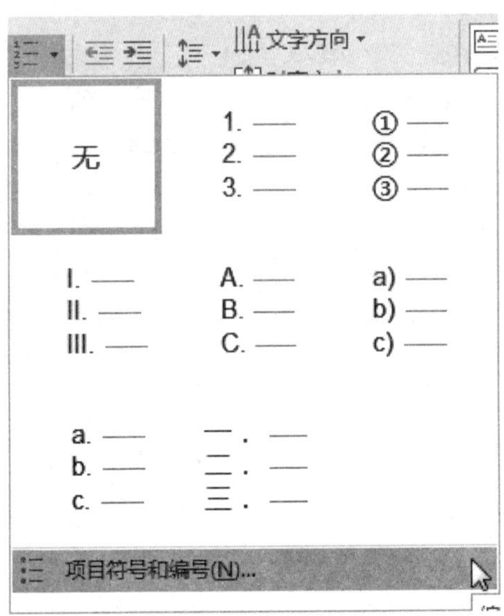

步骤02 弹出“项目符号和编号”对话框，从中选择需要的编号类型，然后点击“确定”按钮。

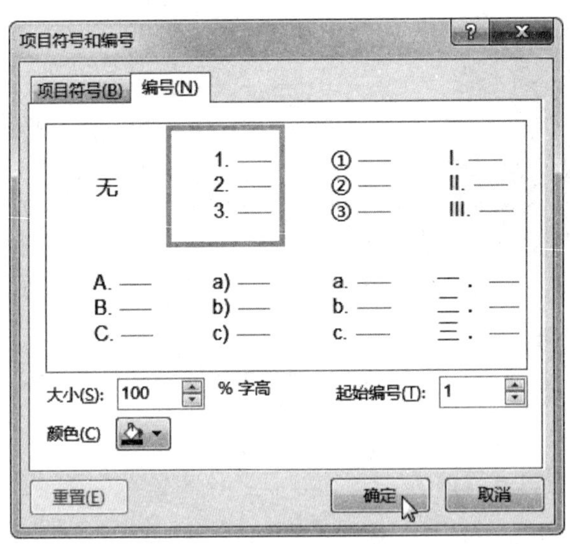

步骤03 添加编号后的效果如下图所示。

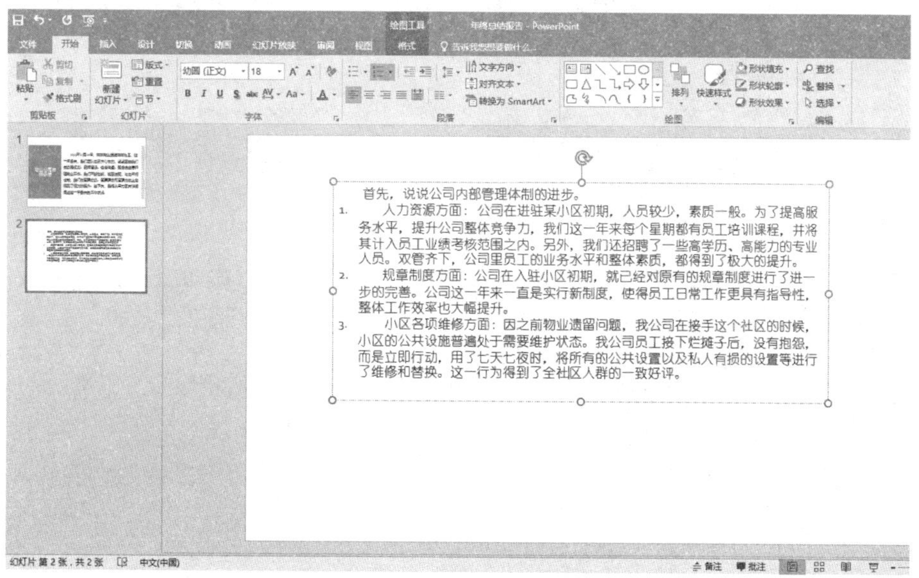

9.1.4 插入对象

在幻灯片中插入图片、形状、表格、图表，不仅可以美化幻灯片，还能使幻灯片的内容更加清晰直观，可谓一举两得。下面来讲述在幻灯片中插入对象的方法。

插入图片

步骤01 在幻灯片左侧的列表中选中需要插入图片的幻灯片，将幻灯片文档切换至“插入”选项卡，单击“图像”选项组中的“图片”按钮，弹出“插入图片”对话框。从对话框左侧选择所需图片的保存位置，从中选择合适的图片，单击“插入”按钮。

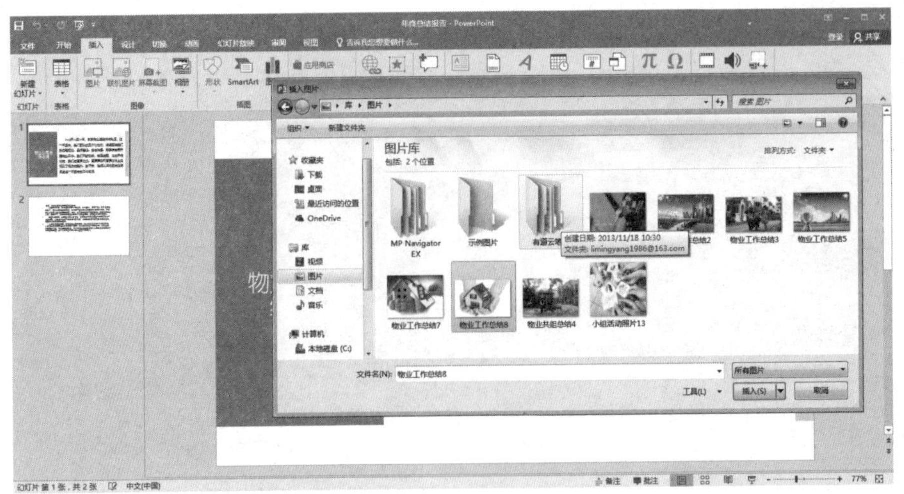

步骤02 返回演示文稿，图片已经插入到幻灯片中，可根据需要调整幻灯片大小。最后效果图如下。

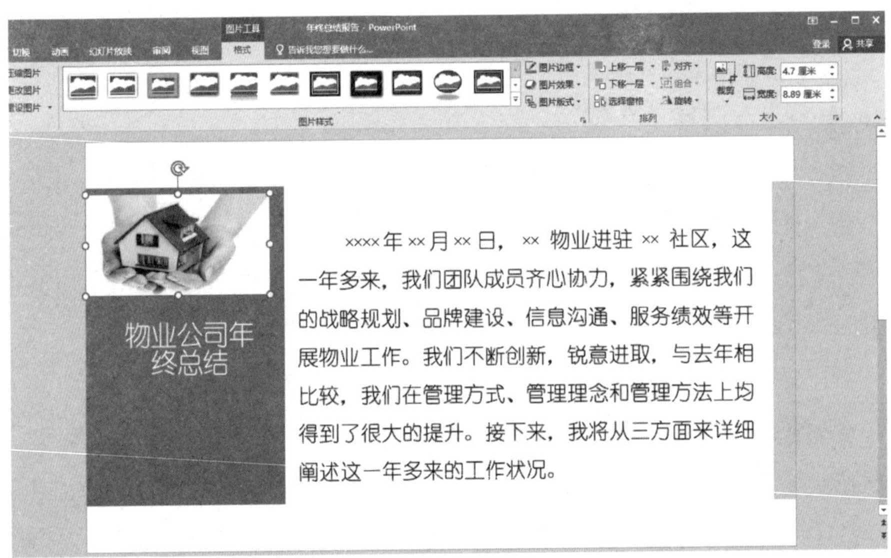

插入形状

步骤01 选中需要插入形状的幻灯片，切换到“插入”选项卡，单击“插图”选项组中的“形状”按钮，在弹出的下拉列表中单击选择“矩形”区域中的“对角圆角”形状。

步骤02 此时鼠标光标变成十字形，在幻灯片合适的地方单击并按住鼠标左键不放，拖拽鼠标绘制形状，拖至合适位置时，释放鼠标左键，即可将形状

添加到幻灯片中。

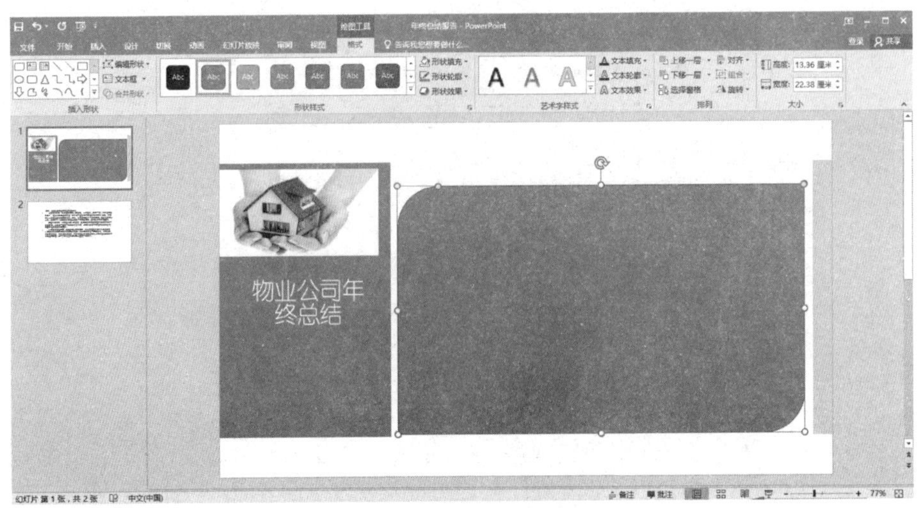

步骤03 插入完形状后，用户可以根据需要对“形状样式”选项组中的“形状填充”“形状轮廓”“形状效果”进行设置。比如，在“形状填充”选项的下拉列表中选择“无填充颜色”，在“形状轮廓”的下拉列表“粗细”中选择“1.5磅”，在“形状效果”下拉列表中可根据需要对“阴影效果”“发光效果”等进行设置。最终的设计效果如下图所示。

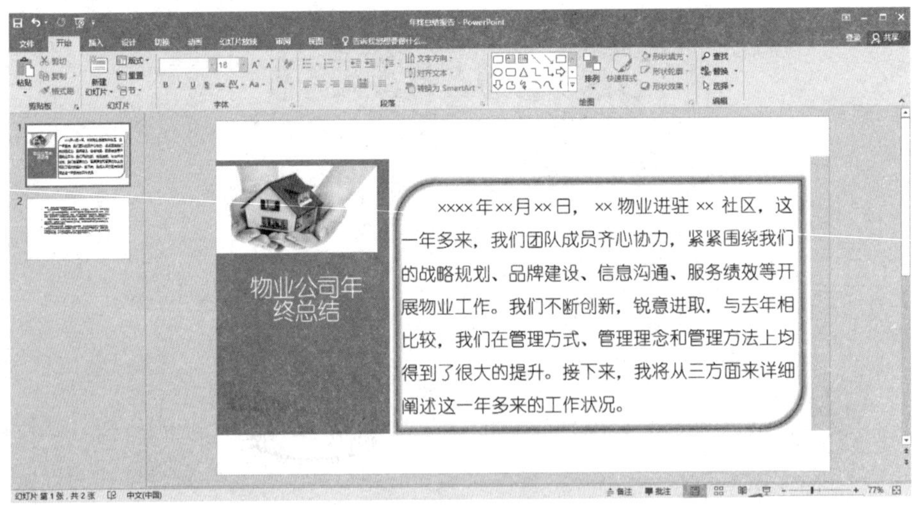

插入表格或图表

1. 插入表格

步骤01 选中需要编辑的幻灯片，切换到“插入”选项卡，单击“表格”选项组中的“表格”选项，在弹出的下拉列表中选择合适的表格，比如选择2行5列的表格。

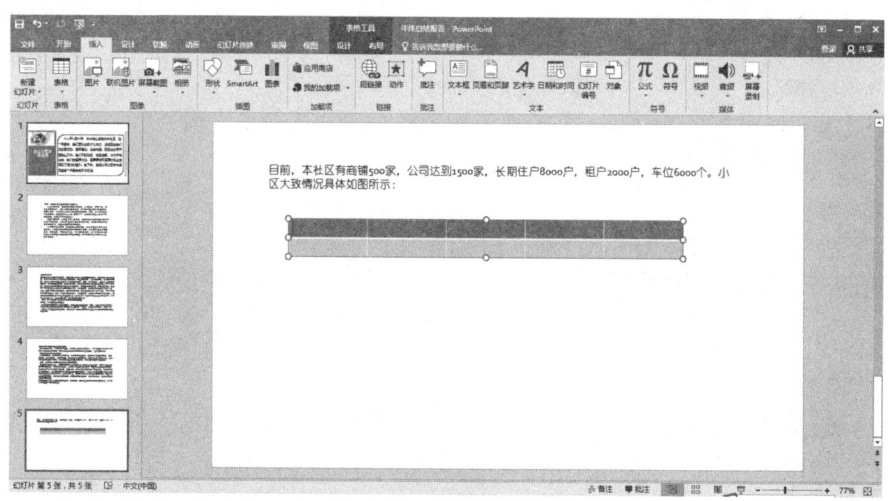

步骤02 选中该表格，将幻灯片切换至“表格工具—设计”选项卡，单击“表格样式”选项组中的“其他”按钮，弹出一个下拉列表，从中选择合适的选项。

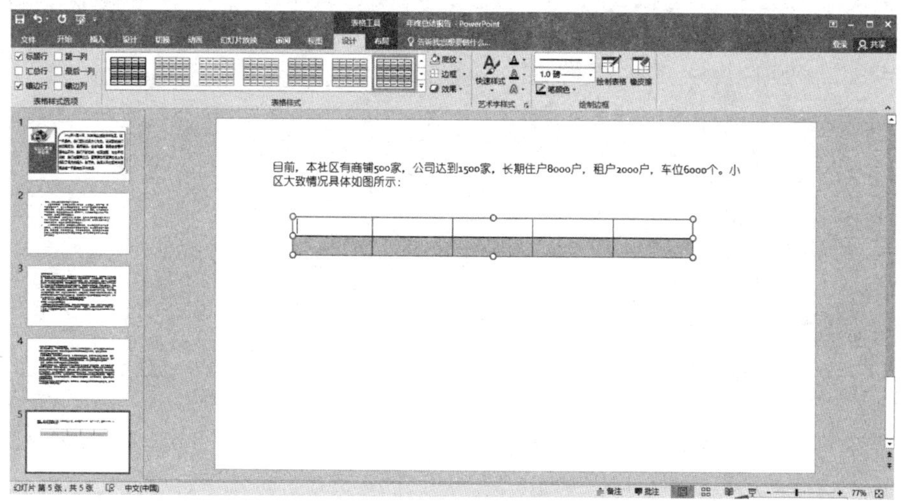

步骤03 在表格中输入文字，并可对文字进行一些设置。

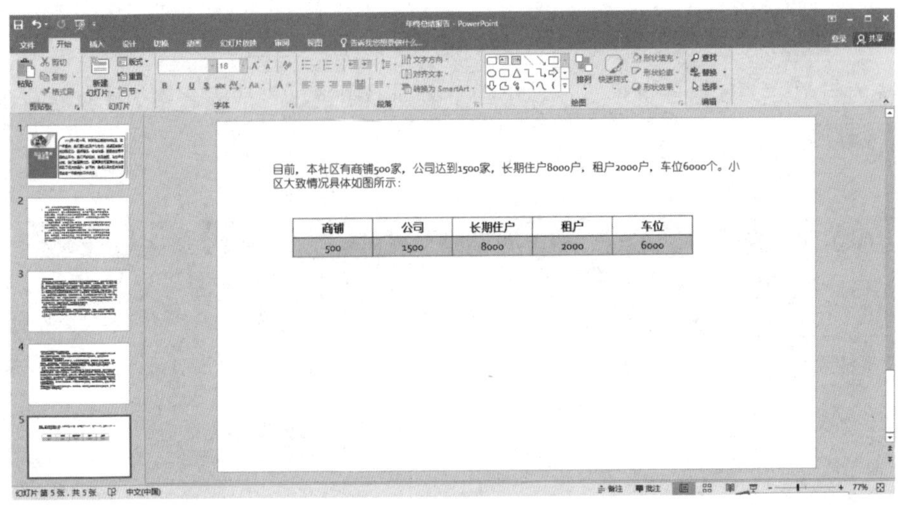

2. 插入图表

步骤01 将鼠标光标放置于需要插入图表的位置，切换至“插入”选项卡，单击“插图”选项组中的“图表”按钮，弹出“插入图表”对话框，用户可根据需要选择合适的图表，比如我们选择“柱形图”中的“簇状柱形图。”

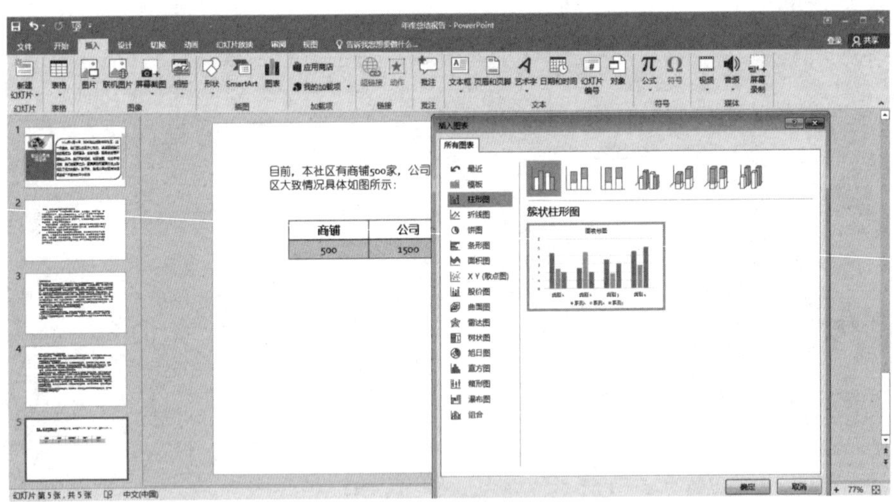

步骤02 单击“确定”按钮，即可插入一个图表样式。

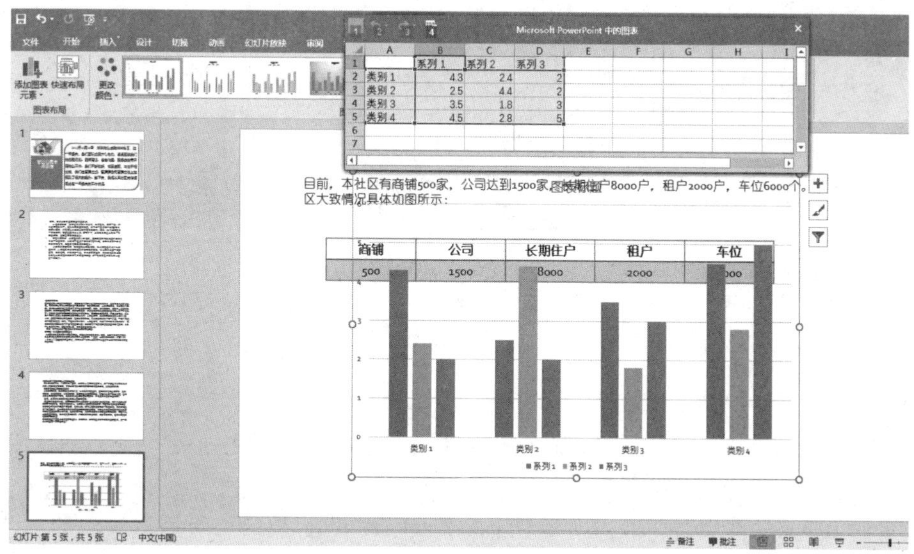

步骤03 修改Excel表格中的系列名和类别名，输入完毕后关闭Excel表格。

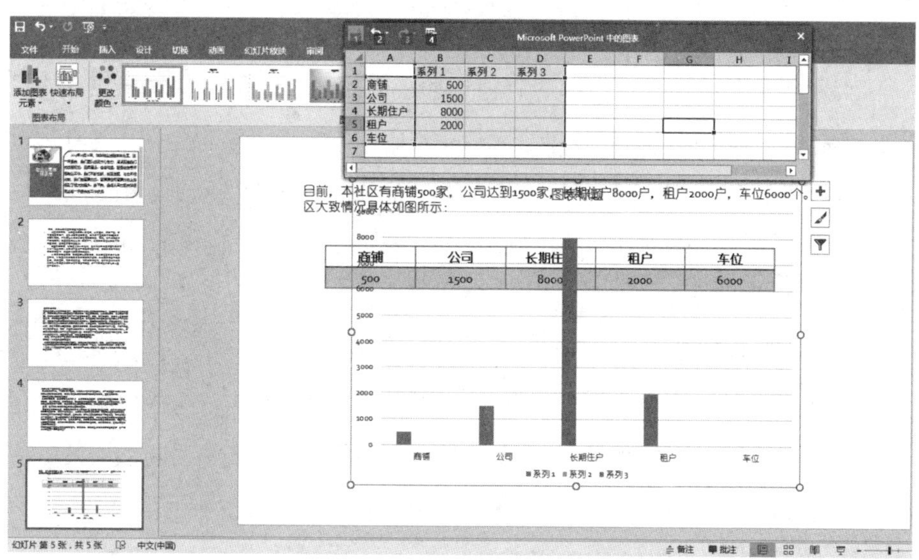

步骤04 根据页面的实际情况，用鼠标调整效果图的大小和位置。最终效果图如下所示。

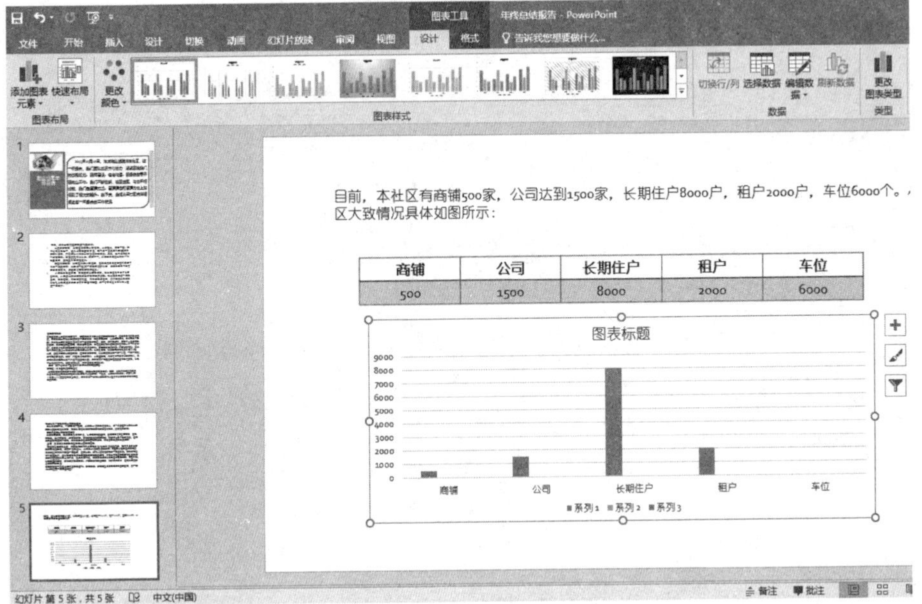

9.1.5 母版视图

大家经常会被幻灯片中那些有视觉冲击力的背景吸引，惊叹其独特的设计。那么，幻灯片中的这种效果是如何实现的？大家只需要学会设计幻灯片母版，就能顺利为幻灯片添加背景，从而使制作出来的幻灯片更加吸引人。

一般来说，母版视图包括幻灯片母版视图、讲义母版视图和备注母版视图。

幻灯片母版视图

幻灯片母版是存储有关应用的设计模板信息的幻灯片，这些模板信息包括字形、占位符、大小和位置、背景设计和配色方案等。幻灯片母版视图的应用，能使演示文稿的内容、背景 、配色和文字格式设置等统一化。

下图是幻灯片母版视图模式界面。

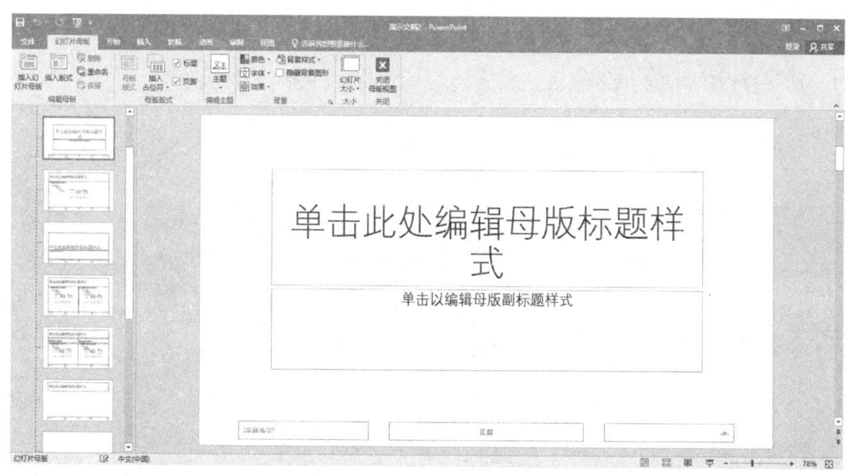

讲义母版视图

讲义相当于教师的备课本，如果把一张幻灯片打印在一张纸上面，会造成纸张浪费问题，且预览的时候也不方面。而使用讲义母版，可以将多张幻灯片进行排版，然后打印在一张纸上。这样无论是从纸张节约角度还是从预览者的阅读角度来说，都是极为便捷的。

下图是讲义母版视图模式界面。

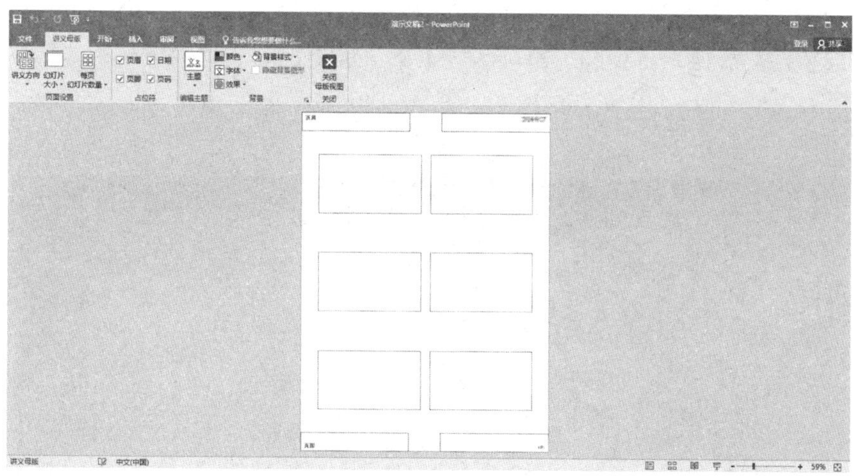

备注母版视图

一般来说，高明的演讲者都不会把所有内容统统记在幻灯片上，而是将重点部分用幻灯片展示出来，其余的则写在备注里。备注母版视图的道理就是这样的，即幻灯片只展示部分重点内容，其余内容在备注里呈现。

下图是备注母版视图模式界面。

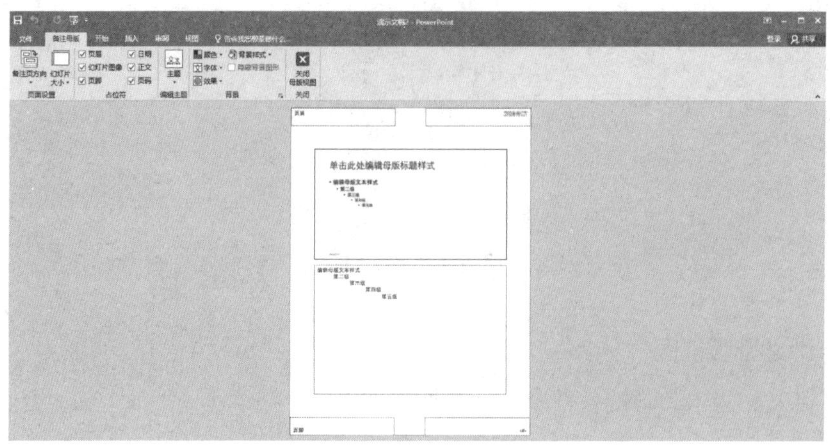

小提示：如果你的幻灯片演示文稿需要打印出来，就采用讲义母版视图和备注母版视图这两种视图模式。

设计幻灯片母版

步骤01 切换到“视图”选项卡，单击“母版视图”选项组中的“幻灯片母版”按钮，此时，系统自动切换到“幻灯片母版”视图模式。

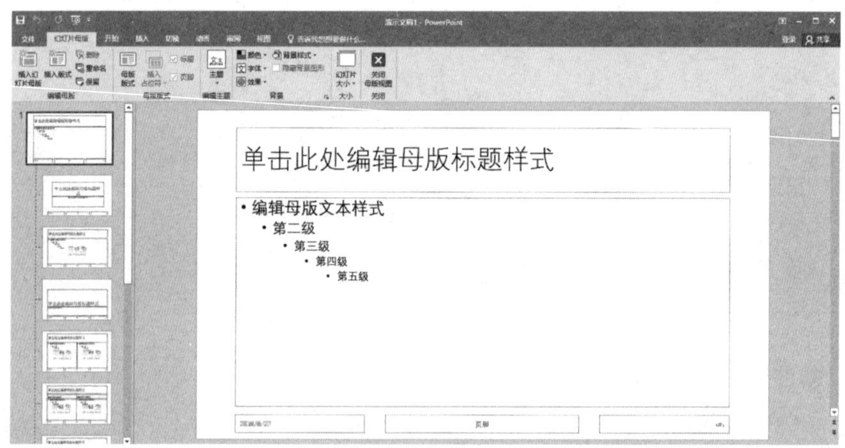

步骤02 在左侧的“大纲”窗格中选择“office主题备注：由幻灯片1使用”选项。

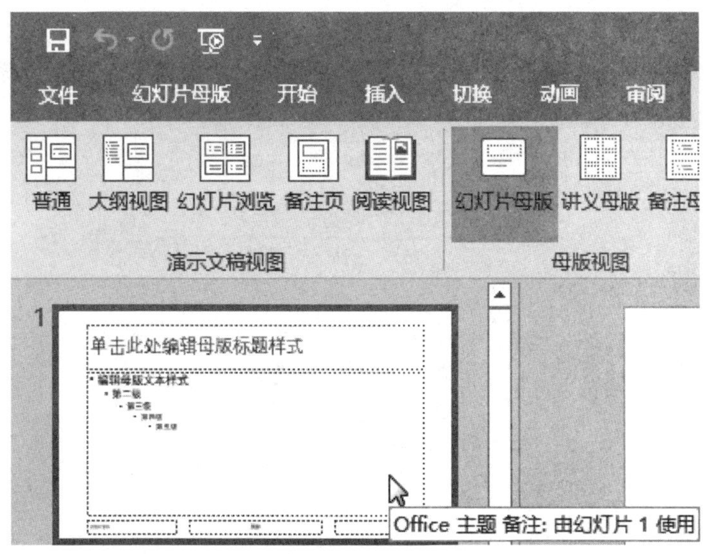

步骤03 切换到“插入”选项卡，单击“插图”选项组中的“形状”按钮，从弹出的下拉列表中选择“直线”选项，在该幻灯片中插入一条直线，并调整其位置、长短和粗细。用同样的方法，再为幻灯片添加一个矩形。效果图如下。

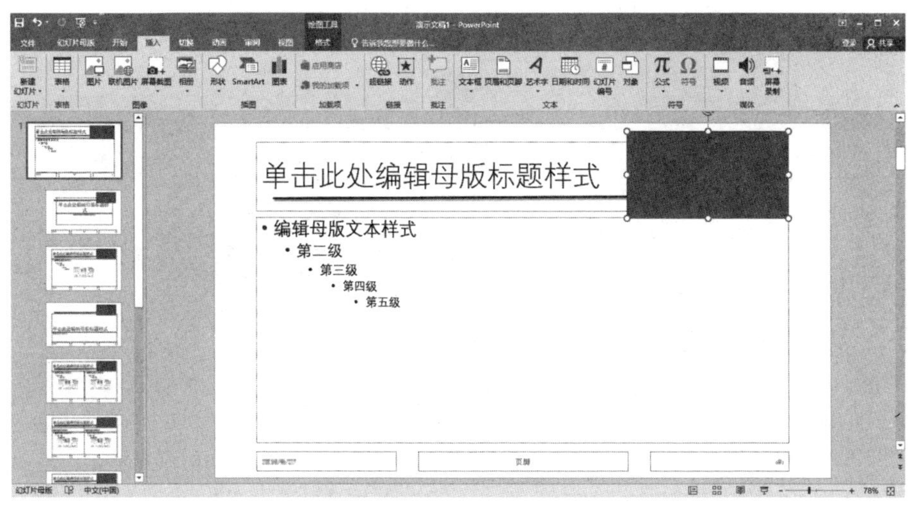

步骤04 在“插入”选项卡下，单击“图像”选项组中的“图片”按钮，在弹出的“插入图片”对话框中选择合适的图片插入到幻灯片中，然后调整图片的位置、大小，最终效果图如下。

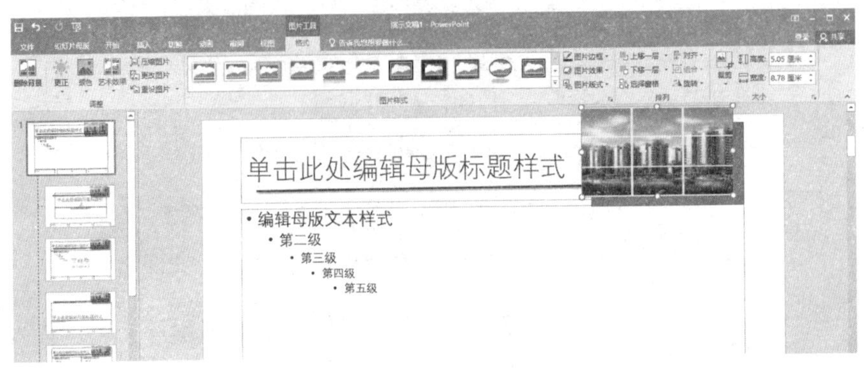

步骤05 设置完成后，单击“幻灯片母版”选项卡下“关闭”选项组中的“关闭母版视图”按钮。

步骤06 用户可以在其左侧的幻灯片列表中新建多张幻灯片，可以看到其样式和这张做出来的母版样式相同。

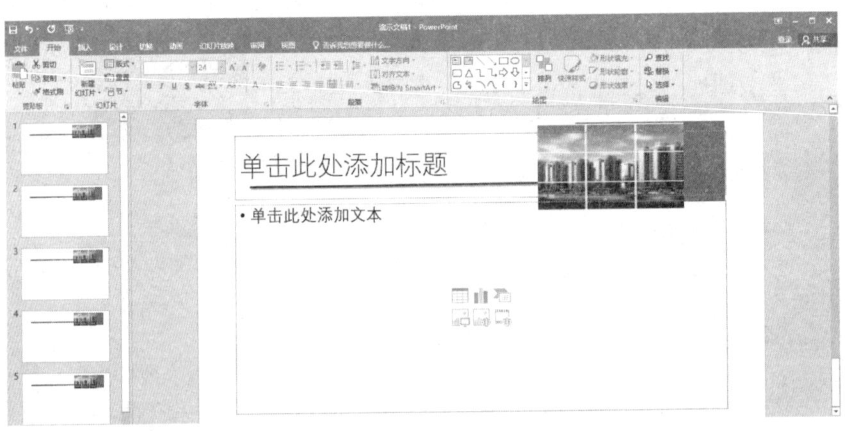

9.1.6 制作封面幻灯片

幻灯片封面一般也称为标题幻灯片页，它是幻灯片演示文稿的首页，将其做得美观一些是非常有必要的。下面就来讲解制作幻灯片封面的具体操作步骤。

步骤01 将光标放置于第一张幻灯片的空白位置，点击鼠标右键，在弹出的快捷菜单中选择“设置背景格式”命令。

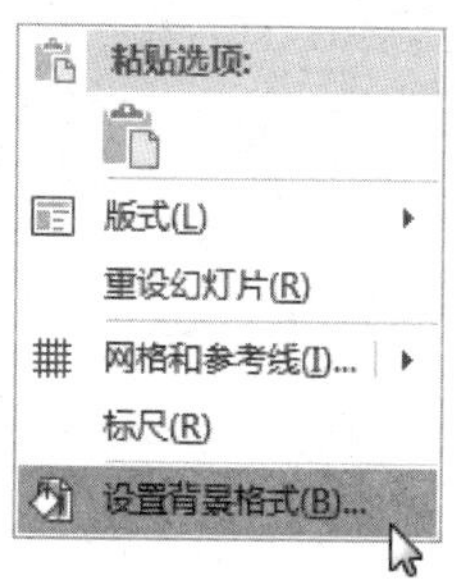

步骤02 幻灯片右侧弹出“设置背景格式”导航窗格，在“填充”选项区域里选中“图片或纹理填充”单选框，在“插入图片来自”选项区域里单击“文件”按钮，弹出“插入图片”对话框。

步骤03 从中选择合适的图片插入到幻灯片中，效果图如下。

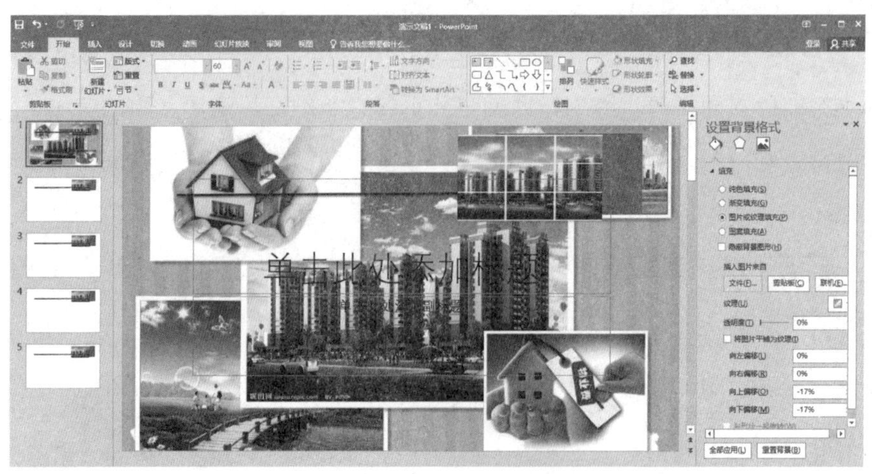

步骤04 在“设置背景格式”导航窗格中，伸拉透明度箭头来调节背景透明度，调至合适透明度时，在“填充”区域勾选“隐藏背景图形”复选框，单击关闭按钮，关闭“设置背景格式”导航窗格。

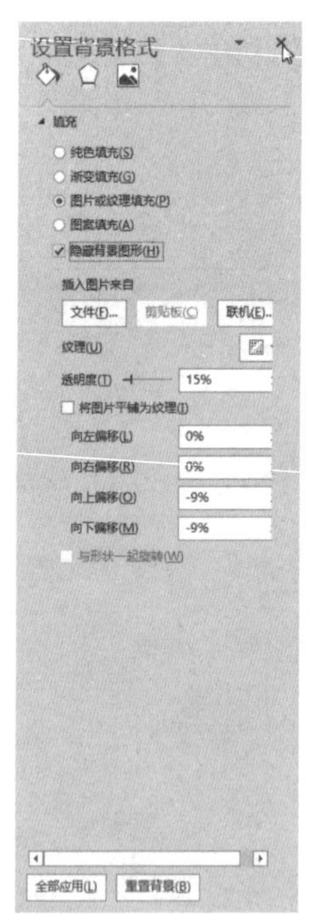

步骤05 在此幻灯片中添加标题以及副标题，并根据需要调节标题字体、颜色等或使用艺术字。最终效果图如下。

9.1.7 制作目录页幻灯片

目录页幻灯片是用来演示文稿目录的，有助于人们更直观地了解幻灯片的大体框架结构和要点等。下面给大家介绍图文结合的目录页幻灯片的制作方法。

步骤01 在幻灯片文件左侧的列表中选择第二张幻灯片，按照前面讲过的幻灯片封面的制作方法，为这张幻灯片添加背景图。效果如下图所示。

步骤02 将文件切换至“插入”选项卡，单击“插图”选项组中的“形状”按钮，在弹出的列表中选择合适的形状，待鼠标光标变成十字形时，开始绘制形状，再拖动鼠标调整形状的大小和位置。

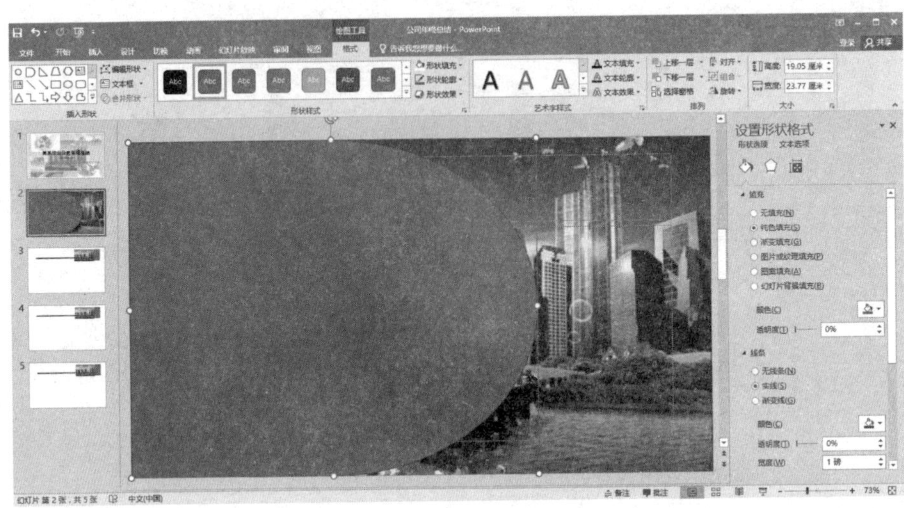

步骤03 将幻灯片切换至“绘图工具-格式”选项卡，分别单击“形状样式”选项组中的“形状填充”“形状轮廓”“形状效果”按钮，对插入的形状进行设计。

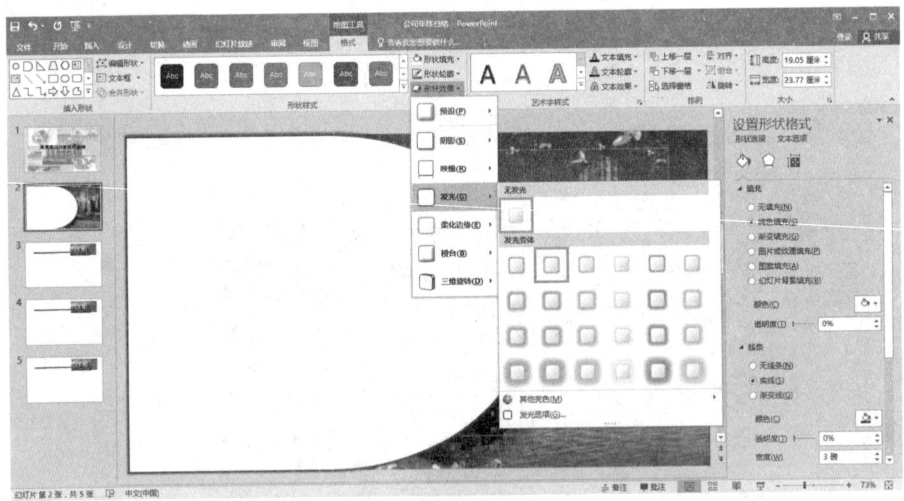

步骤04 用同样的方法，在设置好的形状中插入“圆形”，并对圆形的大小、填充、轮廓等进行设置。再加入线条，并对线条的长短、形状、轮廓等进行设置。效果图如下。

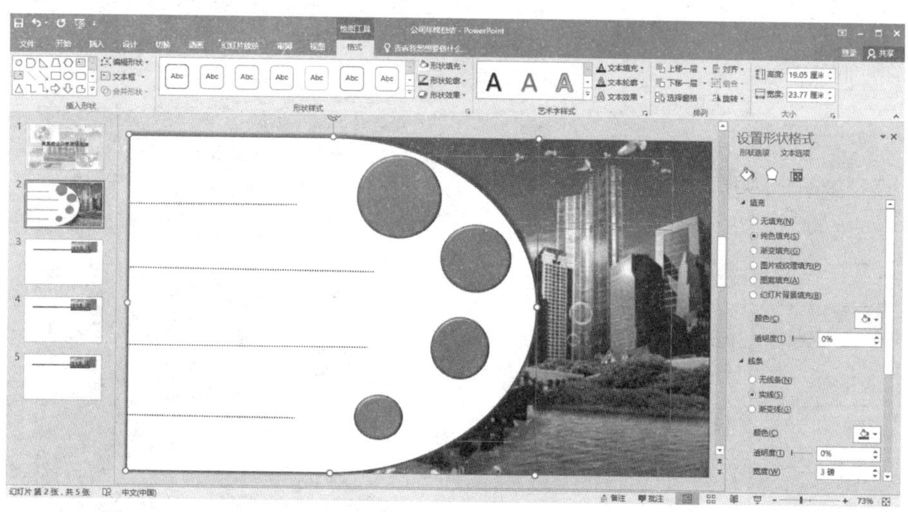

步骤05 将幻灯片文件切换至“插入”选项卡，单击“文本”选项组中的“文本框”按钮，从下拉列表中选择“横排文本框”，在文本框中输入文字。

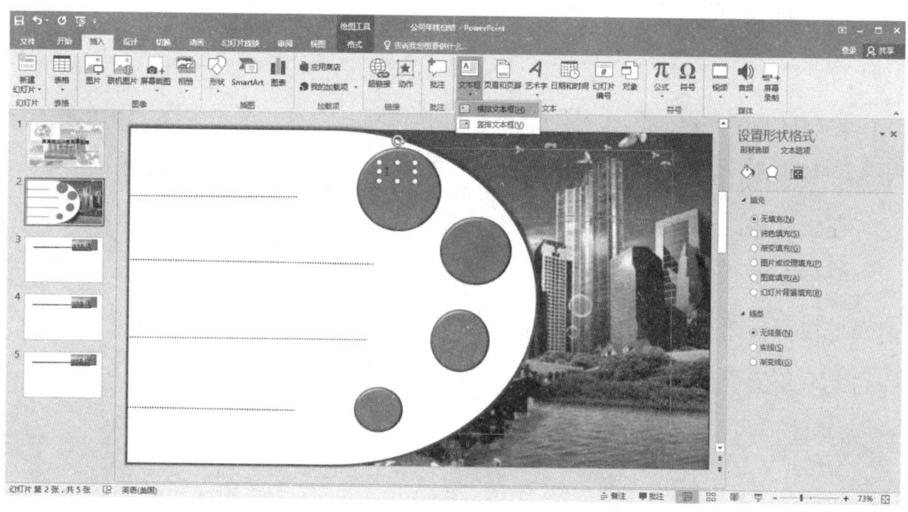

步骤06 用同种方法，在这张幻灯片的其余位置添加文本框并输入文字，然后再对文字进行设置。效果图如下。

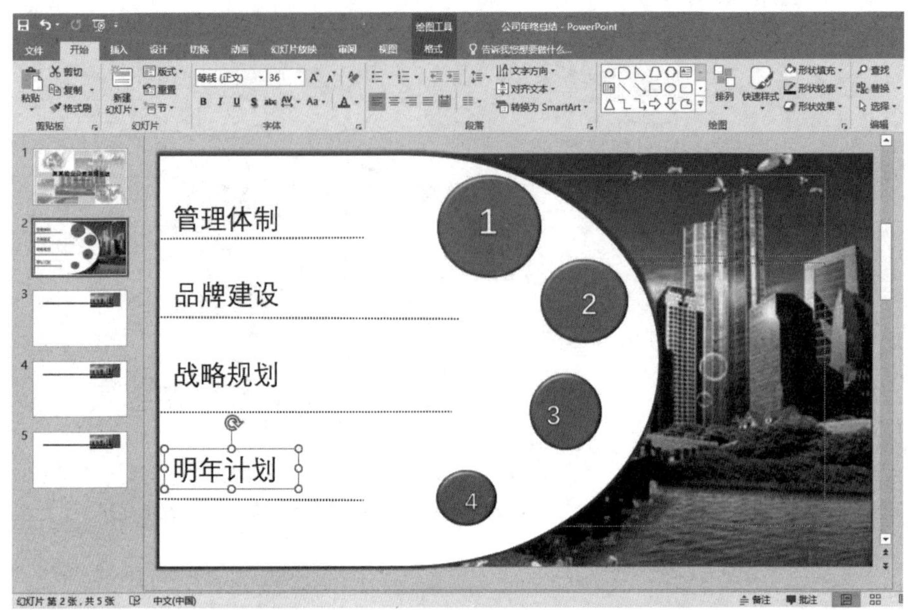

9.1.8　制作正文页幻灯片

在幻灯片演示文稿的正文中，可以展示图片、图表、文字、图形等元素。这些也是构成演示文稿正文的重要元素。下面就来讲解正文页幻灯片的制作方法。

在正文中编辑图片

单击文本占位符中的“图片”图标，弹出“插入图片”对话框，在右边的列表中找到合适的图片，单击“插入”按钮，然后根据内容版式设置，调整图片的大小和位置，效果图如下。

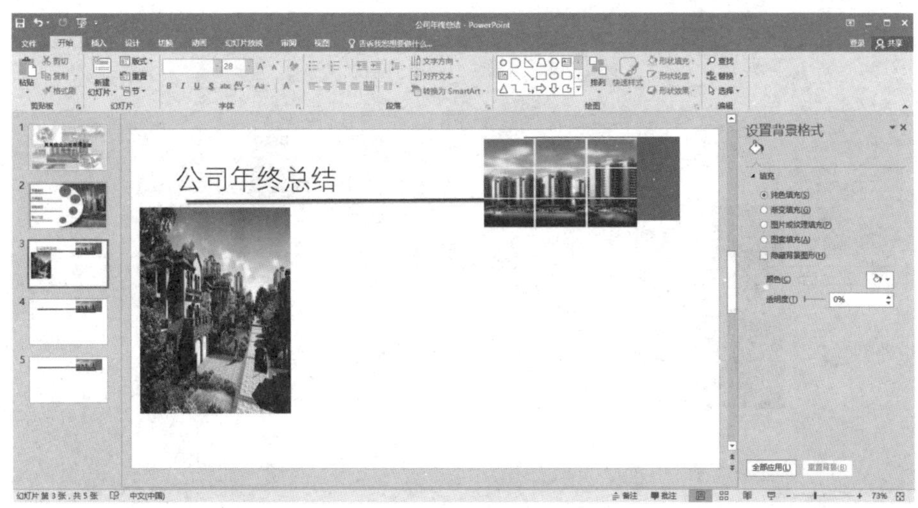

在正文中编辑文本

步骤01 在幻灯片中新建一个文本框，切换到“开始”选项卡，单击“段落”选项组中的“项目符号”下拉按钮，在弹出的列表中选择合适的项目符号或编号。

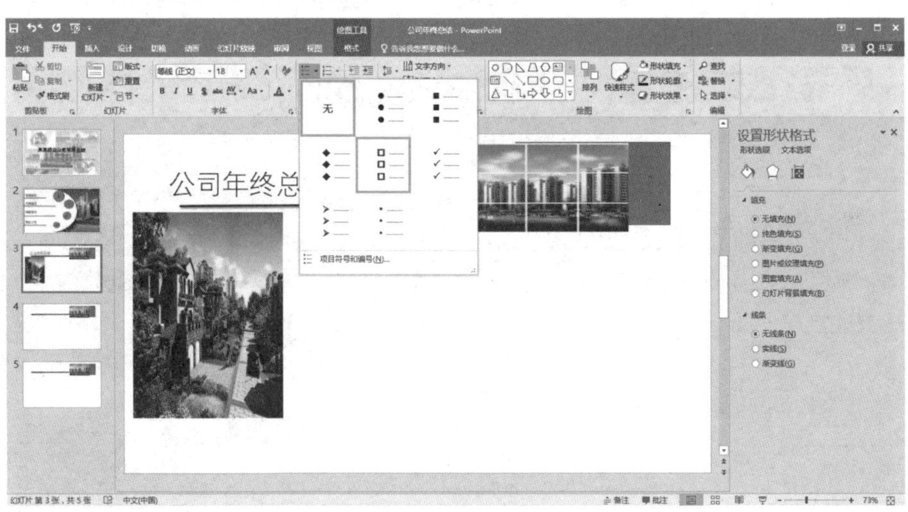

步骤02 此时正文中出现一个带项目符号和编号的文本框，在其中输入文字内容即可。效果图如下。

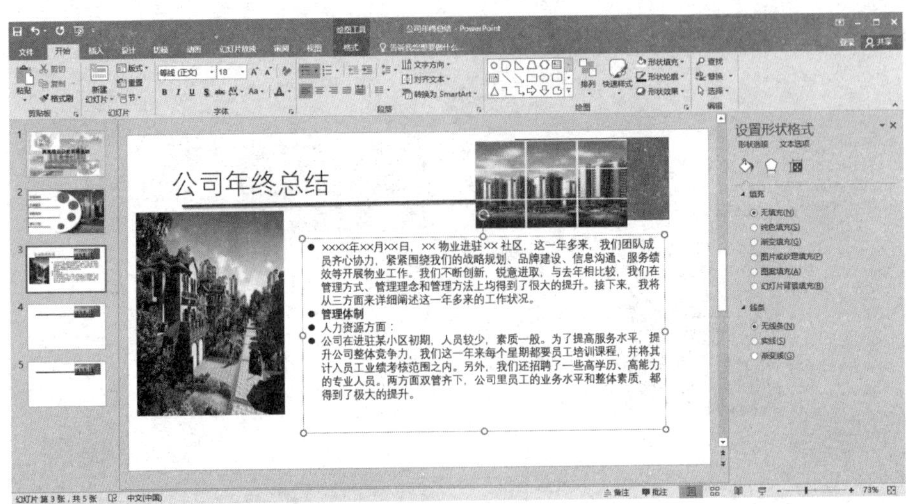

在正文中添加SmartArt图形

在幻灯片中，经常会根据内容需要来添加一些SmartArt图形。具体操作步骤如下。

步骤01 在幻灯片左边的列表中打开一张新的幻灯片，在文本占位符中点击“插入SmartArt图形”图标按钮，弹出一个“选择SmartArt图形”对话框。

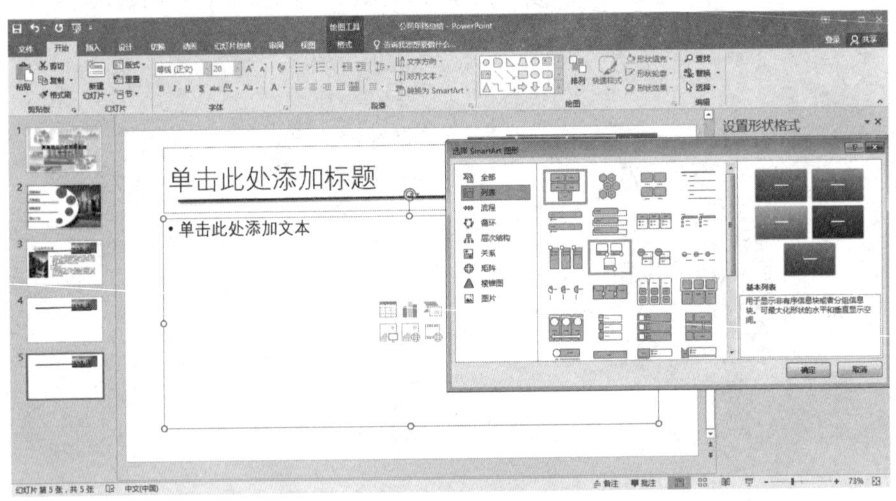

步骤02 在列表中选择满意的流程图样式，点击“确定”按钮即可完成流程图的插入，然后再在其中输入文本内容，效果图如下。

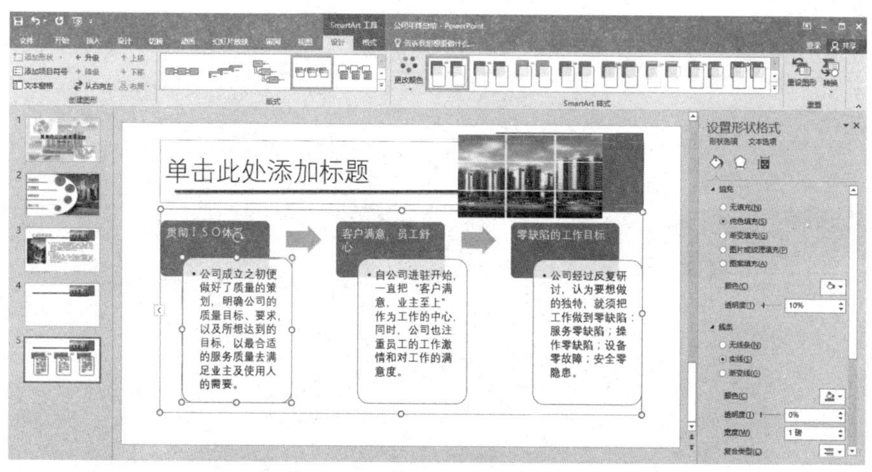

9.1.9 制作结尾幻灯片

制作完正文幻灯片之后，整个演示文稿还需要一张结尾幻灯片。制作结尾幻灯片的具体操作步骤如下。

步骤01 在演示文稿中新建一张幻灯片，将鼠标光标放于幻灯片的文本空白处，单击右键，在弹出的菜单中单击“设置背景格式”命令，幻灯片右侧就会出现“设置背景格式”窗格，在“填充”区域勾选“纯色填充”单选框以及“隐藏背景图形”复选框。

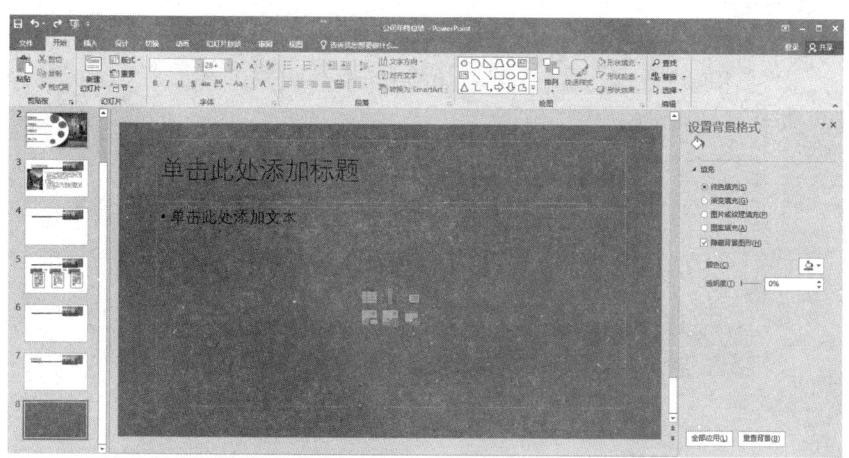

步骤02 选中幻灯片中原有的文本框，并一一删除。切换到“插入”选项卡，单击“插图”选项组中的“形状”按钮，在弹出的下拉列表中选择“矩形”，待光标变形时，拖动鼠标绘制矩形。

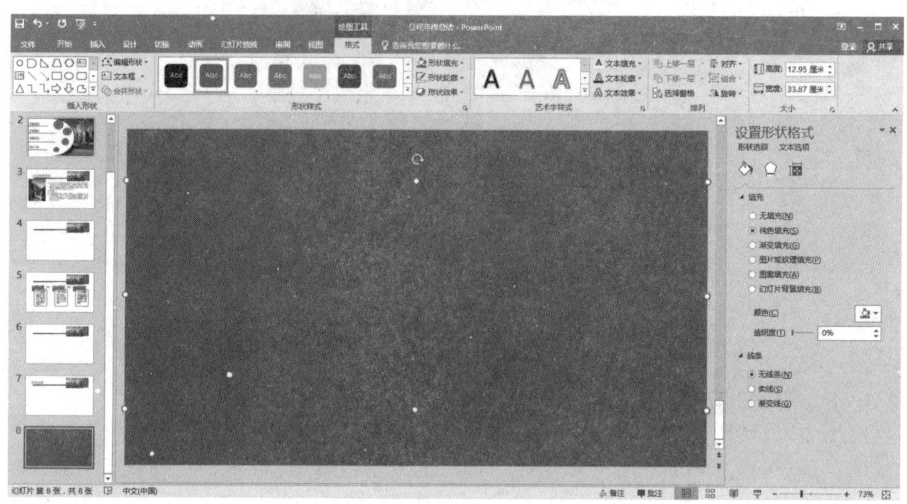

步骤03 选中矩形图，切换到“绘图工具-格式”选项卡，单击“形状样式”选项组中的“形状填充”按钮，在下拉列表中，将“主题颜色”设置为白色，单击“形状轮廓”按钮，勾选“无轮廓”选项。效果图如下。

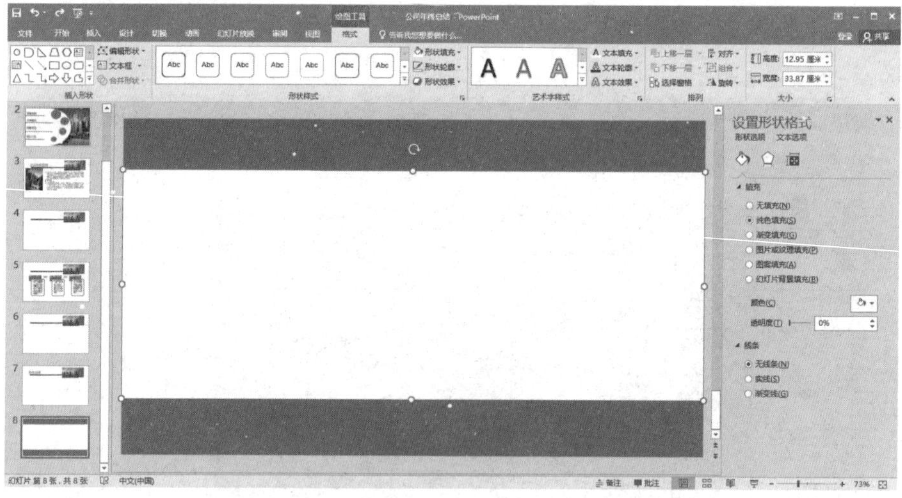

步骤04 选中矩形图，切换到“插入”选项卡，单击“图像”选项组中的“图片”按钮，在弹出的“插入图片”对话框中选择合适的图片插入矩形中，并用鼠标调节图的大小和位置。

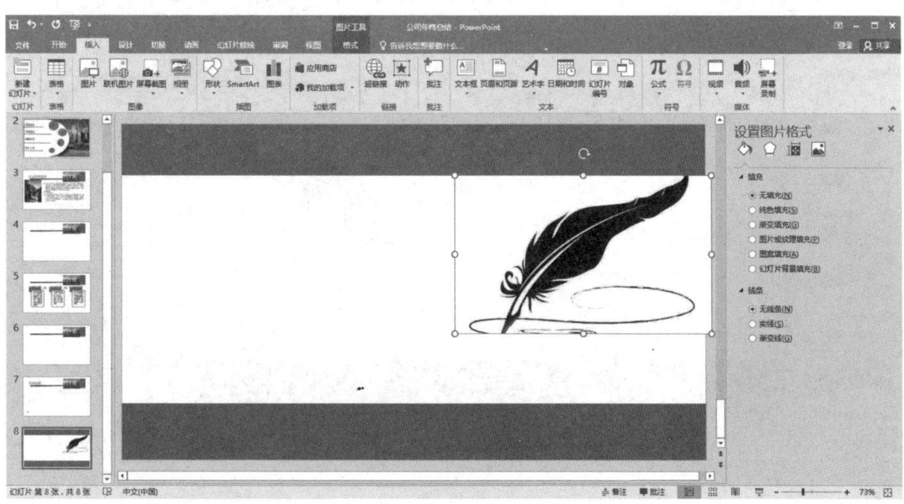

步骤05 将光标放于矩形中的空白处，切换至“插入”选项卡，单击“文本”选项组的“文本框”按钮，在弹出的列表中选择“横排文本框”，拖动鼠标在矩形空白处绘制文本框，并在文本框中输入“THANK YOU !”

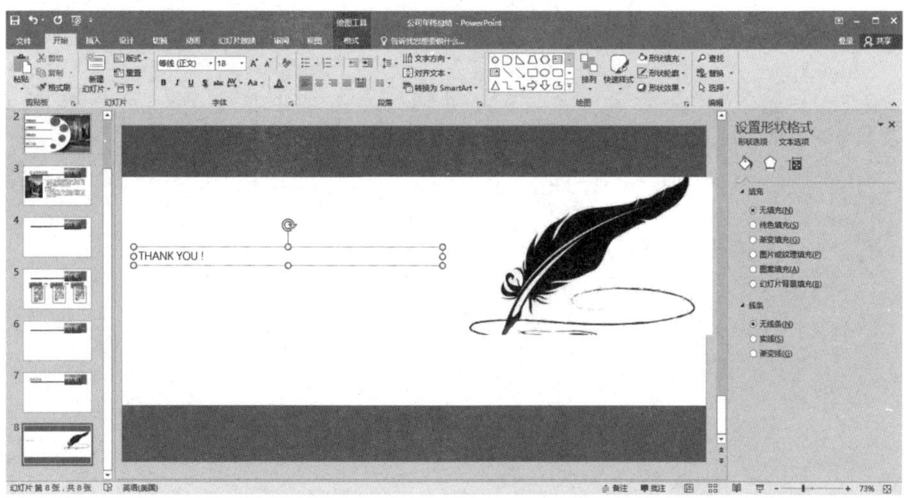

步骤06 选中文字，设置字号为60磅，字形为加粗，文字颜色与背景相同。最终效果图如下。

Chapter 10 动画多媒体的应用

10.1 制作公司产品动感宣传文稿

制作公司产品动感宣传文稿有两个作用：第一，它能让客户更直观地了解公司产品，提高销售业绩；第二，它有利于企业形象和品牌的树立，有利用企业文化的发展和传播。下面为大家介绍将动画多媒体融入公司产品宣传文稿中的方法。

10.1.1 设置幻灯片切换效果

演示文稿时，从一张幻灯片移到下一张幻灯片时所使用的动画效果就是幻灯片的切换效果。这里给大家讲解设置幻灯片切换效果的方法。

为幻灯片添加切换效果

为幻灯片添加切换效果的方法如下。

打开“公司产品宣传动感文稿”，选择要设置切换效果的幻灯片，比如我们选择第一张幻灯片。将幻灯片切换至“切换”选项卡，单击“切换到此幻灯片”选项组中的“其他”按钮，在弹出的下拉列表中选择“细微型”区域下的“推进”选项，我们可以看到“推进”的动画切换效果图。

设置切换效果的属性

在PowerPoint 2016中，有些切换效果是可以自定义的。大家可以根据需要对这些切换效果属性自行进行设置。举例来说，第一张幻灯片的动画切换效果为“推进”，用户如果想在这个动画效果的基础上变化一些方式，可以将演示文稿切换到“切换”选项卡，单击“切换到此幻灯片”选项组中的“效果选项”按钮，在弹出的下拉列表中更改“推进”的方向即可。

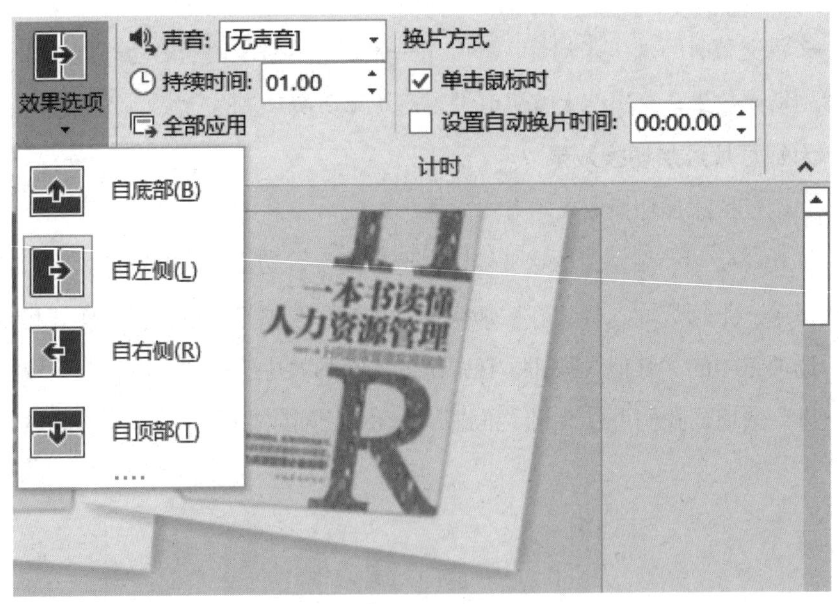

为切换效果添加声音

用户可根据实际需要为幻灯片的切换效果添加声音。具体操作方法如下。

选中第二张幻灯片，将文稿切换到“切换”选项卡，单击“计时”选项组中“声音”选项的下拉按钮，在弹出的下拉列表中选择所需的声音。比如选择“收款机”，切换幻灯片时就会自动播放这种声音。

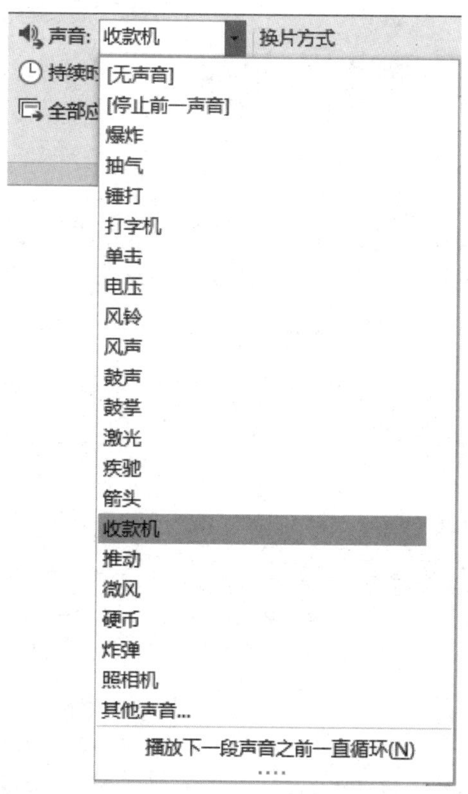

设置切换效果倒计时

用户如果想控制幻灯片的切换速度，则可以通过设置切换效果倒计时的方法来实现。操作方法为：选中要设置的第三张幻灯片，切换到“切换”选项卡，单击“计时”选项组中的“持续时间”微调按钮来对切换效果的时间进行设置或微调。

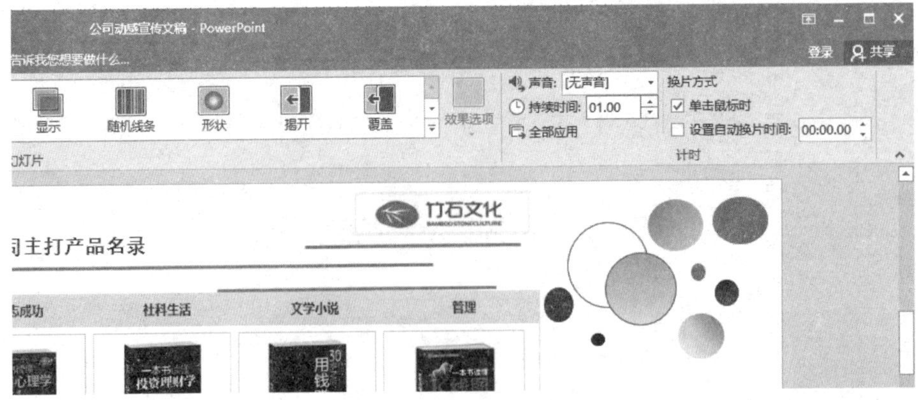

设置切换方式

用户可根据需要自行设置幻灯片的切换方式，比如是手动切换还是自动切换等。我们以设置手动切换方式为例来介绍具体的设置方法。

打开第三张幻灯片，在“切换”选项卡下的“计时”选项组中，勾选“换片方式”栏下的“单击鼠标时”复选框。这样，当播放幻灯片时，只要单击鼠标就能切换到这个幻灯片。

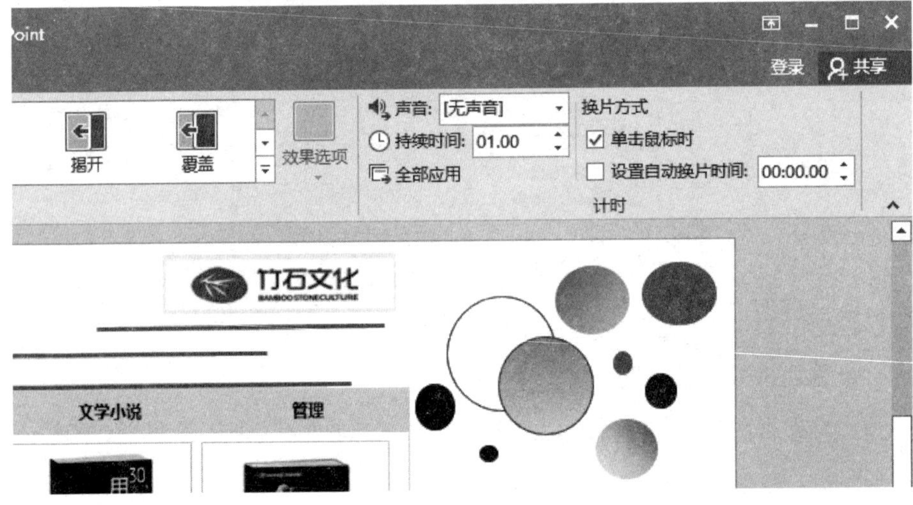

10.1.2　设置幻灯片动画效果

用户可以将演示文稿中的文本、图片、形状、表格等制作成动画，使它们具有更强的艺术效果。下面来讲解设置幻灯片动画效果的相关内容。

添加进入动画

步骤01 我们以第一张幻灯片为例，用户要想使这张幻灯片进入动画功能，可先选中这张幻灯片中的部分文字，单击“动画”选项卡下“动画”选项组中的“其他”按钮，在弹出的下拉列表的“进入”区域中选择合适的选项，创建动画效果。比如我们选择“旋转”选项。

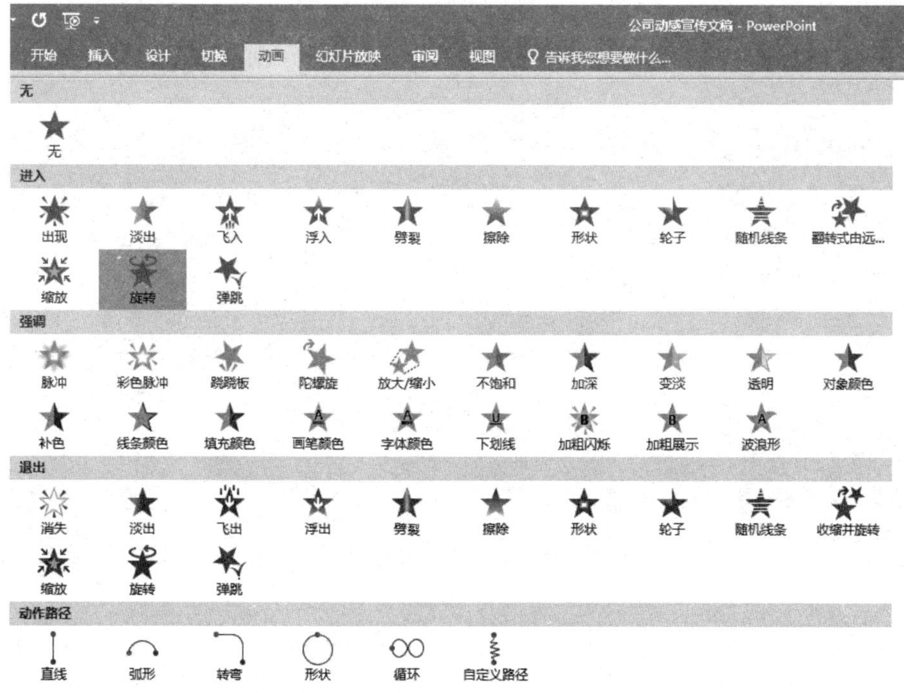

步骤02 添加动画效果后，选定部分的文字就会呈现“旋转”的动画效果，并且文字对象前面会显示一个动画编号标记。

调整动画顺序

在放映幻灯片的时候，还可以对幻灯片的播放顺序进行调整。具体操作步骤如下。

步骤01 我们仍以第一张幻灯片为例，我们看到图中设置了两个动画序号。将幻灯片切换至“动画”选项卡，单击“高级动画”选项组中的“动画窗格”按钮，弹出“动画窗格”窗口。

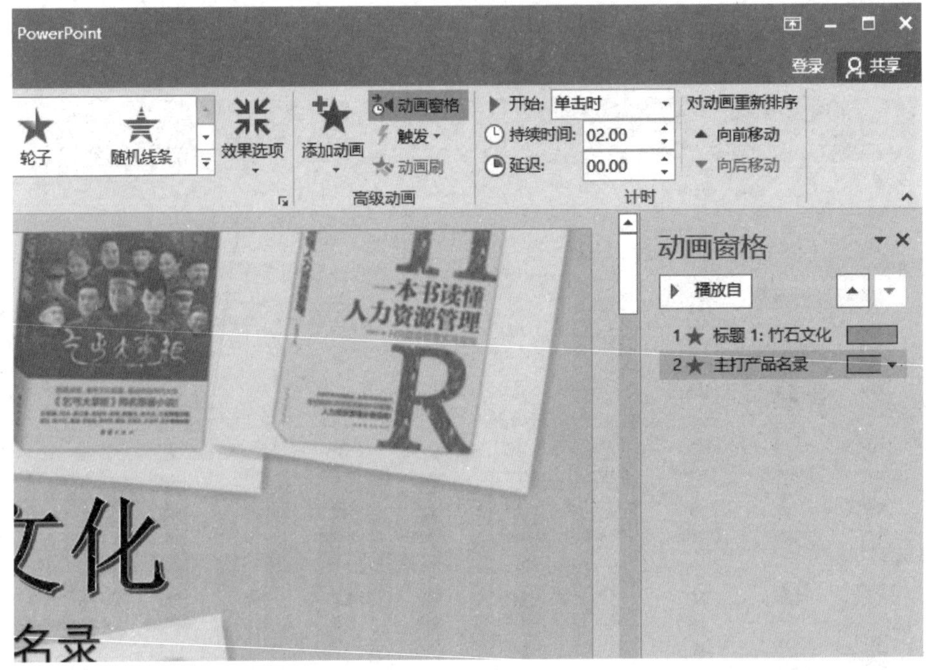

步骤02 选择“动画窗格”中需要调整顺序的动画，然后单击“动画窗格”窗口下方的向上或向下按钮，对动画播放顺序进行调整。如下图所示，我们可以看到幻灯片动画窗格中的动画编号顺序发生了变化。

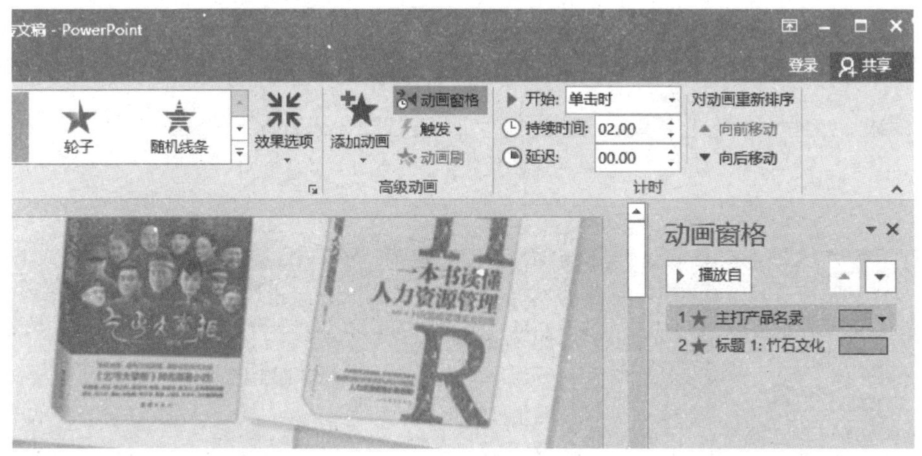

设置动画倒计时

用户可以在“动画”选项卡上为动画设置开始时间、持续时间或者延迟时间。

1. 设置动画开始时间

单击“动画”选项卡下“计时”选项组中“开始”菜单右侧的下拉按钮，弹出的列表内容包括“单击时”“与上一动画同时”“上一动画之后”这三个选项。用户可根据需要选择所需的计时方式。

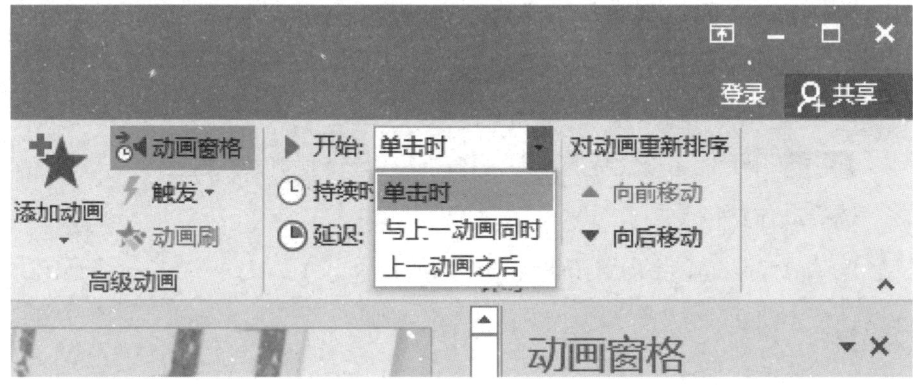

2. 设置动画持续时间和延迟时间

用户可利用“计时”选项组中“持续时间”和“延迟”文本框后面的微调按钮，或者直接在它们的文本框中输入所需时间，以此来调整动画要运行的持续时间和延迟时间。

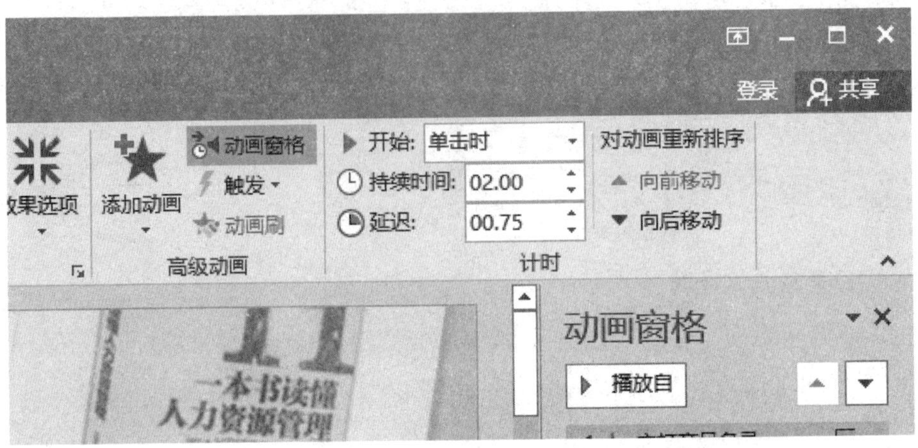

使用动画刷

在PowerPoint 2016中，用户可以使用动画刷来复制一个对象的动画效果，然后将其用于另一个对象。我们以第一张幻灯片为例来讲解操作方法。

步骤01 切换至“动画”选项卡，选中需要复制的动画效果，比如选中“主打产品名录”，单击“高级动画”选项组中的“动画刷”按钮，此时的鼠标光标变成刷子形状。

步骤02 用此刷单击大标题，即可将动画效果复制到大标题上。

选择动作路径

PowerPoint 2016中内置了多种动作路径，用户可以根据需要选择合适的动作路径。我们以结尾幻灯片为例来讲解操作步骤。

步骤01 选中需要进入动画效果的文字“谢谢您的欣赏”，切换到“动画”选项卡，单击“动画”选项组中的“其他”按钮，在弹出的下拉列表中选择“其他动作路径”选项。

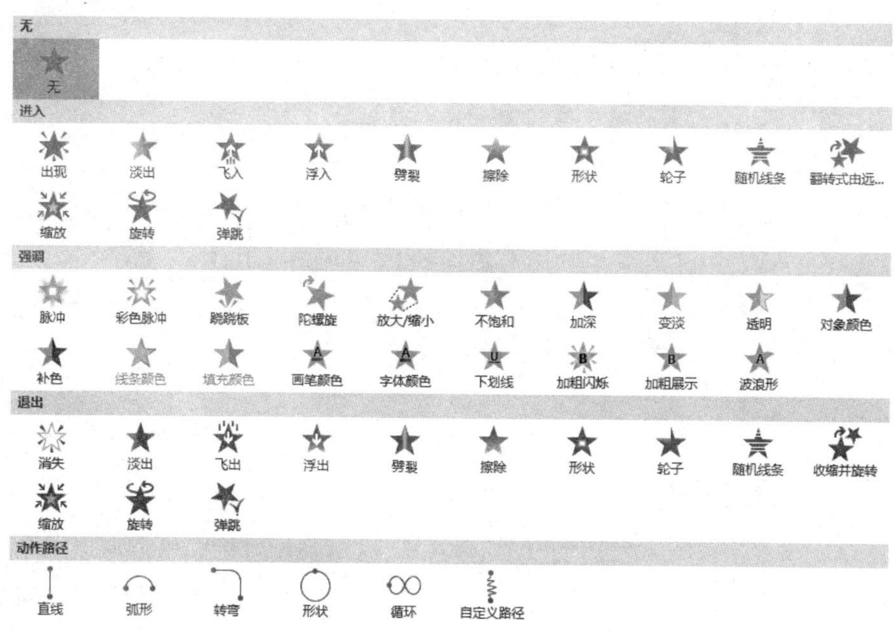

步骤02 弹出“更改动作路径”对话框，用户可从中选择一种动作路径，比如我们选择“八角星”，单击“确定”按钮，文字就会添加上这种动画效果。另外，所编辑文字部分会显示动画编号标志，并且在其右下方显示动作路径。

测试动画效果

用户为文字或图片添加一定的动画效果后，可以通过单击“动画”选项卡下的“预览”选项组中的“预览”按钮来测试动画，也可以单击“预览”按钮的下拉按钮，在弹出的下拉列表中选择合适的选项来测试动画。

删除动画

用户创建动画效果后，也可以根据需要删除动画效果，操作方法有以下三种。

（1）切换到“动画”选项卡，单击“动画”选项组中的“其他”按钮，在弹出的下拉列表中选择“无”区域中的“无”选项。

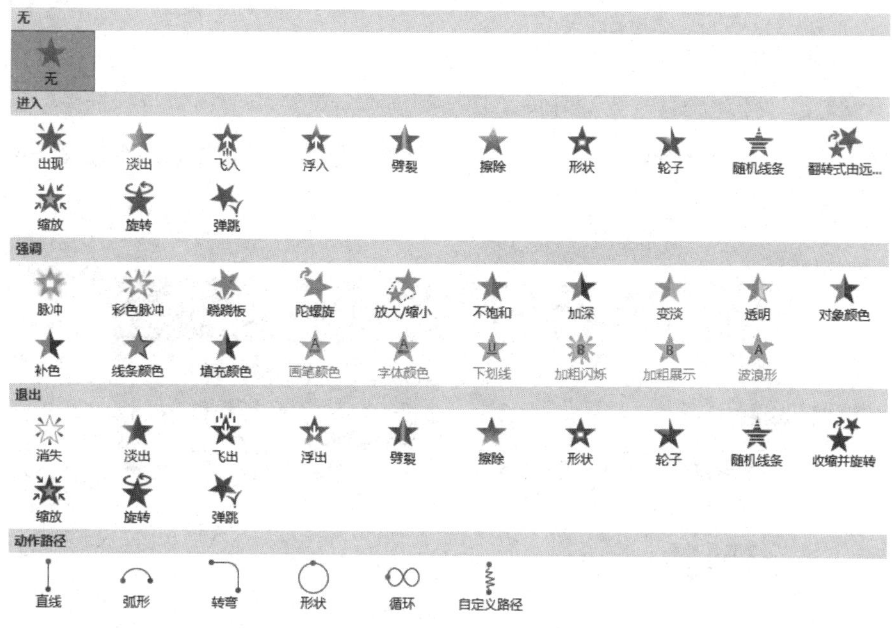

（2）单击添加动画效果的对象前面的小图标，直接按Delete键删除它。

（3）在“动画”选项卡下，单击“高级动画”选项组中的“动画窗格”按钮，在弹出的“动画窗格”中选择要移除的动画的选项，单击其右侧的下拉按钮，在弹出的下拉列表中选择“删除”选项即可。

10.1.3 设置幻灯片的交互与超级链接效果

在PowerPoint 2016中，我们可以为幻灯片中的文本、图片等设置交互效果，也可以创建超级链接。下面就来介绍幻灯片的交互和超级链接的设置方法。

设置幻灯片的交互按钮

步骤01 打开最后一张幻灯片，切换到“插入”选项卡，单击“插图”选项组中的“形状”按钮，在弹出的下拉列表中，选择“动作按钮”组中的“第一张”按钮。

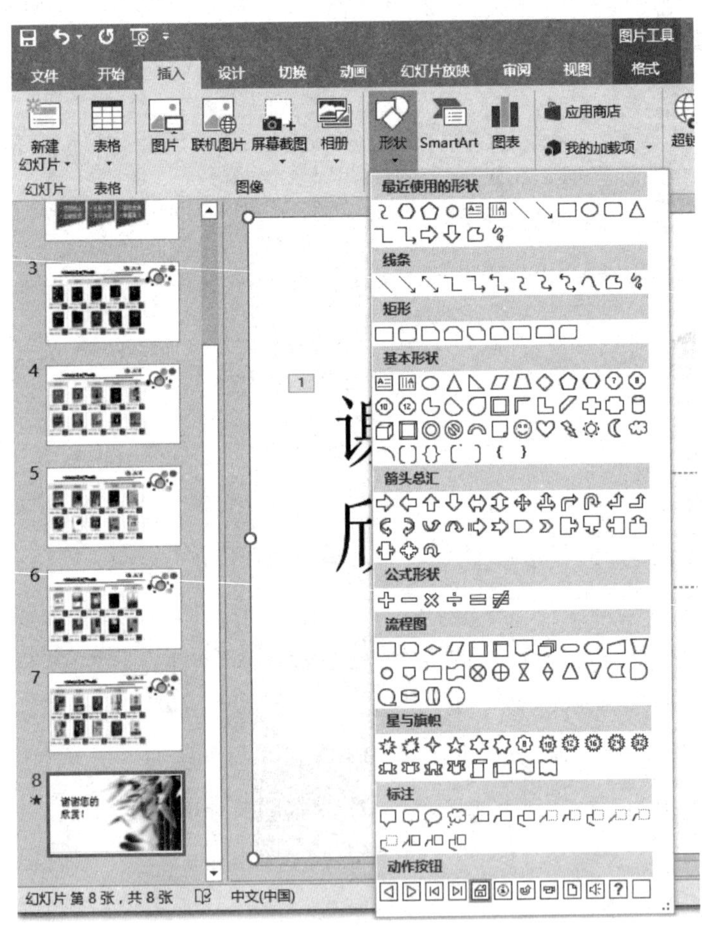

步骤02 返回幻灯片，按住鼠标左键并拖拽，绘制出交互按钮。松开鼠标左键后，自动弹出“操作设置”对话框，切换到“单击鼠标”选项卡，勾选“超链接到”单选框，在文本框下拉列表中选择“第一张幻灯片”选项。

步骤03 单击“确定”按钮，可以清楚地看到添加的交互按钮。用户放映幻灯片时，只需要单击该交互按钮，就能跳转到第一张幻灯片。

设置幻灯片的超级链接

步骤01 选中需要添加相关链接的幻灯片，在这里我们选择第二张幻灯片，选中“经管励志”文本内容，将幻灯片切换至“插入”选项卡，单击“链接”选项组中的“超链接”选项，弹出“插入超链接”对话框。

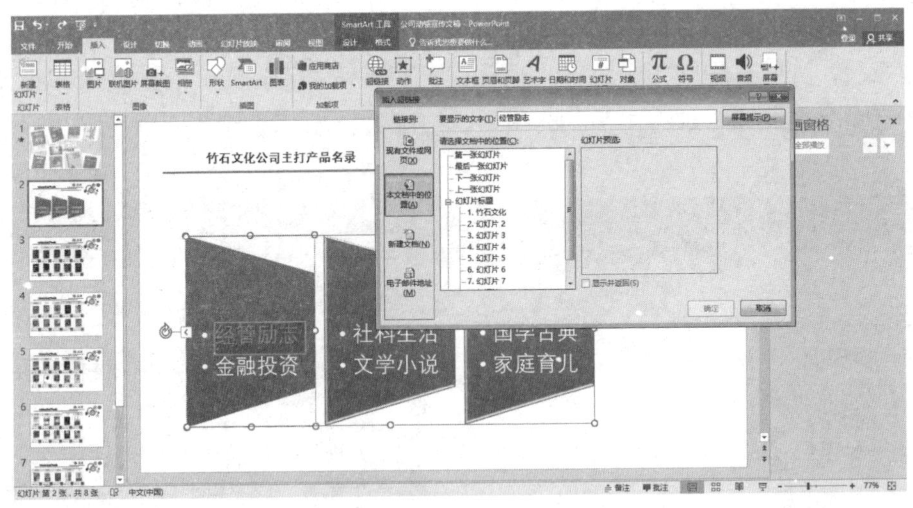

步骤02 在“链接到”列表中，选择“本文档中的位置”选项，在“请选择文档中的位置”列表框中选择“幻灯片3”。

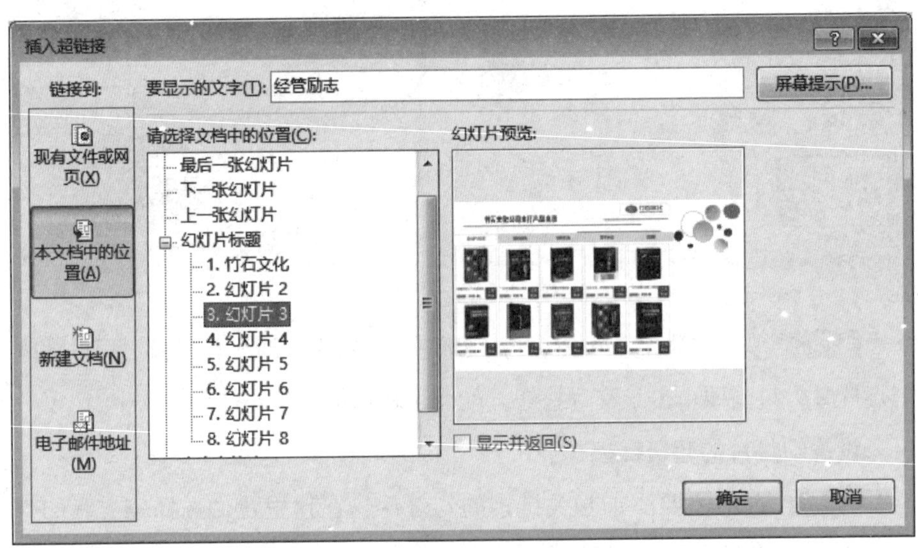

步骤03 单击“确定”按钮，完成超级链接设置。

大家可以按F5键来放映该文稿，放至此页时，将光标放在超级链接文本上，当光标变形时单击该超级链接文本，则可以跳转到与其所链接的幻灯片上。

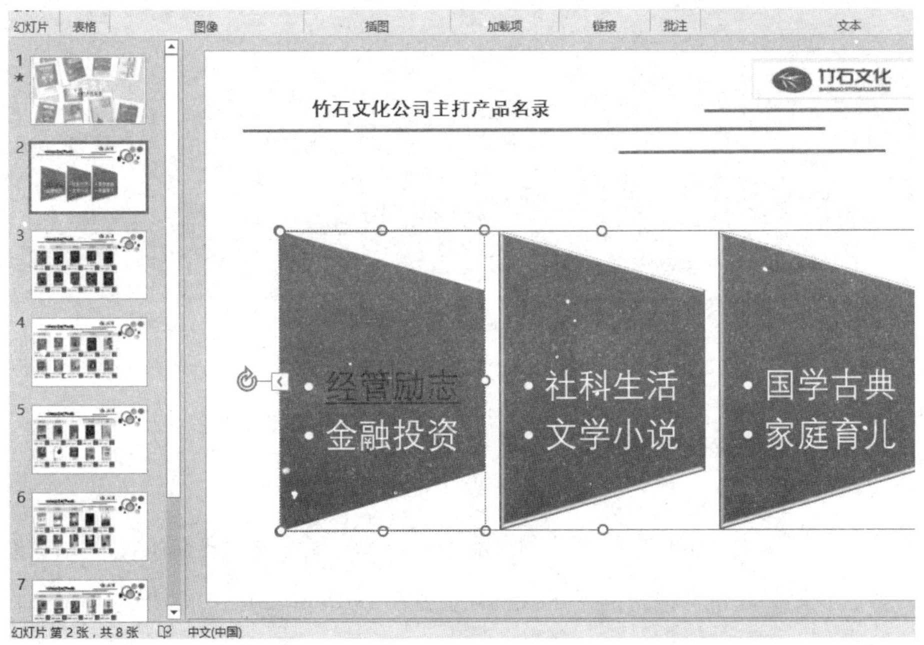
幻灯片
表格
图像
插图
加载项
链接
批注
文本
竹石文化公司主打产品名录
竹石文化
• 经管励志
• 金融投资
• 社科生活
• 文学小说
• 国学古典
• 家庭育儿
幻灯片 第 2 张，共 8 张
中文(中国)

Chapter 11 幻灯片的放映

11.1 放映公司宣传文稿

在上一章中，我们制作了公司产品动感宣传文稿的动画多媒体效果。在这一章，我们仍以该文稿为例，介绍如何运用PowerPoint 2016中的放映功能进行放映。

11.1.1 幻灯片的放映方式

在PowerPoint 2016中，幻灯片的放映方式包括演讲者放映、观众自行浏览和在展台浏览三种。下面对这三种放映方式一一进行介绍。

演讲者放映

演讲者放映方式是指由演讲者一边讲解一边放映幻灯片，这种放映方式一般用于比较正式的场合，如学术报告、专题讲座等。将演示文稿的放映方式设置为演讲者放映的具体操作步骤如下。

步骤01 打开演示文稿，切换到“幻灯片放映”选项卡，单击“设置”选项组中的“设置幻灯片放映”按钮，弹出“设置放映方式”对话框，默认设置即为演讲者放映方式。

步骤02 用户可在“放映选项”区域中勾选“循环放映，按ESC键终止”复选框；在“换片方式”区域中勾选“手动”单选框，将换片过程中的换片方式设置为手动。

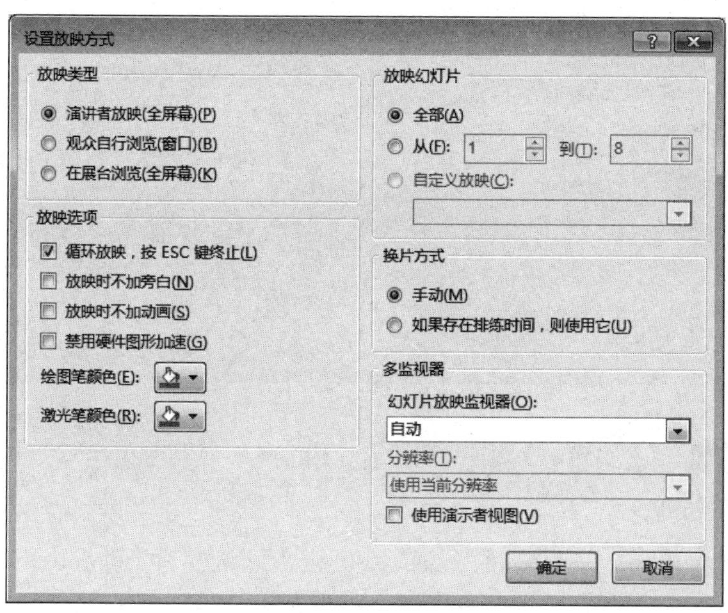

步骤03 单击“确定”按钮完成设置，按F5键即可进行全屏幕的PPT演示。

观众自行浏览

观众自行浏览方式是指由观众自己操作计算机观看幻灯片。如果希望观众自己来浏览幻灯片，可将演示文稿的放映方式设置为“观众自行浏览”。具体操作步骤如下。

步骤01 单击“幻灯片放映”选项卡中“设置”选项组中的“设置幻灯片放映”按钮，弹出“设置放映方式”对话框。用户可在“放映类型”区域选中“观众自行浏览”单选框，在“放映幻灯片”区域中选择“从……到……”单选框，这里我们将页码范围设置为1～5页，也就是说从第1到第5页的幻灯片放映方式为观众自行浏览。

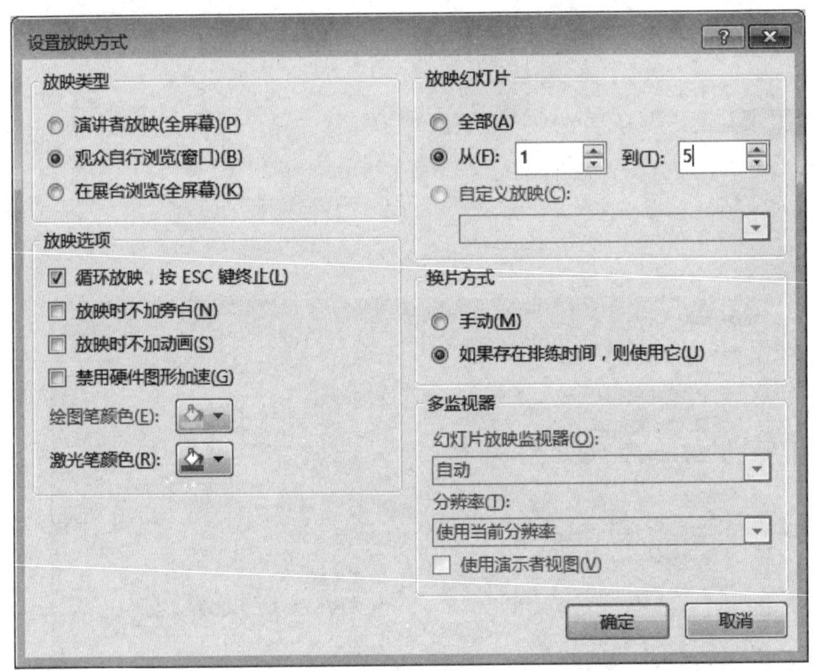

步骤02 单击“确定”按钮完成设置，按F5键即可进行PPT演示。

在展台浏览

在展台浏览方式是指在展览会或类似场合，让幻灯片自动放映而不需要演讲者操作。设置展台浏览放映方式的具体操作方法如下。

单击“幻灯片放映”选项卡中“设置”选项组中的“设置幻灯片放映”按钮，弹出“设置放映方式”对话框，用户可在“放映类型”区域选中“在展台浏览”单选框，单击“确定”按钮，即可完成设置。

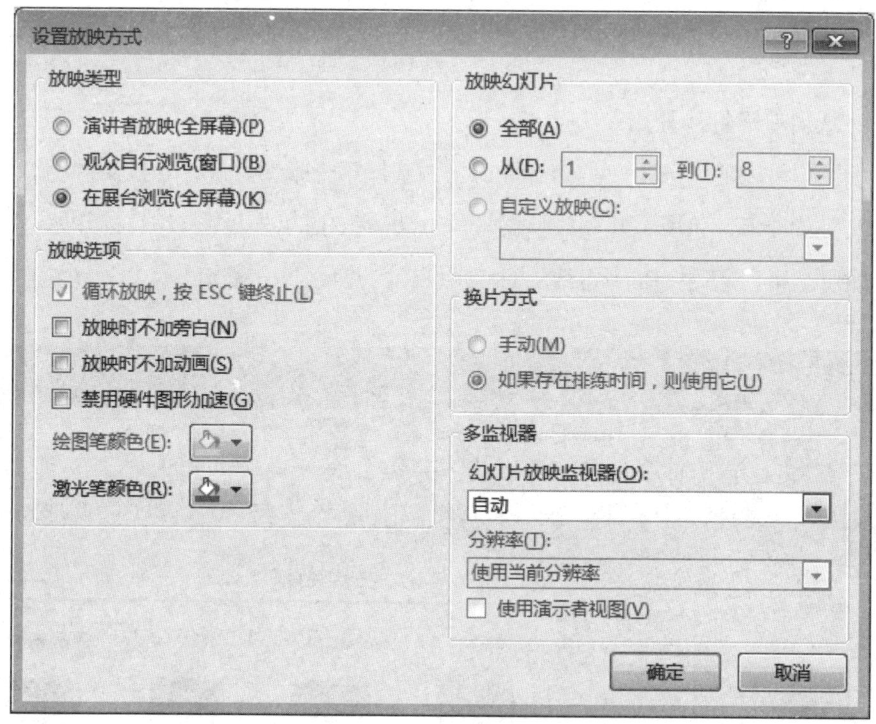

11.1.2 放映幻灯片

幻灯片默认的放映方式为普通手动放映，用户也可以根据实际需要，将幻灯片的放映方式设置为从头开始放映、从当前幻灯片开始放映、联机放映和自定义幻灯片放映等。下面就来讲解这几种幻灯片放映方式的具体设置方法。

从头开始放映

打开演示文稿，切换到“幻灯片放映”选项卡，单击“开始放映幻灯片”选项组中的“从头开始”按钮，系统就会自动从头开始放映幻灯片。用户可以通过单击鼠标、按Enter键或空格键来切换到下一张幻灯片。

从当前幻灯片开始

用户可以随意选中一张幻灯片，比如选择第三张幻灯片，切换至“幻灯片放映”选项卡，单击“开始放映幻灯片”选项组中的“从当前幻灯片开始”按钮即可。用户通过按Enter键或Space键可自动切换到下一张幻灯片。

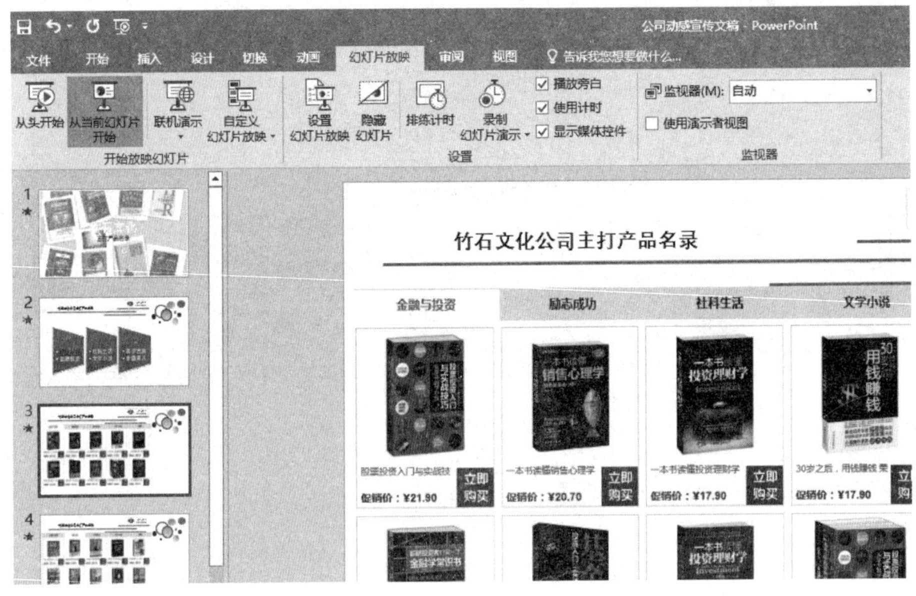

联机放映

在PowerPoint 2016中新增了联机放映的功能。只要处于有网络的环境，即便电脑上没有安装PowerPoint 2016，也能放映演示文稿。具体操作步骤如下。

步骤01 将演示文稿切换至“幻灯片放映”选项卡，单击“开始放映幻灯片”选项组中的“联机演示”下拉按钮，弹出一个下拉列表，单击列表中的“office演示文稿服务”选项。

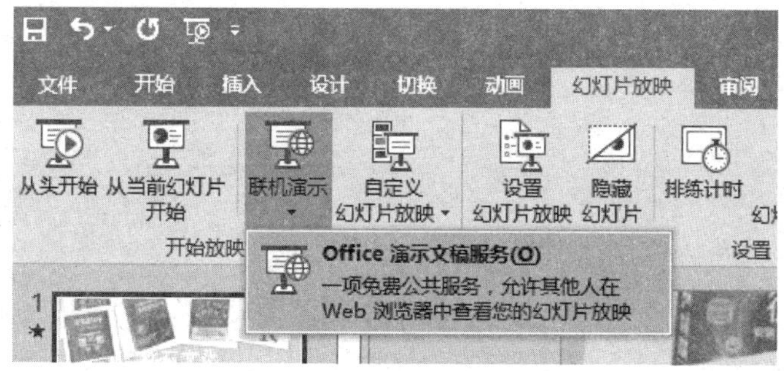

步骤02 弹出“联机演示”对话框，单击下方的“连接”按钮。

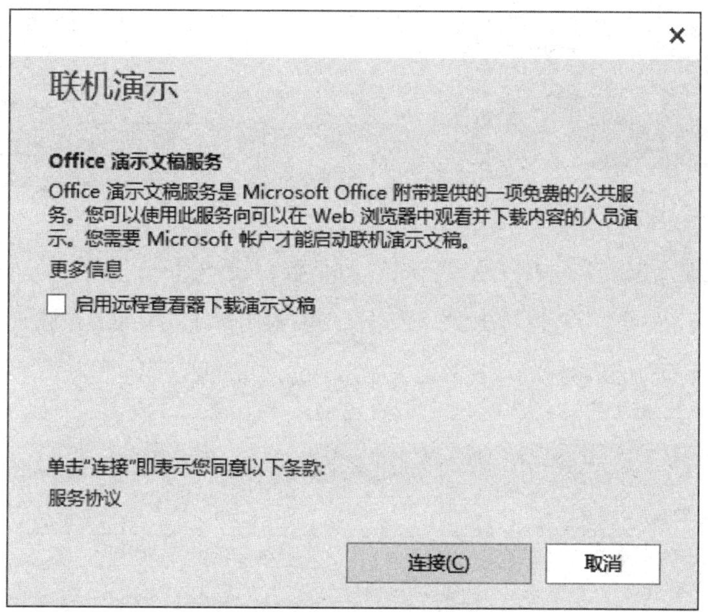

步骤03 弹出“联机演示”对话框，用户可以复制文本框中的地址，与远程查看者共享。待远程查看者打开该链接后，单击“启动演示文稿”按钮，远程查看者就能查看播放的幻灯片。

自定义幻灯片放映

用户也可以根据需要，为幻灯片设置多种自定义放映方式。具体操作步骤如下。

步骤01 将演示文稿切换至“幻灯片放映”选项卡，单击“开始放映幻灯片”选项组中的“自定义幻灯片放映”按钮，在弹出的下拉列表中选择“自定义放映”选项，弹出“自定义放映”对话框，单击“新建”按钮。

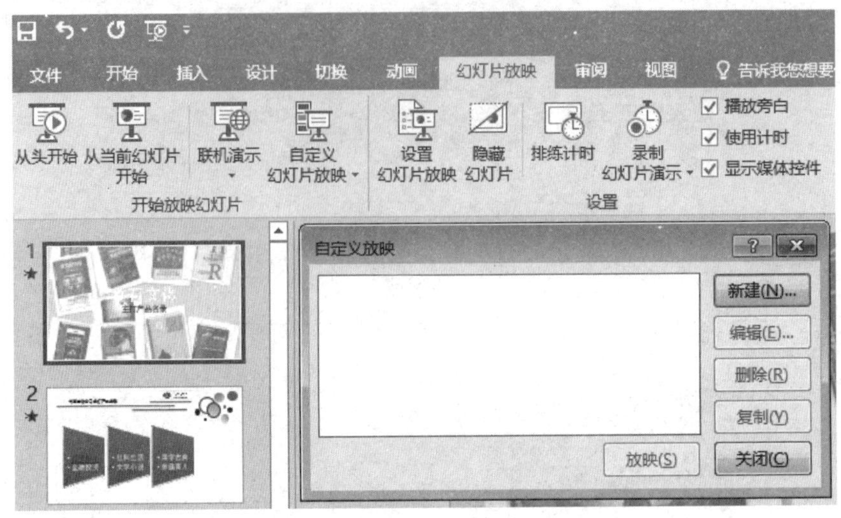

步骤02 弹出“定义自定义放映”对话框。用户可在“在演示文稿中的幻灯片”列表框中选择需要放映的幻灯片，单击中间的“添加”按钮，即可将选中的幻灯片添加到右侧的“在自定义放映中的幻灯片”列表框中。

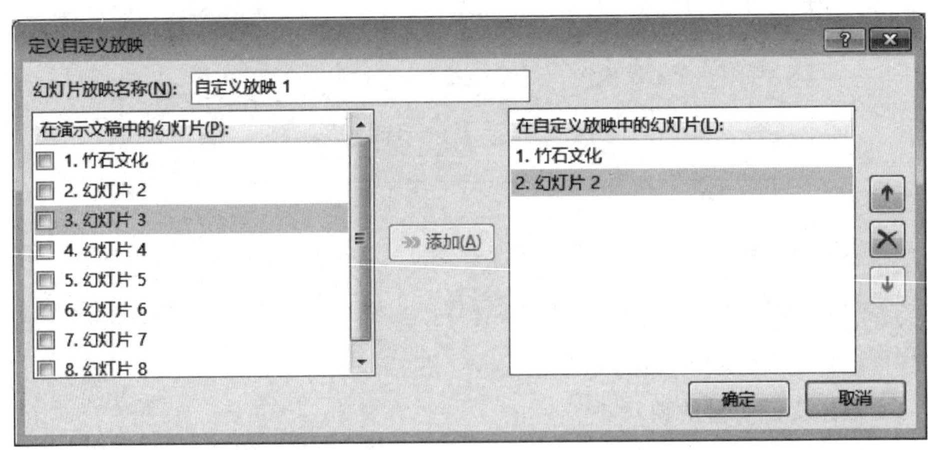

步骤03 单击“确定”按钮，返回到“自定义放映”对话框，用户单击“放映”按钮，就可以查看自定义幻灯片的放映效果了。

11.1.3 为幻灯片添加注释

在幻灯片中添加注释内容，不但能为演讲者带来方便，而且有助于观众更好地了解幻灯片所传达的意思。下面就来讲述这方面的内容。

添加注释

步骤01 打开演示文稿，按下F5键来放映幻灯片，我们以第三张幻灯片为例，当放映至此时，单击鼠标右键，在弹出的快捷菜单中选择“指针选项”选项，再在子菜单中选择“笔”命令菜单命令。

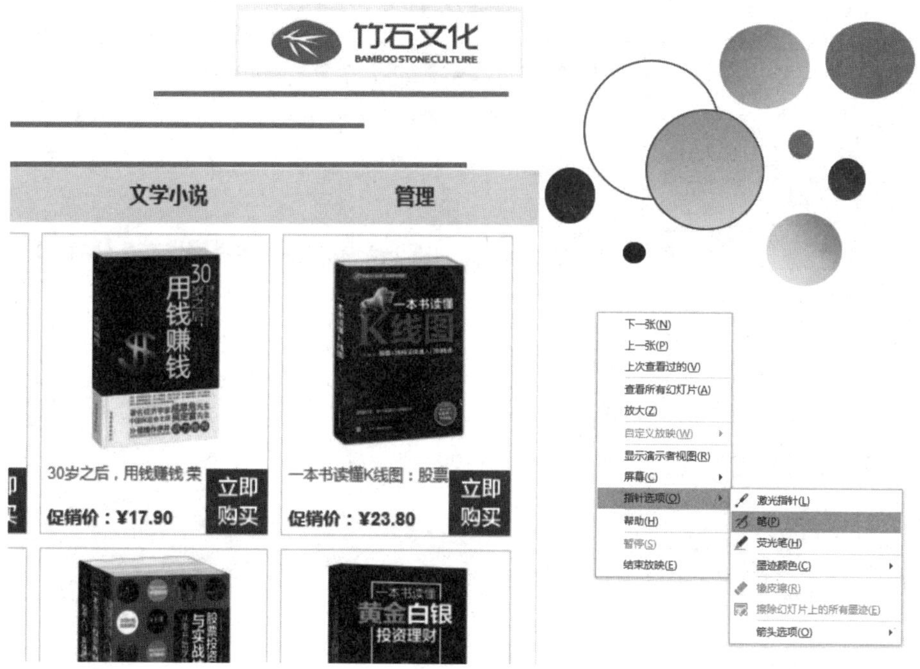

步骤02 当鼠标指针变成一个点时，就可以在幻灯片中添加注释了。

擦除注释

对于添加在幻灯片中的注释，我们也可以根据需要把它擦除。具体操作方法如下。

步骤01 放映演示文稿时，在添加了注释的页面单击鼠标右键，在弹出的快捷菜单中选择“指针选项”选项，再在子菜单中选择“橡皮擦”命令。

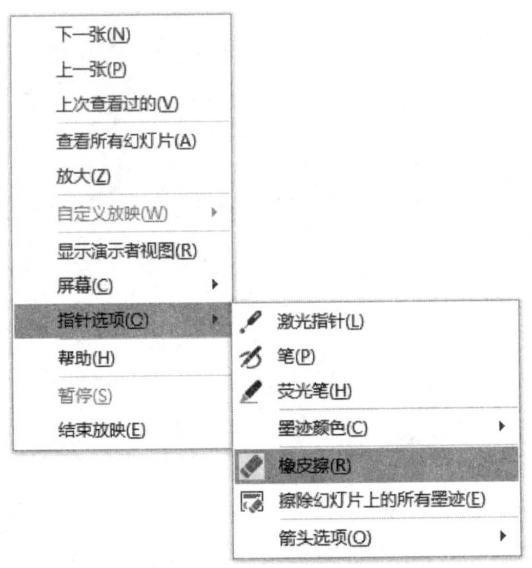

步骤02 当鼠标变为橡皮擦形状时，拖动鼠标左键，将其放在有注释的地方，直接擦除即可。

小提示：用户也可以选择“指针选项”选项，然后在子菜单中选择“擦除幻灯片上的所有墨迹”菜单命令来删除添加在幻灯片上的注释。

Chapter 12 实现Word、Excel和PPT之间的数据共享

Office的组件Word、Excel、PPT之间并不是孤立存在的，而是可以通过相互调用和资源共享来为用户的操作提供更好的素材和思路，从而最大限度地提高工作效率。

12.1 Word与Excel之间的协作

在Word中可以使用Excel的数据，在Excel中同样可以使用Word数据。下面就介绍最为常见的这两个组件的数据互用法。

12.1.1 在Word中使用Excel数据

在Word中使用Excel数据的方法有多种，下面就介绍其中的两种。

（1）使用复制、粘贴命令。

步骤01 打开Excel“员工商务培训成绩统计表”，选中表格部分，单击鼠标右键，选择“复制”命令。

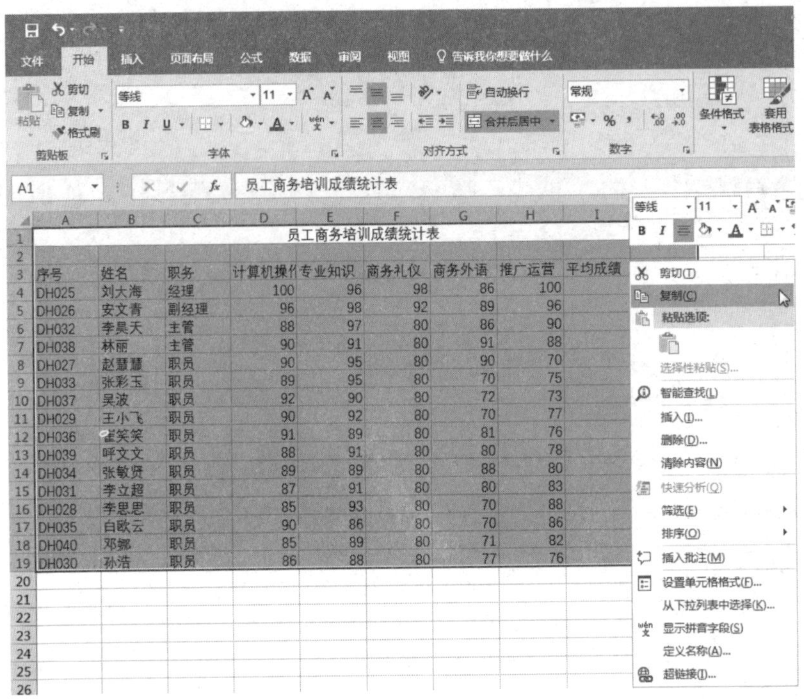

步骤02 打开Word文档，将鼠标光标放置于需要插入表格的位置，单击鼠标右键，选择“粘贴选项”，在其中选择“链接与使用目标格式”即可。

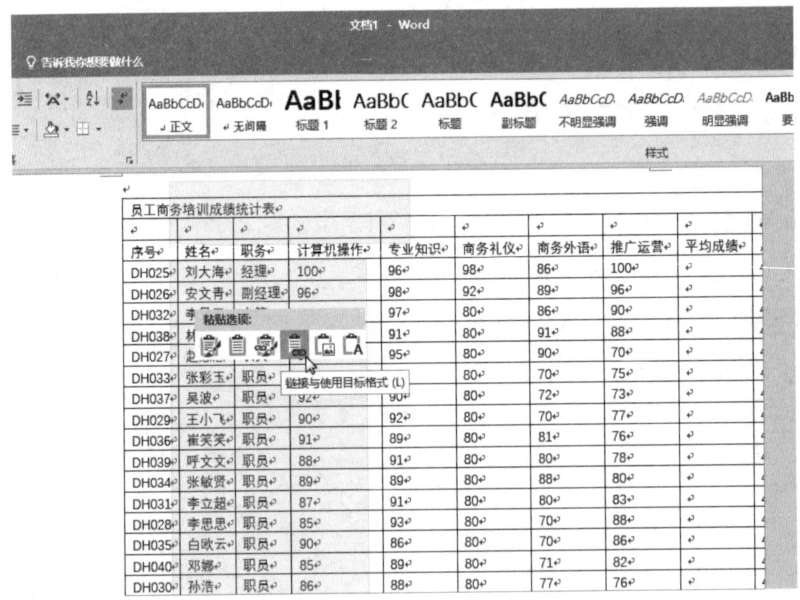

（2）嵌入Excel表格。用户如果想在Word中使用Excel的计算和统计等功能，可以按照以下步骤来操作。

步骤01 在Word文档中指定好插入点，将文档切换至“插入”选项卡，单击“文本”选项组中的“对象”按钮。

步骤02 弹出“对象”对话框，切换到“由文件创建”选项卡。

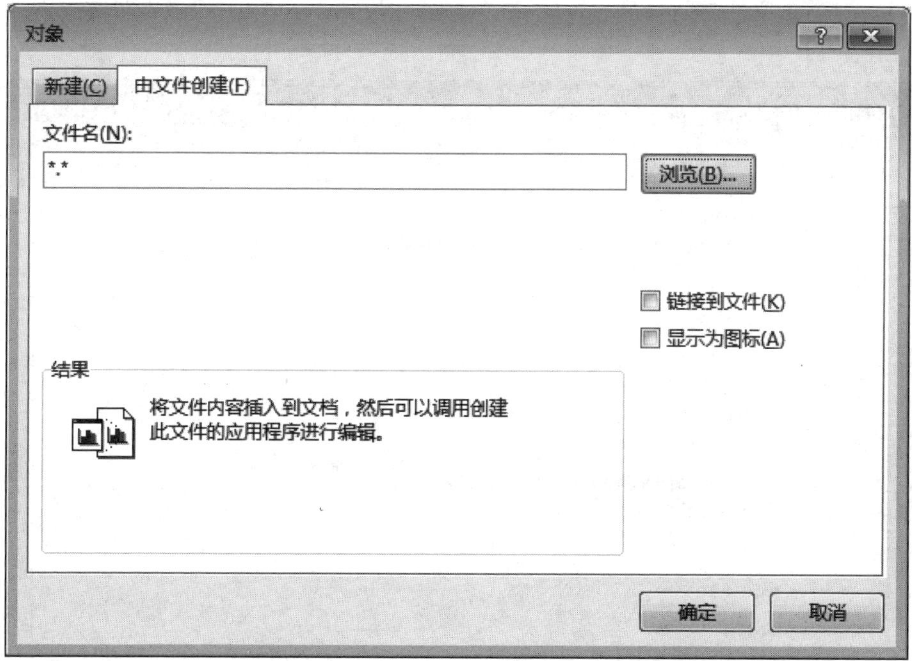

步骤03 单击“浏览”按钮，弹出“浏览”对话框，在其中选择需要插入的Excel文件。

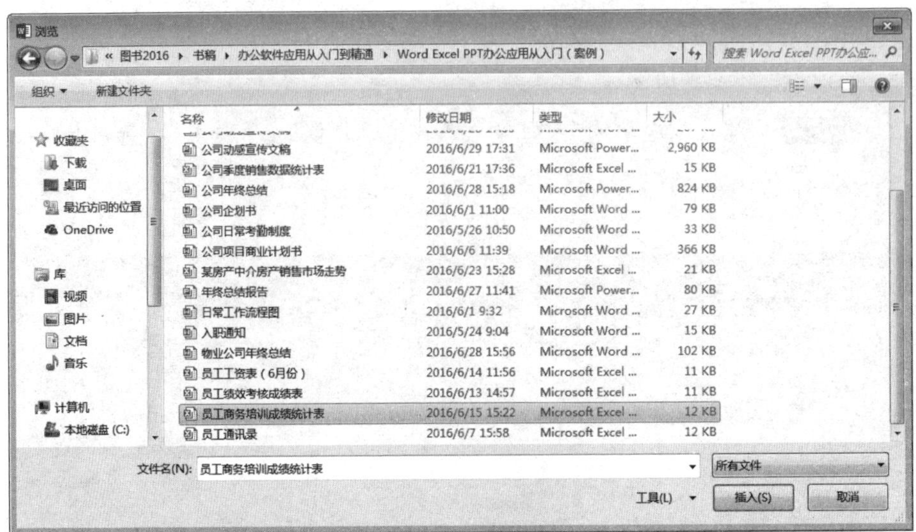

步骤04 单击插入按钮，返回到“对象”对话框中，单击“确定”按钮。

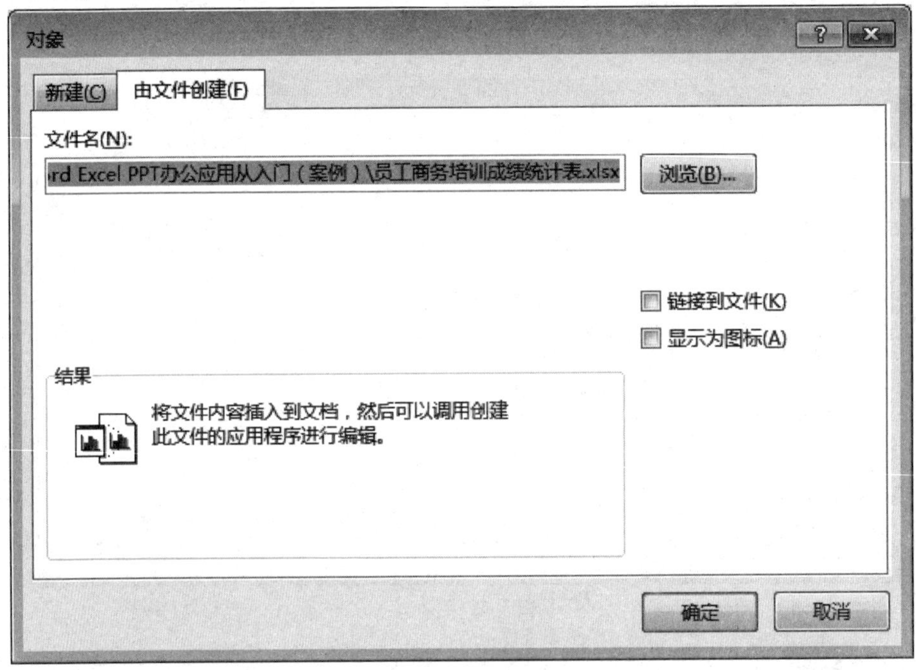

步骤05 嵌入后的状态如下图所示。如果用户需要修改Excel中的数据，双击需要修改数据的单元格进行修改即可。

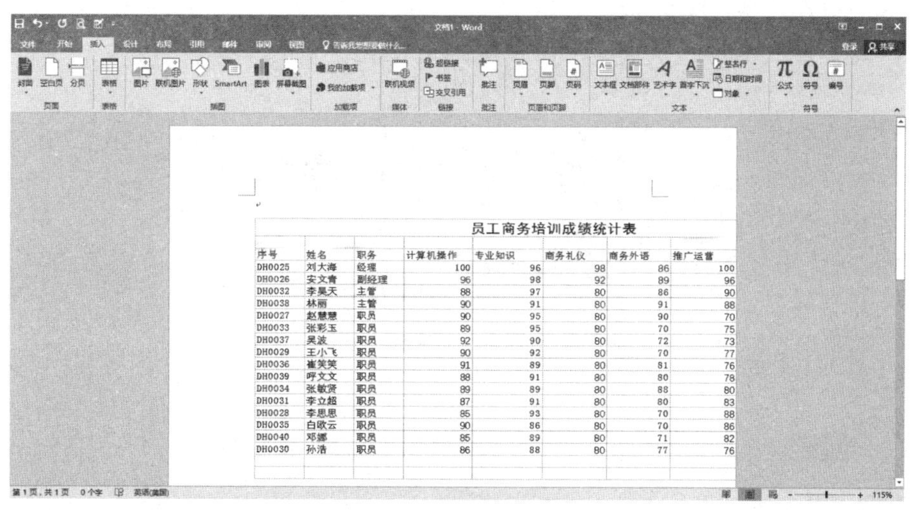

员工商务培训成绩统计表							
序号	姓名	职务	计算机操作	专业知识	商务礼仪	商务外语	推广运营
DH0025	刘大海	经理	100	96	98	86	100
DH0026	安文青	副经理	96	98	92	89	96
DH0032	李昊天	主管	88	97	80	86	90
DH0038	林丽	主管	90	91	80	91	88
DH0027	赵慧慧	职员	90	95	80	90	70
DH0033	张彩玉	职员	89	95	80	70	75
DH0037	吴波	职员	92	90	80	72	73
DH0029	王小飞	职员	90	92	80	70	77
DH0036	崔笑笑	职员	91	89	80	81	76
DH0039	呼文文	职员	88	91	80	80	78
DH0034	张敏贤	职员	89	89	80	88	80
DH0031	李立超	职员	87	91	80	80	83
DH0028	李思思	职员	85	93	80	70	88
DH0035	白欧云	职员	90	86	80	70	86
DH0040	邓娜	职员	85	89	80	71	82
DH0030	孙浩	职员	86	88	80	77	76

12.1.2　在Excel中使用Word数据

在Excel中也同样可以使用Word中的数据。下面就来介绍操作方法。

（1）使用复制、粘贴命令。

步骤01 打开Word文档“公司办公开支统计表”，选中所需的表格数据，单击鼠标右键，选择“复制”命令。

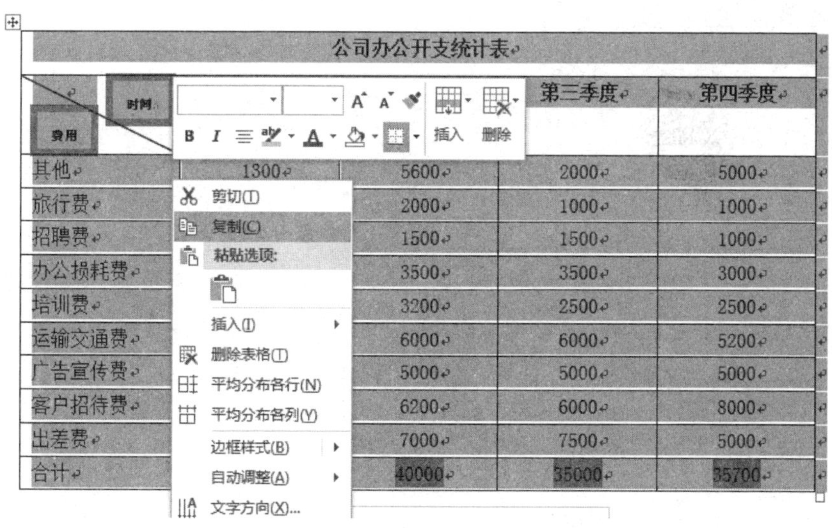

步骤02 打开Excel工作表，将光标放置于需要插入表格的位置，单击鼠标右键，在“粘贴选项”中选择“保留源格式”命令。

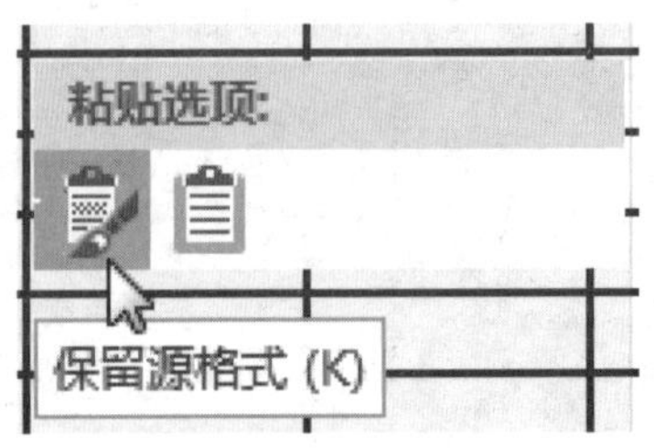

步骤03 结果见下图。用户可根据实际情况，对表格的行距、列宽等进行适当调整。

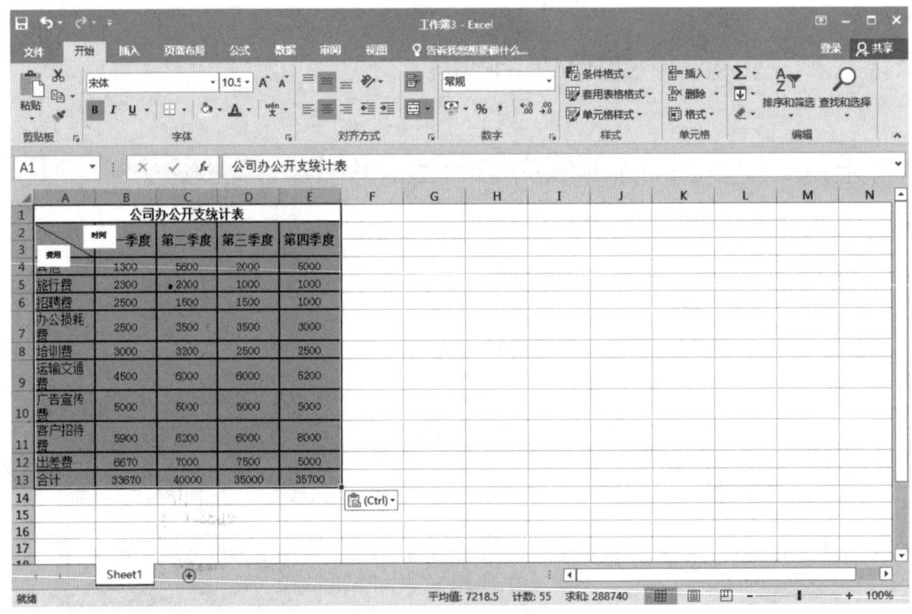

公司办公开支统计表				
时间 费用	一季度	第二季度	第三季度	第四季度
其他	1300	5600	2000	5000
旅行费	2300	2000	1000	1000
招聘费	2500	1500	1500	1000
办公损耗费	2500	3500	3500	3000
培训费	3000	3200	2500	2500
运输交通费	4500	6000	6000	5200
广告宣传费	5000	5000	5000	5000
客户招待费	5900	6200	6000	8000
出差费	6670	7000	7500	5000
合计	33670	40000	35000	35700

（2）嵌入Word文档。在Excel中嵌入Word文档表格的具体操作步骤如下。

步骤01 选中Word中的表格，单击鼠标右键，执行“复制”命令。打开Excel工作表，单击鼠标右键，点击“选择性粘贴”命令。

步骤02 弹出“选择性粘贴”对话框，在“方式”列表框中选择“Microsoft Word 文档对象”选项。

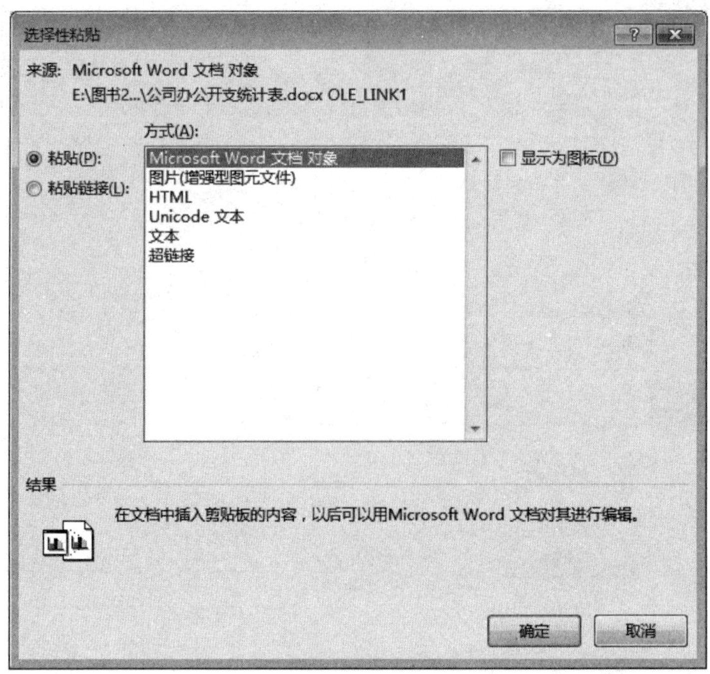

步骤03 单击“确定”按钮，Word中的表格就会自动插入到Excel工作表中。用户可根据情况来调整表格的列宽或行距等。

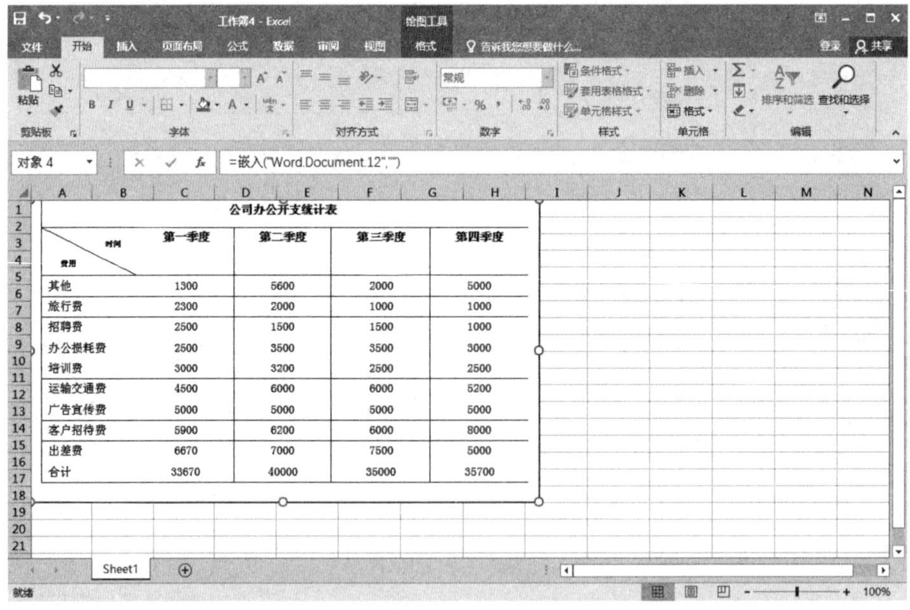

公司办公开支统计表

时间 / 费用	第一季度	第二季度	第三季度	第四季度
其他	1300	5600	2000	5000
旅行费	2300	2000	1000	1000
招聘费	2500	1500	1500	1000
办公损耗费	2500	3500	3500	3000
培训费	3000	3200	2500	2500
运输交通费	4500	6000	6000	5200
广告宣传费	5000	5000	5000	5000
客户招待费	5900	6200	6000	8000
出差费	6670	7000	7500	5000
合计	33670	40000	35000	35700

12.2 PPT与Word、Excel之间的协作

用户若了解PPT与Word文档、Excel之间的转换方法，能使PPT的制作更加方便快捷。

12.2.1 PPT与Word之间的协作

熟练使用Word和PPT之间的协作，可以使用户快速制作出Word文档或PPT演示文稿。下面详细介绍具体的操作方法。

将PPT转换为Word文档

步骤01 在PPT演示文稿中，单击“文件”选项卡，在左侧列表中选择“导出”选项，在弹出的“导出”界面选中“创建讲义”选项，点击其右侧出现的“创建讲义”图标。

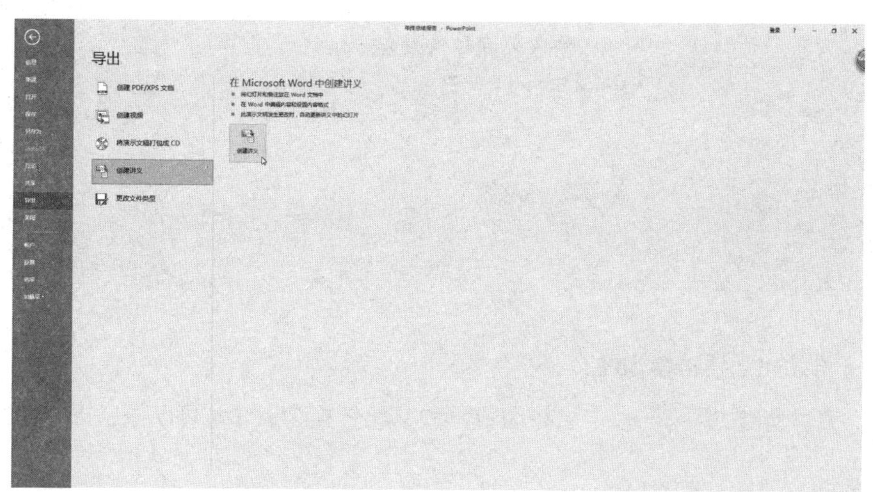

步骤02 弹出“发送到Microsoft Word”对话框，从中选择满意的样式。比如，我们这里勾选“只使用大纲”单选框。

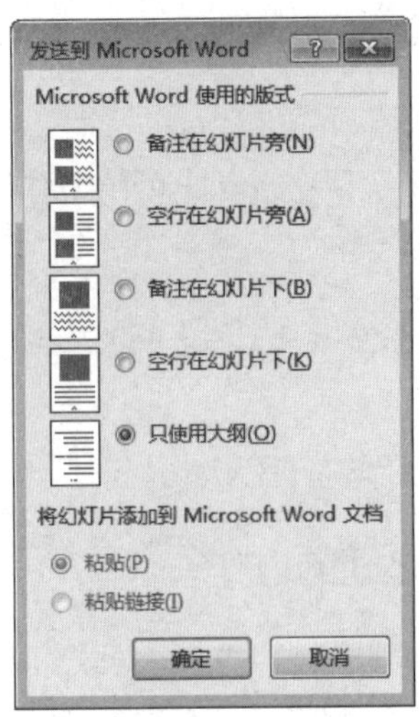

步骤03 单击“确定”按钮，即可将PPT演示文稿转换为Word文档。

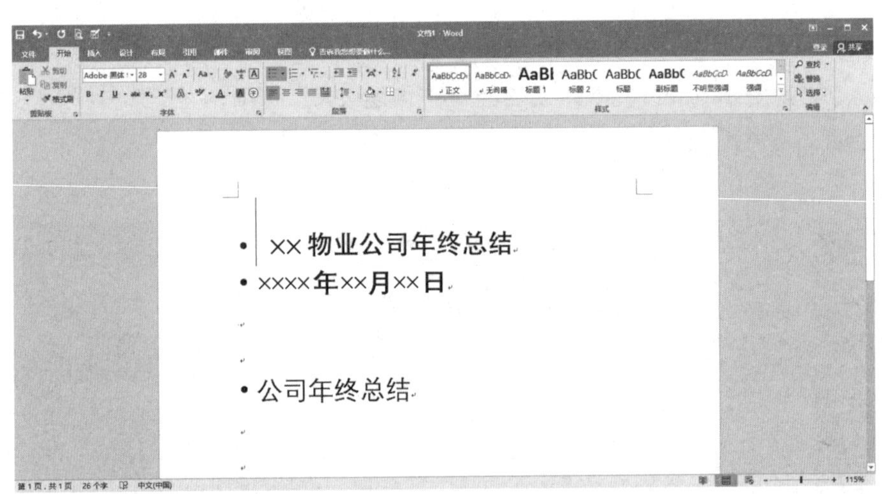

将Word文档转换为PPT

用户如果想将Word中已经编辑好的文档转换为PPT，可以按以下方法来操作。

步骤01 打开一个Word文档，对文档中的标题进行设置，可通过单击“开始”选项卡中的“快速样式”按钮来设置。比如我们选择“标题1”样式按钮，按照同样的方法，对文档的其他标题也进行设置。

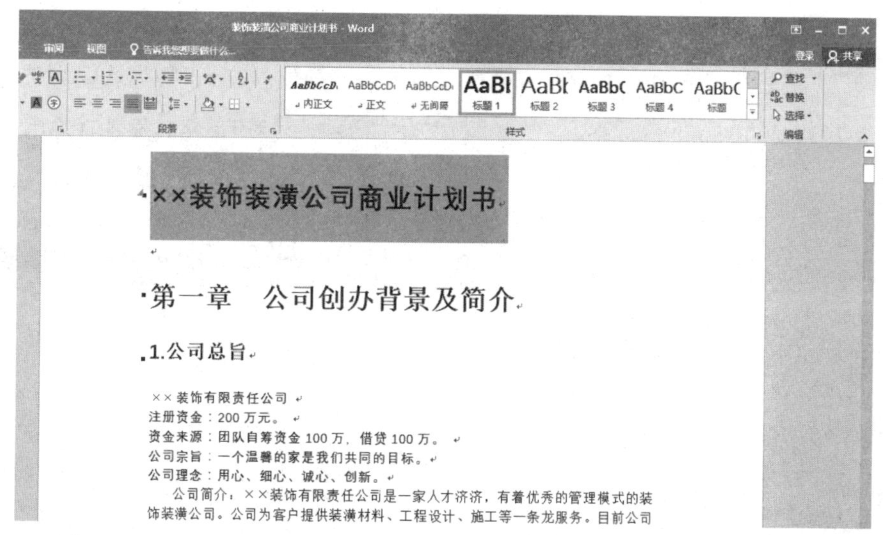

步骤02 单击“文件”选项卡，在弹出的左侧下拉列表中单击“选项”选项，弹出“Word选项”对话框。

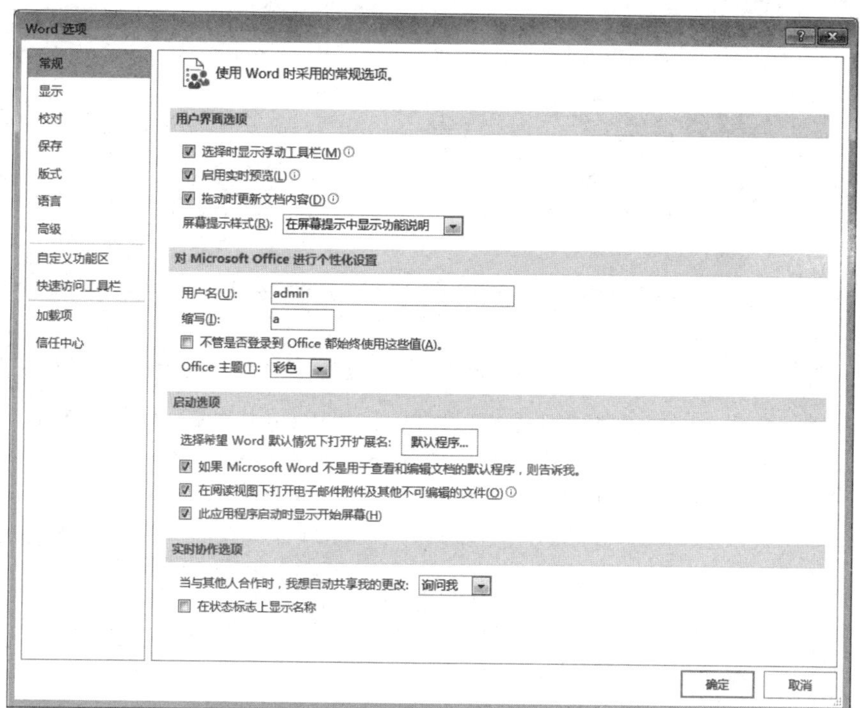

步骤03 选中左侧列表中“快速访问工具栏”选项，在“从下列位置选择命令”下拉列表中选择“不在功能区中的命令”选项，在其下拉列表框中选择“发送到Microsoft PowerPoint”选项，单击“添加”按钮，将其添加在右侧文本框内。

步骤04 单击“确定”按钮，然后单击文档左上角快速访问工具栏中的“发送”按钮，系统会自动启动PPT软件，并将Word中的文字转化为PPT，效果如下图所示。

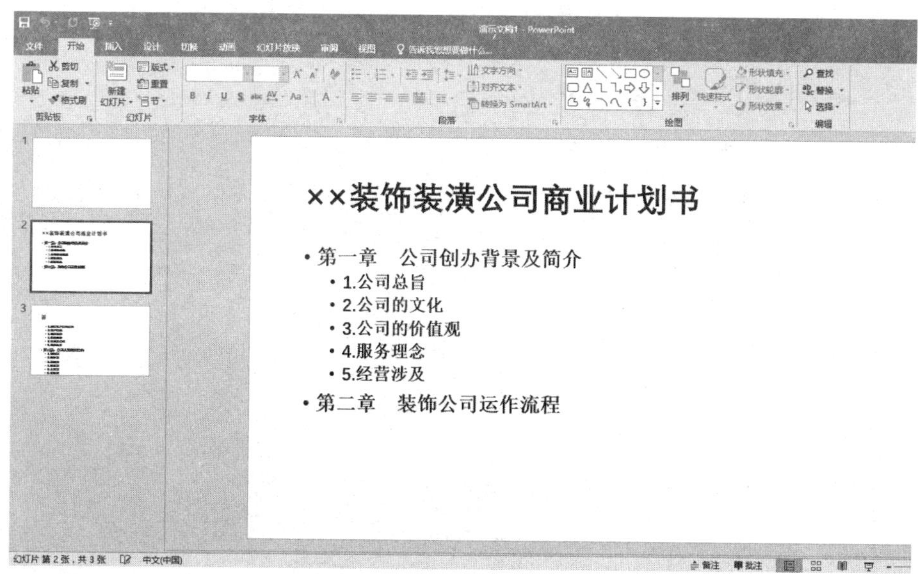

在Word中调用PPT演示文稿

打开Word文档，将光标放置于需要插入演示文稿的位置，单击“插入”选项卡下“文本”选项组中的“对象”按钮，在弹出的列表中选择“对象”选项。单击“对象”后，弹出“对象”对话框，切换到“由文件创建”选项卡，单击“浏览”按钮，即可添加本地的PPT。

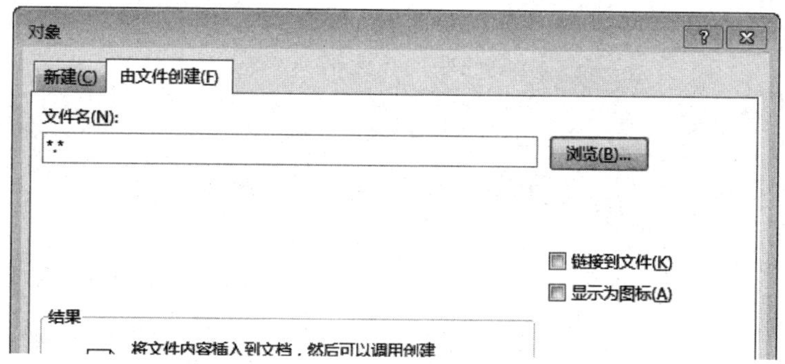

12.2.2 PPT与Excel之间的协作

用户可以根据实际需要，在Excel工作表中插入PPT演示文稿，也可以在PPT演示文稿中插入Excel工作表。下面就为大家讲述具体的操作方法。

在PPT中调用Excel工作表

步骤01 用户可新建一个PPT演示文稿，删除其中的文本框，页面呈现空白状态，然后单击“插入”选项卡下“文本”选项组中的“对象”按钮。

步骤02 弹出“插入对象”对话框，勾选“由文件创建”单选框，单击“浏览”按钮，选择合适的Excel文件。

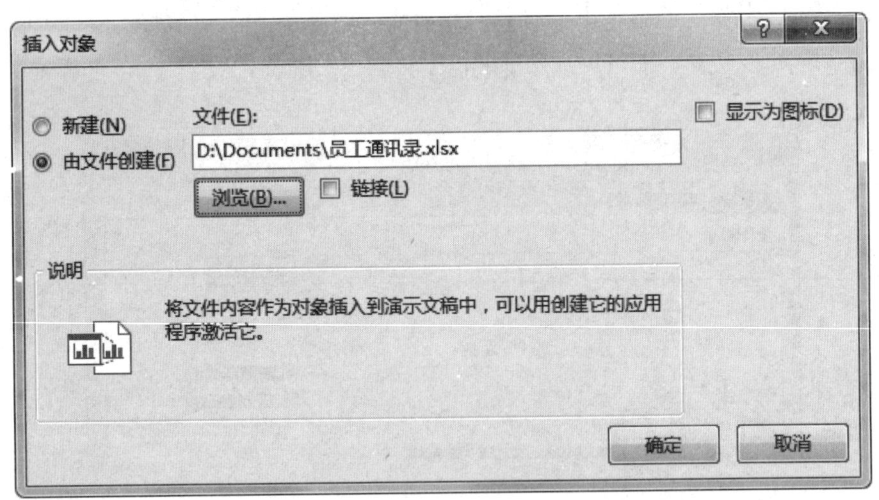

步骤03 单击“确定”按钮，即可在PPT中插入Excel工作表。

双击Excel工作表，即可进入工作表的编辑状态，用户可根据需要对表格进行编辑。

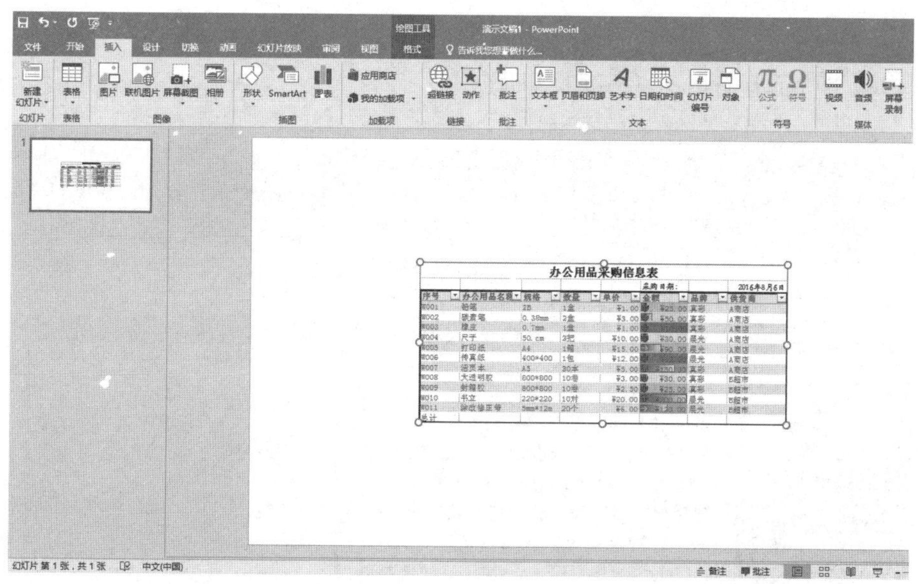

在Excel中调用PPT演示文稿

步骤01 用户可以创建一个Excel工作表，切换至“插入”选项卡，单击“文本”选项组中的“对象”按钮，在弹出的“对象”对话框中，切换至“由文件创建”选项卡，单击“浏览”按钮，从电脑中选择需要插入的PPT演示文稿。

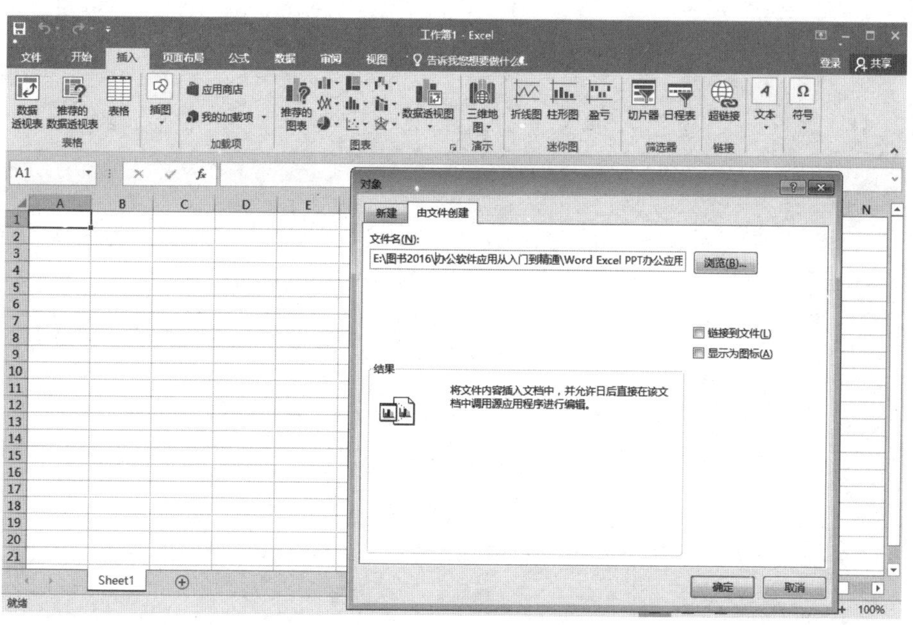

步骤02 点击"确定"按钮，即可插入演示文稿，然后双击插入的PPT演示文稿，即可在Excel工作表中放映PPT演示文稿。

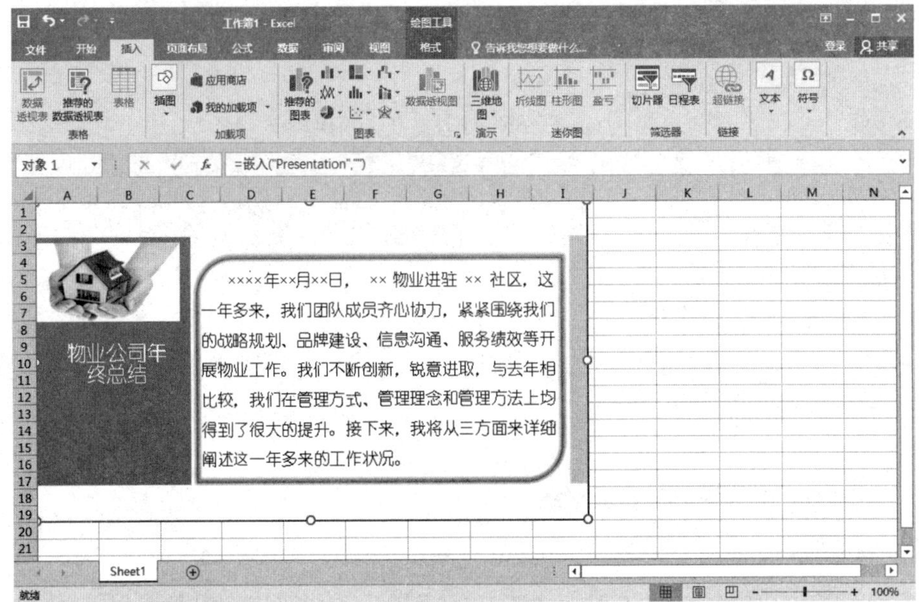